EUL VERLAG

Reihe: Personal, Organisation und Arbeitsbeziehungen · Band 54
Herausgegeben von Prof. Dr. Fred G. Becker, Bielefeld, und Prof. Dr. Walter A. Oechsler, Mannheim

Dr. Ellena Werning

Evaluation des Training off-the-job

Entwicklung eines Bezugsrahmens vor dem Hintergrund eines kognitiven Lernverständnisses

EUL VERLAG

Bibliografische Information der Deutschen Nationalbibliothek

Die Deutsche Nationalbibliothek verzeichnet diese Publikation in der Deutschen Nationalbibliografie; detaillierte bibliografische Daten sind im Internet über <http://dnb.d-nb.de> abrufbar.

Dissertation, Universität Bielefeld, 2012

Dissertation zur Erlangung des Grades eines Doktors der Wirtschaftswissenschaften der Fakultät für Wirtschaftswissenschaften der Universität Bielefeld

Erstgutachter: Prof. Dr. Fred G. Becker
Zweitgutachter: Prof. Dr. Hermann Jahnke

ISBN 978-3-8441-0217-8
1. Auflage Januar 2013

JOSEF EUL VERLAG GmbH
Brandsberg 6
53797 Lohmar
Tel.: 0 22 05 / 90 10 6-6
Fax: 0 22 05 / 90 10 6-88
E-Mail: info@eul-verlag.de
http://www.eul-verlag.de

Bei der Herstellung unserer Bücher möchten wir die Umwelt schonen. Dieses Buch ist daher auf säurefreiem, 100% chlorfrei gebleichtem, alterungsbeständigem Papier nach DIN 6738 gedruckt.

Vorwort

Diese Arbeit ist im Rahmen meiner Tätigkeit als wissenschaftliche Mitarbeiterin am Lehrstuhl für Personal, Organisation und Unternehmungsführung an der Universität Bielefeld entstanden und wurde dort von der wirtschaftswissenschaftlichen Fakultät im Juni 2012 als Dissertation angenommen.

Während der Erstellung der Arbeit hat sich mein Leben immer wieder verändert. Dass die Arbeit dennoch vollendendet werden konnte ist dadurch auch mehreren Personen zu verdanken. An erster Stelle möchte ich mich bei meinem Doktorvater Herrn Prof. Dr. Fred G. Becker bedanken. Er war mir im Prozess der Erstellung der Dissertation ein konstruktiv kritischer Begleiter. Ebenso möchte ich mich bei Herrn Prof. Dr. Jahnke für die Erstellung des Zweitgutachtens und Herrn Prof. Dr. Jütte für seine Tätigkeit als Drittprüfer bedanken.

Die Arbeit hätte zudem wohl nie ohne die vielseitige Unterstützung meiner Mitdoktoranden und Kollegen, die mir durch ihre klugen Anmerkungen immer wieder neue Anregungen gegeben haben, entstehen können. Nennen möchte ich hier Dipl.-Kffr. Vanessa Friske, Dr. Thomas Gnefkow, M. Sc. Ann Kristin Gosewehr, Erika Mohnhardt, Dipl.-Ök. Sascha Piezonka, Dipl.-Kfm. Wögen Nikkels Tadsen und Dr. Michael Ruppel. Bei Dr. Christian Brinkkötter bedanke ich mich darüber hinaus für sein absolutes Vertrauen in meine Fähigkeiten und die vielen guten Gespräche sowie bei Dr. Astrid Meißner, Dr. Yves Ostrowski und Anja Ostholt für das Korrekturlesen meiner Arbeit.

Dank gebührt aber auch meinen sehr guten Freunden Nicole Gladitz und Jan Wiese. Ihre immer wieder aufmunternden Worte und ihre überaus tiefe Überzeugung, dass ich eine solche Arbeit leisten kann, haben mich immer wieder aus kleinen Tälern herausgeholt. Einen entscheidenden Schritt zur Vollendung hat ebenso meine Coaching-Ausbildungsgruppe und insbesondere Christian Seebeck mit seiner alles bewegenden Metapher geleistet.

Ein ganz großer Dank geht an meine Eltern Karin und Ulrich Krumme dafür, dass sie mir ein Studium ermöglicht und so erst den Weg für die Arbeit geebnet haben. Darüber hinaus danke ich sowohl ihnen als auch meinen Schwiegereltern Susanne und Hartmut Werning für ihre Unterstützung bei der Betreuung meiner Kinder. Ihre Hilfe, insbesondere dann, wenn die Kinder krank sind, ist unbezahlbar und trägt entscheidend zum Wohlbefinden aller bei. Ebenso bedanken möchte ich mich bei meinen Geschwistern Hendrik, Philipp und Franziska, die immer da sind, wenn man sie braucht.

Besonderer Dank gebührt meinem Mann André dafür, dass er mir immer wieder den Raum für Entwicklungen lässt, mich im Alltag unterstützt und dafür, dass wir gemeinsam immer wieder Wege finden, alles Neue zu bewältigen. Zuletzt, aber dafür nicht minder, möchte ich mich bei meinen beiden Kindern Jannis und Mona bedanken. Aus Ihrem Dasein und ihrer Lebensfreude schöpfe ich immer wieder viel Energie. Ihnen sei dieses Buch gewidmet.

Bielefeld, im Januar 2013

Ellena Werning

Inhaltsübersicht

Inhaltsverzeichnis

Abbildungsverzeichnis

Seite

Tabellenverzeichnis

Formelverzeichnis

Seite

Abkürzungsverzeichnis

akt.	aktualisierte
AR	Ausbildungsrate
Aufl.	Auflage
ausgest.	ausgestattete
BC	Bildungscontrolling
BCR	Benefit-Cost-Relation
bearb.	bearbeitete
DBW	Die Betriebswirtschaft
DeGEval	Deutsche Gesellschaft für Evaluation
DGFP	Deutsche Gesellschaft für Personalführung
durchges.	durchgesehene
Erfa-Gruppen	Erfahrungsaustauschgruppen
erg.	ergänzte
erw.	erweiterte
GdWZ	Grundlagen der Weiterbildung Zeitschrift
grundl.	grundlegend
HRD	Human Ressource Development
Ka	eingesetztes Kapital
KoE	Kosteneinsparungen
Nachdr.	Nachdruck
Neuausg.	Neuausgabe
PE	Personalentwicklung
ROI	Return on Investment
ROQI	Return on Qualification Investment
Sp.	Spalte
überarb.	überarbeitete
unveränd.	unveränderte
vollst.	vollständig
vs.	versus
WiSt	Wirtschaftswissenschaftliches Studium
Wisu	Wirtschaftsstudium
WR	Weiterbildungsrate

1 Einleitung

1.1 Forschungsanlass und Erkenntnisziel

Der Personalentwicklung kommt heute eine strategisch wichtige Bedeutung zu.[1] Die zunehmende Internationalisierung der Märkte, die gestiegenen Erwartungen der Kunden an die Produkte und Dienstleistungen sowie die stetig vorangehende technologische Entwicklung stellen Unternehmungen vor die Herausforderung, sich immer wieder an neue Situationen anpassen zu müssen. Vor allem die vielseits diskutierte Problematik des Fachkräftemangels führt dazu, dass der Personalentwicklung eine wachsende Bedeutung zukommt.[2] Um die Zukunfts- und Wettbewerbsfähigkeit einer Unternehmung zu sichern, müssen die Kompetenzen der Mitarbeiter ständig angepasst, aktualisiert und erweitert werden.[3] Die betriebliche Weiterbildung als integrativer Bestandteil der Personalentwicklung erhält daher eine immer größere Bedeutung.[4] Vor diesem Hintergrund verwundert es nicht, dass die Weiterbildungsausgaben in den vergangenen Jahren stetig gestiegen sind. Insgesamt wurden in Deutschland 2007 27 Milliarden Euro in Weiterbildung investiert.[5] Allein im Vergleich zum Jahr 2001 (17 Milliarden Euro) bedeutet dies eine Steigerung um rund 59 Prozent.[6] Gleichzeitig wird mit zunehmendem Kostendruck die Legitimation der Effizienz der Personalentwicklung immer wichtiger werden.[7] Immaterielle Leistungen wie die Weiterbildung bieten nur wenig Ansatzpunkte für eine konkrete, in monetären Werten ausgedrückte Erfolgsermittlung. Umso mehr stehen sie damit auf dem Prüfstand und erhöhen den Rechtfertigungsdruck auf Seiten der Personalentwickler.[8]

Es wird daher immer wichtiger für die Unternehmungen, die Ressourcen, die im Rahmen der betrieblichen Weiterbildung eingesetzt werden, effizient zu nutzen.[9] Vor allem dem so ge-

[1] Vgl. Stock-Homburg, R. (2010), S. 202; vgl. Steinmann, H./Schreyögg, G. (2005), S. 820; vgl. Mühlbradt, T./Schat, H.-D. (2005), S. 14; vgl. Regnet, E./Hofmann, L. M. (2003), S. 13.

[2] Vgl. Thierau-Brunner, H./Wottawa, H./Stangel-Meseke, M. (2006), S. 347; vgl. Werner, D. (2006), S. 1; vgl. Münch, J. (1995), S. 9; vgl. Weingärtner, M. (1995), S. 1; vgl. speziell zum Fachkräftemangel Meißner, A./Becker, F. G. (2007), S. 394 ff.

[3] vgl. Beck, R./Schwarz, G. (2004), S. 32 sowie Eder, K./Kailer, N. (1995), S. 269, die von einer Verkürzung der Halbwertszeit des Wissens sprechen; vgl. ebenso Oram, M. (1999), S. 17 sowie Fehlau, E. G. (1998), S. 76;

[4] Zum Verständnis der beruflichen Weiterbildung in Zusammenhang mit der Personalentwicklung vgl. Berthel, J./Becker, F. G. (2010), S. 428 ff. WEINGÄRTNER betont, dass gerade im Mittelstand die Kompetenzen der Mitarbeiter einen entscheidenden Wettbewerbsfaktor darstellen. Vgl. Weingärtner, M. (1995), S. 1.

[5] Vgl. Lenske, W./Wexley, K. N./Baldwin, T. T. (2009), o. S. Leider lagen bei Abschluss der Arbeit keine aktuelleren Zahlen zu den Weiterbildungsausgaben vor.

[6] Vgl. zu den Weiterbildungsaufwendungen im Jahr 2001 Weiß, R. (2003), S. 1 sowie Werner, D. (2006), S. 1.

[7] Vgl. Thierau-Brunner, H./Wottawa, H./Stangel-Meseke, M. (2006), S. 347.

[8] Vgl. Bergmann, G. (2003), S. 272. Der Rechtfertigungsdruck ist insofern hoch, als dass der Personalentwicklung häufig vorgeworfen wird, fünfzig Prozent ihrer Maßnahmen seien ohne Nutzen, nur dass nicht belegt werden kann, um welche fünfzig Prozent es sich handelt. Becker, M. (2003), S. 14.

[9] Vgl. Remdisch, S./Utsch, A. (2004), S. 19.

nannten Training off-the-job[10] wird dabei eine besondere Aufmerksamkeit zuteil. Als Grundannahme wird bei dieser Personalentwicklungsmethode in der gängigen Praxis von der Möglichkeiten einer objektiven Vermittlung von Lehrinhalten an die Teilnehmer ausgegangen und damit ein kognitives Lernverständnis zugrunde gelegt.[11] Das Training off-the-job nimmt in den Unternehmungen den größten Anteil bei den Weiterbildungsausgaben ein. So liegen insbesondere die Kosten für eigene oder extern durchgeführte Lehrveranstaltungen in Deutschland jährlich bei durchschnittlich 708 € je Mitarbeiter[12]. Im Vergleich dazu werden für das Lernen am Arbeitsplatz (Training-on-the-job) lediglich 86 € je Mitarbeiter ausgegeben.[13] Diese Gegenüberstellung verdeutlicht die Notwendigkeit einer aussagekräftigen Evaluation vor allem von arbeitsplatzungebundenen Trainingsmaßnahmen.

Untersuchungen zu Evaluationsaktivitäten von Unternehmungen zeigen jedoch, dass kaum Unternehmungen Evaluationen durchführen. Zudem wird deutlich, dass die Evaluationsaktivitäten mit zunehmender Komplexität der Erhebung abnehmen. Laut Statistischem Bundesamt führen 47 Prozent aller befragten Unternehmungen überhaupt keine Evaluation durch, 53 Prozent führen nur eine Teilevaluation durch und lediglich 10,4 Prozent der Unternehmungen untersuchen die Gesamtauswirkungen von der Reaktion bis hin zum Anwendungserfolg am Arbeitsplatz.[14] WEINERT formuliert hier treffend: „Viele Trainingsprogramme sind einfach von der Philosophie getragen, dass Training ‚gut und nützlich sei' und dass die Teilnehmer ‚schon etwas davon profitieren würden'."[15]

Auch wenn immer noch geringe Evaluationsaktivitäten in der Praxis zu erkennen sind, so zeigt sich in den wissenschaftlichen Veröffentlichungen eine zunehmende Bedeutung der Thematik. Insgesamt wurden im Bereich der Wirtschaftswissenschaften seit den 1980er Jahren verstärkt Forschungen zur Evaluation von Personalentwicklungsmaßnahmen angestellt, die zur Entwicklung von einer Vielzahl von Evaluationsansätzen geführt haben.[16] THIERAU-

---

[10] Vgl. zum Begriff des Training off-the-job Kapitel 2.1.

[11] Vgl. Sonntag, K.-H. (2002), S. 64.

[12] Der Terminus Mitarbeiter wird im Folgenden zur besseren Lesbarkeit der Arbeit sowohl für die männliche als auch die weibliche Bezeichnung verwendet.

[13] Vgl. Institut der deutschen Wirtschaft Köln (2009), o. S.

[14] Vgl. Statistisches Bundesamt (2008), S. 67. Ein anderes Bild zeigt die Studie von Becker, F. G./Meißner, A./Werning, E. (2008), S. 66 f. So ist bei Mitgliedern der DGFP zu vernehmen, dass 94,5 Prozent der Befragten zwar Evaluationen durchführen, dies aber im Wesentlichen in Form einer Zufriedenheitsmessung nach dem Training erfolgt.

[15] Weinert, A. B. (1987), S. 242. [Im Folgenden wird in den Zitaten der neuen Rechtschreibreform gefolgt, eine Anpassung an alte Schreibweisen und deren Kennzeichnung erfolgt demnach nicht.] Vielfach steht dem jedoch der Vorwurf „Tausendmal trainiert, tausendmal ist nix passiert" (Kauss, U./Gris, R. (2008), S. 11) gegenüber.

[16] Vgl. Thierau, H. (1991), S. 2; vgl. zur Übersicht über verschiedene Evaluationsansätze Thierau-Brunner, H./Wottawa, H./Stangel-Meseke, M. (2006), S. 334 f. sowie die Ausführungen in Kapitel 4.

BRUNNER/WOTTAWA/STANGEL-MAESEKE weisen jedoch treffend darauf hin, dass die Vielzahl an unterschiedlichen Veröffentlichungen zum Thema Evaluation gerade bei Praktikern zu Verwirrungen führt.[17] Dies erklärt auch, warum in der Praxis immer noch bei der Evaluation von Trainings das nunmehr über fünfzig Jahre alte und stark kritisierte[18] Modell von KIRKPATRICK als Grundlage dient.[19] Demgegenüber finden viele der in den nachfolgenden Jahren entwickelten Evaluationsansätze, die z. T. eine Weiterentwicklung des Ansatzes darstellen, in der Praxis keinen Anklang.[20] Eine mögliche Ursache könnte darin liegen, dass auch die neueren Ansätze oftmals nur allgemeine Empfehlungen zur Vorgehensweise aufzeigen, die eine Übertragung auf den eigenen Kontext erschweren.[21] Hinzu kommt, dass in der Praxis umfangreiche Evaluationsdesigns im Hinblick auf einen ökonomisch angemessenen Ressourcenaufwand nicht durchführbar sind.[22] Die Anwendung ökonomischer Modelle ist zudem allein deswegen nicht verbreitet, da sich Kosten und Nutzen von Weiterbildungsmaßnahmen oft nur schwer quantifizieren lassen. Zudem erfassen sie nur einen Teil der für eine Evaluation von Personalentwicklungsmaßnahmen relevanten Aspekte.[23] WILL/WINTELER/KRAPP fassen zusammen, dass aufgrund mangelnder Kenntnis von Evaluationsverfahren und knappen personellen wie finanziellen Ressourcen in der Praxis häufig von einer systematischen Evaluation von Personalentwicklungsmaßnahmen abgesehen wird. Vielmehr wird auf Verfahren zurückgegriffen, die ihrem Erachten nach eher der Selbst- und Fremdtäuschung dienen und damit keinen Beitrag für eine Verbesserung der Personalentwicklung leisten.[24] Die praxisorientiere Aufarbeitung der aktuellen Evaluationsforschung sowie deren Zusammenfassung sind demnach zwingend notwendig.[25]

Wie die mangelnde Umsetzung weiterentwickelter Ansätze zeigt, fehlt es an praktikablen Vorschlägen für eine bedarfsgerechte und der jeweiligen Situation angemessene Evaluation. Für die Evaluationsforschung und die evaluierenden Unternehmungen besteht somit die Notwendigkeit der Bereitstellung einer systematischen Übersicht bzw. einer Ordnung der For-

---

17 Vgl. Thierau-Brunner, H./Wottawa, H./Stangel-Meseke, M. (2006), S. 350.

18 Vgl. zur Kritik ausführlich Kapitel 4.2.3.2.

19 Vgl. Alliger, G. M./Janak, E. A. (1989), S. 331; vgl. Bates, R. (2004), S. 341; vgl. Gülpen, B. (1996), S. 2.

20 Zur Kritik vgl. bspw. Bates, R. (2004), S. 342, der die Unvollständigkeit des Modells, die Annahme von empirisch nicht belegbaren kausalen Verknüpfungen zwischen den Ebenen sowie die nicht begründete Annahme einer zunehmenden Bedeutung der gewonnenen Informationen mit steigendem Evaluationslevel kritisiert. Zur weiteren Kritik vgl. Galvin, J. C. (1983), S. 57, welcher Kirkpatricks Ansatz lediglich für die Evaluation von Trainings zur Vermittlung technischer und handwerklicher Fertigkeiten geeignet sieht. Vgl. weiterhin Alliger, G. M./Janak, E. A. (1989), S. 332 ff. sowie Günther, S. (2001), S. 61 ff.

21 Vgl. Thierau-Brunner, H./Wottawa, H./Stangel-Meseke, M. (2006), S. 335.

22 Vgl. Becker, F. G. (2005), S. 51.

23 Vgl. Thierau, H. (1991), S. 93 ff.

24 Vgl. Rüdenauer, M. R. A. (2000), S. 299; Will, H./Winteler, A./Krapp, A. (1987), S. 12.

25 Vgl. Thierau-Brunner, H./Wottawa, H./Stangel-Meseke, M. (2006), S. 350.

schungsergebnisse hinsichtlich der Möglichkeiten zur Konzeption und inhaltlich-methodischen Gestaltung von Evaluationen. Eine Möglichkeit, diese Forschungslücke zu schließen, bildet der Bezugsrahmen.[26] Die vorliegende Arbeit verfolgt daher folgendes Erkenntnisziel:

Ziel dieser Arbeit ist die Entwicklung eines Bezugsrahmens für die Evaluation von Trainings off-the-job, welche auf Basis kognitiver lerntheoretischer Annahmen konzipiert sind. Mit der Methodologie des Bezugsrahmens verbunden sind in dieser Arbeit zwei Unterziele: Zum einen wird im Rahmen des Konzeptionsrahmens eine Ordnung bestehender Erkenntnisse zur Evaluation der Personalentwicklung angestrebt. Zum anderen soll darauf aufbauend ein Entscheidungsrahmen speziell für die Evaluation des Training off-the-job aufgezeigt werden.

Um zum Erkenntnisziel zu gelangen, müssen im Verlauf der Arbeit mehrere Fragestellungen geklärt werden. Sie dienen als Orientierung, um die bisherigen Forschungen in Bezug auf Evaluationen von Personalentwicklungsmaßnahmen zu strukturieren und zu analysieren und somit neue Erkenntnisse generieren zu können. Die Fragen, die sich im Rahmen der Arbeit stellen, sind die folgenden:

- ***Welche Funktionen können Evaluationen aufweisen?*** Evaluationen in Unternehmungen dienen nicht immer dem gleichen Zweck. Sie können bspw. zur Optimierung oder zur Legitimation der Weiterbildungsmaßnahmen beitragen. Es gilt daher zu klären, welche verschiedenen Ansprüche an eine Evaluation gestellt werden.
- ***Welche Anforderungen müssen Evaluationen für Trainings off-the-job erfüllen?*** Aussagekräftige Evaluationen bedürfen einer wissenschaftlichen Fundierung. Um Möglichkeiten zur Gestaltung von Evaluationen aufdecken zu können, muss somit zunächst geklärt werden, welchen Anforderungen Evaluationen genügen müssen.
- ***Welche Hinweise können vorhandene Evaluationsansätze für die Gestaltung der Evaluationen eines Training off-the-job liefern?*** Es gibt bereits zahlreiche Ansätze und Vorschläge zur Evaluation von Personalentwicklungen, die jedoch verschiedene Aspekte fokussieren. Es gilt, diese Ansätze anhand der vorab begründeten Anforderungen zu analysieren, um so Hinweise für die Konzeption und inhaltlich-methodische Gestaltung von Weiterbildungsmaßnahmen zu erhalten.
- ***Welche Möglichkeiten zur Ausgestaltung von Evaluationen ergeben sich unter Berücksichtigung der im Forschungsverlauf gewonnenen Erkenntnisse?*** Diese Frage zielt auf das vorrangige Erkenntnisziel. Hier geht es um die Übertragung der Erkenntnisse auf die Evaluation des Training off-the-job, um so theoretisch fundierte wie auch

[26] Vgl. Wolf, J. (2011), S. 37.

praxeologisch-orientierte Überlegungen zu grundlegenden, strukturellen, inhaltlichen, methodischen und prozessualen Gestaltungselementen aufzeigen zu können.

1.2 Methodologie und Bezugsrahmen

Die vorliegende Arbeit verfolgt einen anwendungsorientierten und pragmatischen Forschungsansatz. Der Fokus richtet sich demnach nicht auf die Wirklichkeitserkenntnis, sondern vielmehr auf die Wirklichkeitsgestaltung.[27] Im Gegensatz zu einem rein theoretischen Wissenschaftsziel, legt es das pragmatische Wissenschaftsziel darauf an, dass Erkenntnisse über Handlungsweisen vor dem Hintergrund praktischer Anwendungsmöglichkeiten gewonnen werden.[28] Methodologisch orientiert sich diese Arbeit deshalb an einer *sachlich-analytischen Forschungsstrategie* nach GROCHLA. Diese ermöglicht die Erarbeitung von Handlungs- und Entscheidungsgrundlagen auf Basis von Plausibilitätsüberlegungen, ohne dass diese empirisch überprüft werden müssen.[29] Die sachlich-analytische Forschungsstrategie beinhaltet zielgemäß die Entwicklung eines Bezugsrahmens. Dieser eignet sich insbesondere bei schlecht-strukturierten Kontexten eines Forschungsgebietes. Ein solches liegt im Bereich der Evaluation von Trainingsmaßnahmen vor. Zwar gibt es hier eine Vielzahl von Veröffentlichungen, eine klare Strukturierung hinsichtlich der grundsätzlichen, strukturellen, inhaltlichen, methodischen wie prozessualen Gestaltungsoptionen existiert jedoch nicht. Ein Bezugsrahmen bietet die Möglichkeit, die große Reichweite eines Themas auf abstraktem Niveau strukturiert wiederzugeben. Dabei dient er im Wesentlichen als Erklärungsskizze und ermöglicht das Verstehen von Zusammenhängen zwischen unterschiedlichen Variablen. Mit Bezug auf die vorliegende Arbeit dient er damit als Heuristik für den Umgang mit praktischen Problemen, die im Rahmen der Evaluation von off-the-job-Trainingsmaßnahmen auftreten.[30]

Das Erkenntnisziel soll durch die Erarbeitung zweier aufeinander basierender Bezugsrahmen (des Konzeptionsrahmens und des Entscheidungsrahmens) erreicht werden. Laut GROCHLA hat der Konzeptionsrahmen zum Ziel, eine Ordnung in die bestehende Forschung (hier die Evaluation von Trainings off-the-job) zu bringen. Er dient als Ausgangspunkt für eine spätere Übertragung der theoretischen Überlegungen auf praktische Problemstellungen. Inhalt des Konzeptionssrahmens ist die Forschungsfragestellung, die Festlegung der sich darauf beziehenden realen Gegenstände sowie der relevanten Merkmale und Indikatoren für die Untersuchung der Fragestellung. Diese werden ferner in Relation zueinander gesetzt. Der sich daran anschließende Entscheidungsrahmen ist als Weiterentwicklung des Konzeptionsrahmens zu

27 Vgl. Hill, W./Fehlbaum, R./Ulrich, P. (1974), S. 23.

28 Vgl. Kubicek, H. (1975), S. 29 ff.

29 Vgl. Grochla, E. (1978), S. 62.

30 Vgl. Kirsch, W. (1981), S. 193 ff.

sehen und zielt auf die praktische Orientierung dieser Arbeit. Dazu werden Zielgrößen, Aktionsparameter, Bedingungen und Restriktionen vorgestellt und deren Wirkungen unter bestimmten Bedingungen verdeutlicht sowie Zusammenhänge offen gelegt. Insgesamt werden die im Konzeptionsrahmen angestellten Überlegungen auf praktische Problemstellungen hin übertragen.[31]

Im Rahmen des Forschungsprozesses werden gemäß GROCHLA vier Stufen durchlaufen. Zunächst werden *begriffliche Aussagen* über die im Kontext der Arbeit verwendeten Termini getroffen. Terminologische Aussagen ermöglichen eine genaue Problemdefinition und damit auch eine Kommunikation über ein bestehendes Problem. Dies ist als Grundvoraussetzung für spätere Problemlösungen in der Praxis anzusehen. Im Rahmen von terminologischen Aussagen werden Merkmale von Eigenschaften bestimmter Objekte oder Ereignisse definiert und daraus Begriffe gebildet. Diese liegen dann als „universe of discourse“ (gemeinsames Verständnis einer begrifflichen Realität) der Arbeit zugrunde.[32] In Bezug auf das postulierte Erkenntnisziel erfolgt eine Auseinandersetzung mit den Begriffen Training off-the-job und Evaluation. Da Weiterbildung Lernen impliziert, wird zudem, um den Aussagegehalt von Evaluationen deutlich machen zu können, das lerntheoretische Verständnis dieser Arbeit erläutert. Anschließend erfolgt die *Deskription der Realität* auf Grundlage der vorab erläuterten Begriffe. Hier geht es um die Beschreibung des in der Arbeit behandelten Forschungsfeldes. In dieser Stufe wird auf die Funktionen und Einflussgrößen von und Anforderungen an Evaluationen eingegangen, außerdem werden Ansätze und Methoden zur Evaluation von Weiterbildungsmaßnahmen vorgestellt. Im dritten Schritt werden *explanatorische Aussagen* in der Form getroffen, dass Beziehungen zwischen den einzelnen angesprochenen Größen aufgedeckt und systematisiert werden. Schließlich werden aufgrund der vorangegangenen Stufen in einem vierten Schritt *praxeologische Aussagen* getroffen. Diese werden auf Basis praktischer Probleme gebildet und sind als Orientierungshilfe zu interpretieren.[33] In Bezug auf die Evaluation von Trainings off-the-job geht es darum aufzudecken, unter welchen Bedingungen bestimmte Maßnahmen wirken, um so eine praxisbezogene Hilfestellung zu geben. Diese werden in Form von grundsätzlichen, strukturellen, inhaltlich-methodischen sowie prozessualen Überlegungen dargestellt.[34]

31 Vgl. Grochla, E. (1978), S. 62 ff.

32 Vgl. Kubicek, H. (1975), S. 80 f.

33 Vgl. Kubicek, H. (1975), S. 13. Praxeologische Aussagen zielen auf die Nutzung von theoretischem Wissen. Vgl. Weber, K. (2004), S. 8.

34 Vgl. Kapitel 5.2 bis 5.5.

1.3 Aufbau der Arbeit

Aus dieser Vorgehensweise ergibt sich folgender Aufbau der Arbeit. Kapitel zwei bis vier bilden den Konzeptionsrahmen, welcher anschließend im fünften Kapitel in den Entscheidungsrahmen mündet. Wie Abbildung 1 zeigt, bilden Kapitel zwei bis vier den Konzeptionsrahmen und Kapitel fünf den Entscheidungsrahmen der Arbeit.

Zunächst werden im zweiten Kapitel dieser Arbeit die für das Themenverständnis notwendigen Begriffe des Training off-the-job sowie der Evaluation erläutert. Vor diesem Hintergrund wird anschließend das lerntheoretische Verständnis der Arbeit dargelegt. Die drei Elemente bilden damit die Grundlagen der Arbeit.

Im dritten Kapitel werden die grundlegenden Elemente und Einflussfaktoren von Evaluationen aufgezeigt. Im Rahmen der Vorüberlegungen wird erläutert, wie in dem Kapitel vorgegangen wird, um eine Antwort auf die Frage nach den Funktionen und Anforderungen von Evaluationen zu erhalten. Anschließend werden verschiedene Evaluationsfunktionen aus der Theorie und Empirie vorgestellt, um sie nachfolgend zu systematisieren. Um sich den Anforderungen an Evaluationen zu nähern, bedarf es zudem einer Auseinandersetzung mit den generellen Problemen und Grenzen von Evaluationen. Diese werden im dritten Abschnitt erörtert und bilden zusammen mit den Funktionen die Basis für die im vierten Abschnitt diskutierten und festgelegten Anforderungen an die Evaluation des Training off-the-job.

Im vierten Kapitel finden schließlich die Darstellung und kritische Diskussion der in der Literatur vorhandenen Evaluationsansätze statt. Damit wird der in Kapitel 1.1 aufgeworfenen Frage gefolgt, welche Hinweise auf die Gestaltung von Evaluationen des Training off-the-job aus den bestehenden Ansätzen gezogen werden können. Dazu werden die vorliegenden Ansätze zunächst systematisiert und innerhalb der einzelnen Kategorien (prozessorientierte, controllingorientierte und handlungsorientierte Ansätze) zunächst dargestellt und anschließend diskutiert. Abschließend werden die Implikationen für den in Kapitel fünf folgenden Entscheidungsrahmen dargelegt.

Kapitel fünf bildet den Entscheidungsrahmen für die Evaluation des Training off-the-job. Zunächst werden hier Vorüberlegungen zum Zweck und Aufbau des Entscheidungsrahmens angestellt, bevor nachfolgend die grundlegenden Gestaltungselemente vorgestellt werden. Anschließend wird auf die strukturellen und inhaltlich-methodischen Gestaltungselemente eingegangen, bevor diese Überlegungen in einen Evaluationsprozess eingebunden werden. Abschließend wird der Entscheidungsrahmen kritisch reflektiert.

Die Arbeit endet im sechsten Kapitel mit einer Zusammenfassung und einem Fazit sowie einem Ausblick in Bezug auf weitere Forschungsfelder.

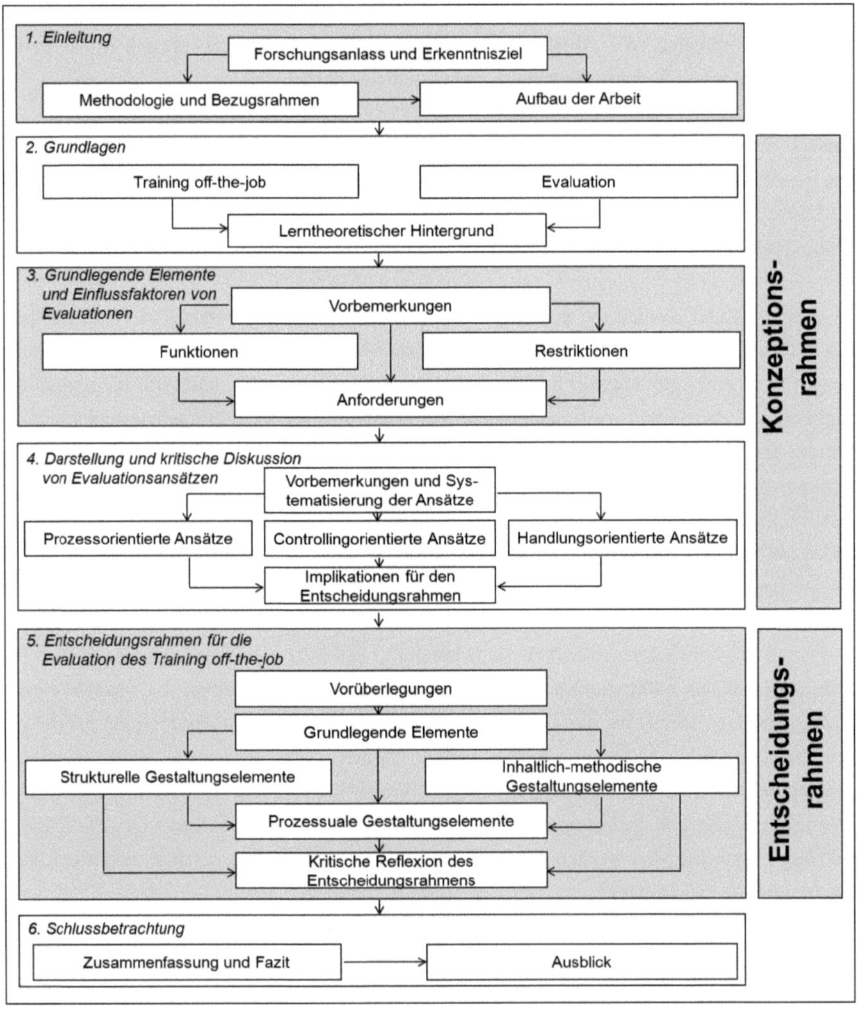

Abbildung 1: Aufbau der Arbeit.

2 Grundlagen

2.1 Training off-the-job

2.1.1 Einordnung in die Personalentwicklung

Um eine Auseinandersetzung mit dem Begriff des Training off-the-job vornehmen zu können, ist zunächst eine Einordnung in das übergeordnete Begriffsfeld der Personalentwicklung nötig. Viele Aspekte der Personalentwicklung lassen sich auf die spezielle Methode des Training off-the-job übertragen.[35]

Der Begriff der Personalentwicklung ist trotz - oder gerade aufgrund - seiner interdisziplinären Anwendung auch heute noch ein schillernder. Erstmalig erschien der Begriff in der deutschsprachigen Literatur zu Beginn der siebziger Jahre.[36] Fand sich dieses Teilgebiet des Personalwesens bis in die achtziger Jahre vorwiegend in der betriebswirtschaftlichen Literatur wieder,[37] so beschäftigen sich heute auch andere Disziplinen wie die Psychologie, Pädagogik, Soziologie und Volkswirtschaft mit der Thematik.[38]

Dementsprechend vielfältig sind die definitorischen Auseinandersetzungen mit dem Begriff der Personalentwicklung. Während in der anfänglichen Auseinandersetzung mit dem Gebiet der Personalentwicklung vorranging die Aufgabe der Veränderungen von Qualifikationen der Mitarbeiter hervorgehoben wurde,[39] wurde dieses später präzisiert. So machten bereits FIGGE/KERN deutlich, dass die Personalentwicklung sowohl auf die Anpassung von Qualifikationen im Sinne einer Defizitminderung abzielt als auch zukünftige Entwicklungen berücksichtigt. [40] Eine frühe umfassende Definition bietet CONRADI. Er sieht „Personalentwicklung ... als Summe von Maßnahmen ..., die systematisch, positions- und laufbahnorientiert eine Verbesserung der Qualifikationen der Mitarbeiter zum Gegenstand haben mit der Zwecksetzung, die Zielverwirklichung der Mitarbeiter und des Unternehmens zu fördern."[41] MÜNCH hebt in diesem Zusammenhang noch die vorrangige Bedeutung der Unternehmungsinteressen hervor und definiert Personalentwicklung seinerseits als „...das Insgesamt derjenigen Maßnahmen, die geeignet sind, die Handlungskompetenz der Mitarbeiter weiterzuentwickeln, zu erhalten

---

35 Vgl. zu den Erläuterungen zum Training off-the-job Abschnitt 2.1.2.

36 Vgl. Mudra, P. (2004), S. 5.

37 Vgl. Sonntag, K.-H. (2002), S. 59.

38 Vgl. Mudra, P. (2004), S. 102 sowie Ridder, H. G. (2007), S. 150. In der Psychologie wird der Begriff der Personalentwicklung jedoch nicht uneingeschränkt positiv gesehen, da ‚Personal' eine anonyme Masse suggeriert und die Individualität der Menschen damit nicht hervorgehoben wird. Vgl. Schuler, H. (2006), S. 6.

39 Vgl. Remer, A. (1978), S. 318; vgl. Balzereit, B. (1980), S. 13

40 Vgl. Figge, H./Kern M. (1982), S. 33.

41 Conradi, W. (1983), S. 3.; vgl. ähnlich auch DRUMM, welcher die individuellen Ziele hervorhebt (vgl. Drumm, H. J. (2005), S. 400.

und ständig zu erneuern, und zwar mit dem Ziel, den Unternehmenserfolg unter weitest gehender Berücksichtigung der Mitarbeiterinteressen zu sichern."[42]

Diese Definition von MÜNCH verdeutlicht, dass im Rahmen der Personalentwicklung den Mitarbeiterinteressen zwar eine Bedeutung zugesprochen wird, im Wesentlichen geht es jedoch nicht vorrangig um die persönliche Bedürfnisbefriedigung, vielmehr sollen die Qualifikationen gefördert werden, die letztlich einen Beitrag zum Unternehmungserfolg leisten können.[43]

MEIER und BECKER, F. G. heben in ihren Definitionen vor allem den planerischen, systematischen Aspekt der Personalentwicklung hervor. So betont MEIER: „Personalentwicklung ist ein organisierter Lernprozess, der im sozialen Umfeld Unternehmen stattfindet und von ihm initiiert, beeinflusst oder gestaltet wird. Hierzu gehören alle planenden, durchführenden und kontrollierenden Instrumente, Ergebnisse und Prozesse. Ebenso wichtig wie das Ergebnis (Bildungsstand) ist der Prozess (Bildungsvorgang)."[44] Und BECKER, F. G. versteht darunter „... diejenigen betrieblich veranlassten Maßnahmen (...), mit denen Qualifikationen von Mitarbeitern (...) durch die Organisation von Lernprozessen weitestgehend systematisch erhalten und erweitert bzw. die Veränderungen angeregt werden."[45]

Damit wird deutlich, dass Personalentwicklung ein von der Unternehmung initiierter, beabsichtigter und gesteuerter Prozess ist. Daran angelehnt kann der Meinung von STAEHLE gefolgt werden, welcher „alle Formen der Selbst-Qualifikation und -Entwicklung sowie des ungeplanten, nicht organisierten Lernens (...) [ausklammert]."[46]

BERTHEL/BECKER, F. G. stellen ein sehr umfassendes Verständnis der Personalentwicklung vor. Demnach ist „unter Personalentwicklung (...) eine Summe von Tätigkeiten zu verstehen, die für das Personal nach einem einheitlichen Konzept systematisch vollzogen werden. Sie hat, in Bezug auf einzelne Mitarbeiter aller Hierarchieebenen eines Betriebs, Veränderungen ihrer Qualifikationen und/oder Leistungen durch Bildung, Karriereplanung und Arbeitsstrukturierung zum Gegenstand. Sie geschehen unter Berücksichtigung des Arbeitskontextes, wobei ihre Orientierungsrichtung die Erreichung (...) von betrieblichen und persönlichen Zielen

[42] Münch, J. (1995), S. 15 f.; vgl. ähnlich auch Gorbach, S./Weiskopf, R. (1993), S. 171.

[43] Personalentwicklung dient im Wesentlichen Unternehmungszwecken. Eine direkte Verbindung zu Unternehmungszielen oder –strategien muss jedoch nicht gegebenen sein. Personalentwicklungsmaßnahmen können demnach auch rein als „Incentive", also als Belohnung dienen. Vgl. Berthel, J./Becker, F. G. (2010), S. 398.

[44] Meier, H. (1991), S. 6; vgl. ähnlich Thom, N. (1987), S. 1.

[45] Becker, F. G. (1996), Sp. 1372 f.; vgl. ähnlich auch Mayrhofer, W. (1999), S. 452 f.

[46] Staehle, W. H./Conrad, P./Sydow, J. (1999), S. 872 f.; Selbstentwicklung kann dabei allenfalls als Voraussetzung der Personalentwicklung gesehen werden, da sie den Willen zur Entwicklung bestimmter Kompetenzen einschließt. Vgl. Berthel, J./Becker, F. G. (2010), S. 403.

ist."[47] BERTHEL/BECKER, F. G. konstatieren ferner: „Bereits diese Orientierung legt eine spezifische Art und Weise der Erfüllung der Personalentwicklungsaufgaben nahe: die Zusammenarbeit der Betroffenen bei der Bedarfsermittlung, Programmplanung und -durchführung sowie Kontrolle/Evaluation. Sie kann ergänzt werden um Transfersicherung."[48] Damit verbunden ist die Erkenntnis, dass die Personalentwicklung nicht mit der Organisation und Durchführung der Maßnahme endet, sondern eine Evaluation derselben beinhaltet.[49]

Einige Definitionen schließen auch die Organisationsentwicklung in die Personalentwicklung mit ein. So sieht BECKER, M. in der Personalentwicklung „... alle Maßnahmen der Bildung, der Förderung und der Organisationsentwicklung (...)"[50]. Von dieser Einordnung wird im Rahmen dieser Arbeit in Anlehnung an die Argumente von MENTZEL jedoch Abstand genommen. Dieser argumentiert, dass die Organisationsentwicklung weitreichender als die Personalentwicklung ist. Jedoch stehen beide Bereiche miteinander in Interaktion, was bedeutet, dass sich die Personalentwicklung zum einen an den Zielen oder Änderungsvorhaben der Organisationsentwicklung orientieren muss und zum anderen zu einer Weiterentwicklung der Organisation beiträgt.[51]

Die Entwicklung des Personals kann durch unterschiedliche Methoden erfolgen. Eine gängige Unterteilung nimmt CONRADI vor. Er unterscheidet in:[52]

- *Personalentwicklung into-the-job*: Vorbereitung auf den Berufseinstieg in einer bestimmten Position. Es existiert eine zeitliche und z. T. auch räumliche Distanz, jedoch eine inhaltliche Nähe zum Arbeitsplatz (z.B. die Berufsausbildung, das Studium oder Einführungsprogramme).
- *Personalentwicklung on-the-job*: Maßnahmen, die unmittelbar während der Arbeit erfolgen und somit in direkter zeitlicher, räumlicher wie auch inhaltlicher Nähe zum Arbeitsplatz stattfinden (z. B. die direkte Unterweisung am Arbeitsplatz).
- *Personalentwicklung near-the-job*: Maßnahmen, die in enger zeitlicher, räumlicher und inhaltlicher Nähe zum Arbeitsplatz stattfinden (z. B. die Lernwerkstatt oder Qualitätszirkel).
- *Personalentwicklung off-the-job*: Maßnahmen, die in räumlicher und zeitlicher Distanz zum Arbeitsplatz stattfinden. Ein inhaltlicher Bezug ist nicht zwingend. Hier geht es insbesondere um Schulungen, Kongresse, Workshops u. Ä.
- *Personalentwicklung out-of-the job*: Übergang vom Berufsleben in den Ruhestand.

[47] Berthel, J./Becker, F. G. (2010), S. 388.

[48] Berthel, J./Becker, F. G. (2010), S. 388; vgl. dazu auch Wunderer, R./Dick, P. (2001), S. 354.

[49] Zum Verständnis von Evaluationen im Rahmen der Personalentwicklung vgl. Kapitel 2.2.

[50] Becker, M. (2002), S. 4.

[51] Vgl. Mentzel, W. (2005), S. 4 f.

[52] Vgl. Conradi, W. (1983), S. 22 ff.

WUNDERER (2007) ergänzt zudem die *Personalentwicklung parallel-to-the-job* unter welcher z. B. das Coaching[53] oder Mentoring[54] verstanden wird.[55] Die Personalentwicklung on-the-job und off-the job sind als die gängigsten Qualifizierungsmethoden zu bezeichnen.[56] In der vorliegenden Arbeit wird im Folgenden nur auf die Personalentwicklung off-the-job Bezug genommen.[57]

In der aktuellen Literatur wird der Begriff Personalentwicklung häufig durch den angelsächsischen Ausdruck *Training* ersetzt. Die angelsächsische Bezeichnung hat sich auch in der Praxis weitgehend durchgesetzt und wird deshalb im Folgenden auch in dieser Arbeit verwendet.[58]

2.1.2 Begriffsexplikation

Synonym zum Begriff des Training off-the job wird häufig der Begriff der betrieblichen Weiterbildung oder Bildung verwendet. In Anlehnung an die im Abschnitt 2.1.2 vorgestellte Definition der Personalentwicklung off-the-job umfasst laut FRANKENREITHER die betriebliche Bildung alle Maßnahmen, die „als vom Unternehmen gestaltete Lernprozesse außerhalb des reinen Arbeitsvollzugs erfolgen und hierbei sich an dem Ziel orientieren, einen Beitrag zur Erreichung der unternehmerischen Gesamtzielsetzungen zu leisten."[59] Dabei fasst er unter betrieblicher Bildung sowohl die Erstausbildung, welche eine Berufsausbildung umfasst, wie auch eine Weiterbildung, die daran anschließt.[60]

Die Auseinandersetzung mit dem Begriff der Weiterbildung führt zu einer Diskussion um die Synonymität der Begriffe Weiterbildung und Fortbildung. Während einige Autoren die Be-

53 Unter Coaching wird gemeinhin eine Prozessberatung im Wesentlichen von Führungskräften oder Nachwuchsführungskräften mit dem Ziel der Problembewältigung oder Reflexion von Arbeitssituationen gesehen. Sie wird in der Regel von extra ausgebildeten Coaches übernommen, kann aber mitunter auch von der Führungskraft übernommen werden. Vgl. Backhausen, W./Thommen, J.-P. (2006), S. 20 sowie Berthel, J./Becker, F. G. (2010), S. 473.

54 Mentoring beinhaltet eine Karriereberatung, wobei die Rolle des Mentors auch häufig von Vorgesetzten übernommen wird. Vgl. Berthel, J./Becker, F. G. (2010), S. 473.

55 Vgl. Wunderer, R. (2007), S. 363. MUDRA führt zudem noch das Training along-the-job an, welches sich auf Maßnahmen zur Laufbahn- und Karriereplanung bezieht. Im Wesentlichen geht es dabei jedoch um eine Festlegung von Qualifizierungsmaßnahmen über einen längeren Zeitraum. In welcher Form diese Qualifizierungsmaßnahmen stattfinden (ont-the-job, near-the-job oder off-the-job) bleibt jedoch offen. Damit ist letztgenannter Begriff zu der oben erwähnten Differenzierung nicht überschneidungsfrei (vgl. Mudra, P. (2004), S. 216 ff.).

56 Alle anderen Personalentwicklungsmethoden sind laut Mag als „Orchideen" zu bezeichnen. Vgl. Mag, W. (1998), S. 151.

57 Vgl. dazu genauer Abschnitt 2.1.2.

58 Vgl. Berthel, J./Becker, F. G. (2007), S. 390 ff.; vgl. Groening, Y. (2004), Sp. 1922; vgl. Mentzel, W. (2005), S. 183; vgl. Oechsler, W. A. (1997), S. 457 ff.; vgl. Wunderer, R./Dick, P. (2001), S. 360 ff.

59 Frankenreiter, J. J. (1996), S. 212; vgl. ähnlich auch Diedrich, A. (1988), S. 29.

60 Vgl. Frankenreiter, J. J. (1996), S. 212.

griffe synonym verwenden oder lediglich marginale Unterschiede sehen,[61] betonen andere begriffliche Differenzen.[62] Fortbildung wird dann als Vertiefung der Kenntnisse auf der gleichen Ebene verstanden, also als eine Art Anpassungsqualifizierung interpretiert, während die Weiterbildung die Vermittlung neuartiger Kenntnisse, die keine Verbindung zur bisherigen beruflichen Position aufweisen müssen, umfasst und somit eine Aufstiegsqualifizierung zum Ziel hat.[63] PULLIG sieht Weiterbildung als Oberbegriff und differenziert diesen in Anpassungs- und Aufstiegsfortbildung sowie Umschulung.[64] NORK hebt mit Blick auf den in dieser Arbeit verwendeten Begriff des Trainings hervor, dass dieser neben den Begriffen Fort- und Weiterbildung verwendet wird, jedoch eher im Sinne des Einübens bestimmter Verhaltensweisen in Bezug auf eine vorab festgelegte Aufgabe. Sie betont aber auch, dass Training lediglich einen Anglizismus darstellt und die einzelnen Begriffe Fortbildung, Weiterbildung und Training synonym verwendet werden können.[65] Diesem Begriffsverständnis wird auch hier im Wesentlichen gefolgt, mit dem Unterschied, dass die genannten Begriffe speziell mit dem Training off-the-job gleichgesetzt werden.

Weiterbildung und demnach auch das Training off-the-job kann sowohl innerhalb als auch außerhalb der Unternehmung stattfinden. In diesem Zusammenhang wird von innerbetrieblicher resp. interner und außerbetrieblicher resp. externer Weiterbildung gesprochen. Erstere wird von der Unternehmung selbst durchgeführt, wobei hier sowohl interne wie auch externe Referenten zum Einsatz kommen können. Sie kann zudem in der Unternehmung selbst oder außerhalb der Unternehmung stattfinden. Kennzeichen einer innerbetrieblichen Weiterbildung ist, dass die Unternehmung erheblichen Einfluss auf den gesamten Weiterbildungsprozess hat.[66] Externe oder außerbetriebliche Weiterbildungsmaßnahmen werden von einem anderen Träger durchgeführt. Die Mitarbeiter werden für die Zeit der Teilnahme an der Maßnahme an den entsprechenden Träger entsendet.[67]

Die Definitionen machen deutlich, dass Weiterbildung eine organisierte Lernform darstellt, die von der Unternehmung initiiert und finanziert wird. Die Tatsache, dass es sich um einen organisierten Lernprozess handelt, der außerhalb des Arbeitsvollzugs stattfindet, rechtfertigt eine Gleichstellung mit dem Begriff des Training off-the-job.

---

[61] Vgl. u. a. Berthel, J./Becker, F. G. (2010), S. 429; Hölterhoff, H./Becker, M. (1986), S. 17; Schanz, G. (2000), S. 485; Staehle, W. H./Conrad, P./Sydow, J. (1999), S. 880; vgl. auch Faulstich, P. (2003), S. 625, der Weiterbildung überhaupt nicht weiter differenziert.

[62] Vgl. u. a. Münch, J. (1995), S. 64; Klusen (1975), S. 165 ff.; vgl. auch Brackhane, R. (1986), S. 110, welcher anstatt des Begriffs Fortbildung den der „Anpassungs-Weiterbildung verwendet.

[63] Vgl. Berthel, J./Becker, F. G. (2010), S. 429.

[64] Vgl. Pullig, K. (1980), S. 327.

[65] Vgl. Nork, M. E. (1989), S. 4.

[66] Vgl. Klusen, N. (1975), S. 11 f.

[67] Vgl. Pullig, K. (1980), S. 130.

Unter Training off-the-job werden in dieser Arbeit alle *Maßnahmen der Anpassungs- und/oder Aufstiegsweiterbildung* verstanden, die in räumlicher und zeitlicher Distanz zum Arbeitsplatz stattfinden, *systematisch geplant, durchgeführt und evaluiert* werden und auf die *Entwicklung von Fach-, Methoden- und Sozialkompetenzen abzielen,* die vorrangig der Erreichung von *Unternehmungszielen* dienen, aber auch *Mitarbeiterinteressen* weitestgehend berücksichtigen.

Die einzelnen Elemente der Definition sollen im Folgenden erläutert werden:

- *Maßnahmen der Anpassungs- und/oder Aufstiegsweiterbildung*: Die *Anpassungsqualifizierung* dient dazu, die Fähigkeiten der Mitarbeiter an veränderte Situationen am Arbeitsplatz anzupassen. Eine Anpassungsqualifizierung kann während der derzeitigen beruflichen Tätigkeit notwendig werden, sie wird jedoch auch häufig zur Einarbeitung an einem Arbeitsplatz sowie zur Auffrischung der Kenntnisse nach einer Auszeit im Beruf genutzt. Bei der *Aufstiegsqualifizierung* geht es darum, die Mitarbeiter auf eine neue Aufgabe oder Funktion in der Unternehmung vorzubereiten. Damit kann sowohl ein hierarchischer Aufstieg gemeint sein als auch die Übernahme von mehr Verantwortung.[68] Häufig werden bei der Unterscheidung in die Vermittlung aktueller wie auch zukünftiger Kompetenzen[69] auch die beiden Kontrasttypen der deterministischen und katalytischen Weiterbildung genannt. Erstere dient der Defizitminderung und beinhaltet einen gezielten Entwicklungsbedarf. Die Wirkungen und der Erfolg einer deterministischen Weiterbildung sind somit vorhersehbar. Katalytische Weiterbildung indes zielt auf die Entwicklung von Potenzialen bei Mitarbeitern, deren konkreter Anwendungsbedarf zum Entwicklungszeitpunkt noch nicht absehbar ist. Sie wird vor allem bei unklaren Entwicklungen innerhalb von Unternehmungen eingesetzt und zielt damit auf die generelle Entwicklungsfähigkeit der Mitarbeiter und damit auch der Unternehmung. Beide Kontrasttypen existieren in Unternehmungen nebeneinander.[70]

- *Systematische Planung, Durchführung und Evaluation des Training off-the-job:* Der Personalentwicklungsprozess umfasst, wie Abbildung 2 veranschaulicht, mehrere Phasen. Im Vorfeld der eigentlichen Qualifizierung erfolgen eine *Analyse-* sowie eine *Planungsphase.* Erstere unterteilt sich in die *Bedarfs-* und die *Umfeldanalyse.* Im Rahmen der Bedarfsanalyse wird in Abstimmung mit den Unternehmungszielen der konkrete Trainingsbedarf festgelegt. Dabei wird der interne Bedarf fokussiert. Der Entwicklungsbedarf kann jedoch auch durch die externe Umwelt induziert werden. Hier dient eine Umfeldanalyse der Klärung außerbetrieblicher Entwicklungen und An-

---

[68] Vgl. Mentzel, W. (2005), S. 8 f.

[69] Vgl. zum Begriff Kompetenz die Erläuterungen auf S. 18 f.

[70] Vgl. Bronner, R./Schröder, W. (1983), S. 30 ff.

forderungen. Darüber hinaus werden im Rahmen der Umfeldanalyse auch die Rahmenbedingungen, unter denen eine Qualifizierungsmaßnahme[71] stattfindet, festgelegt. In Bezug auf den Personalentwicklungsprozess findet nach der Planung die *Qualifizierung* im Lernfeld statt. Im Anschluss an die Qualifizierungsphase im Funktionsfeld sollte der Transfer des Erlernten ins Funktionsfeld erfolgen (*Transfer ins Arbeitsverhalten*). Hiermit ist die Übertragung und Anwendung des Erlernten in Bezug auf die individuelle Arbeitsaufgabe oder das Arbeitsverhalten angesprochen.[72]

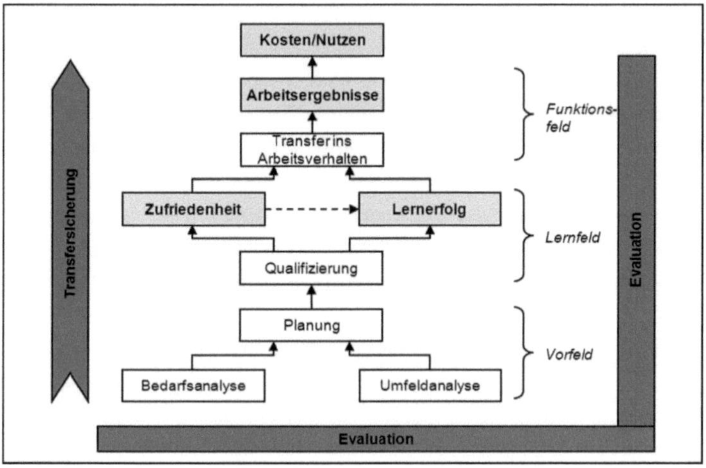

Abbildung 2: Prozess der Personalentwicklung.

Quelle: Berthel, J./Becker, F. G. (2010), S. 407.

Mit den bisherigen Phasen ist der Personalentwicklungsprozess in seiner ursprünglichen Definition angesprochen. Wie die Definitionen zeigen, werden mittlerweile die Evaluation und auch die Transfersicherung[73] als Bestandteile des Personalentwicklungsprozess gesehen. Die Transfersicherung zielt darauf, während des gesamten Prozesses die mögliche Anwendbarkeit des Erlernten zu sichern, indem bereits im Vorfeld analysiert wird, welche Erfordernisse und Restriktionen hier zu beachten sind, um sie schließlich im Rahmen der gezielten Unterstützungsmaßnahmen in den Lern- und Transferprozess integrieren zu können. Die Evaluation liefert parallel zum Personalentwicklungsprozess Informationen und sollte schließlich selbst noch einmal reflektiert werden.[74]

---

[71] Im Folgenden werden die Begriffe Personalentwicklungsmaßnahme, Trainingsmaßnahme und Qualifizierungsmaßnahme synonym verwendet.

[72] Vgl. Berthel, J./Becker, F. G. (2010), S. 408.

[73] Vgl. **Abbildung 2**, S. 7.

[74] Vgl. Berthel, J./Becker, F. G. (2010), S. 408; vgl. zudem zu ausführlichen Informationen zur Evaluation

- *Fach-, Methoden- und Sozialkompetenzen*: In den oben angesprochenen Definitionen zur Personalentwicklung wird häufig der Begriff der Qualifikationen verwendet. Nur vereinzelt wird statt des Qualifikationsbegriffes auf den Kompetenzbegriff eingegangen. Qualifikationen lassen sich in sensomotorische, kognitive und affektiv-motivationale Qualifikationselemente unterteilen. Erstere beschreiben Fähigkeiten und Fertigkeiten, die bei der Koordination von Sinneswahrnehmung und Motorik benötigt werden. Kognitive Fähigkeiten beschreiben die generelle Fähigkeit, Kenntnisse auf andere Kontexte zu übertragen. Mit affektiv-motivationalen Qualifikationselementen werden Motive, Einstellungen und Werte angesprochen.[75] Der Qualifikationsbegriff umschließt jedoch nur das erworbene Wissen und die erlernten Fähigkeiten, beschreibt jedoch nicht die Handlungsfähigkeit einer Person in Bezug auf die Anwendung der Kenntnisse.[76] Mit dem Kompetenzbegriff hingegen wird die Verwertbarkeit des Erlernten in konkreten Handlungssituationen hervorgehoben.[77] Dieses wird durch STAUDT/KAILER/KRIEGESMANN konkretisiert. Demnach ist „Kompetenz (...) die auf Wissen, Bereitschaft und Zuständigkeit beruhende Fähigkeit zum Handeln."[78] Mittlerweile greifen sowohl die Literatur als auch die Praxis weitestgehend auf den Begriff der Kompetenz zurück.[79] Die Differenzierung in unterschiedliche Kompetenzen findet dabei vor allem in anwendungsorientierten Kontexten Berücksichtigung.[80] Vor dem Hintergrund der pragmatischen und anwendungsorientierten Ausrichtung dieser Arbeit[81] soll deshalb der Kompetenzbegriff den Vorzug vor dem Begriff der Qualifikation erhalten. Ein weiteres Argument dafür ist, dass Qualifikationen auf Lernziele im Lernfeld abzielen, wohingegen Kompetenzen auch Handlungsziele im Funktionsfeld beinhalten. Da die Personalentwicklung eine Veränderung der Qualifikationen und Leistung eines Mitarbeiters induzieren will, greift eine reine Betrachtung des Lernfeldes zu kurz. Der Kompetenzbegriff indes reicht hier weiter, indem Ziele im Arbeitsfeld explizit Berücksichtigung finden.[82] Der Begriff Kompetenz lässt sich in Fach-, Methoden- und Sozialkompetenzen unterteilen.[83] Die *Fachkompetenz* beschreibt dabei

---

Kapitel 2.2.

75 Vgl. Berthel, J./Becker, F. G. (2010), S. 394 f.

76 Vgl. Scheitler, C. (2005), S. 95.

77 Vgl. Wunderer, R./Bruch, H. (2000), S. 65.

78 Staudt, E./Kailer, N./Kriegesmann, B., et al. (1997), S. 123 ff. OLBRICH hebt deshallb hervor, dass im Rahmen von Lernprozessen bei Erwachsenen der Kompetenzbegriff geeigneter erscheint. Vgl. Olbrich, E. (1986), S. 299.

79 Vgl. Münch, J. (1995), S. 10 f.;

80 Vgl. Berthel, J./Becker, F. G. (2007), S. 310.

81 Vgl. dazu Kapitel 1.

82 Vgl. Becker, M. (2005), S. 103.

83 Vgl. Sonntag, K./Schäfer-Rauser, U. (1993), S. 163; vgl. ebenso Berthel, J./Becker, F. G. (2010), S. 394.

die Fähigkeit, fachbezogene Problemstellungen durch erlerntes Fachwissen lösen zu können. Angesprochen ist hierbei das konkrete Anwendungswissen, sowohl in der Breite als auch in der Tiefe. Die *Methodenkompetenz* befähigt Personen, das erlernte Wissen selbstständig auf neuartige Situationen zu übertragen und anzuwenden. Hierfür sind gerade analytische und konzeptionelle Fähigkeiten notwendig. Die *Sozialkompetenz* schließlich zielt auf zwischenmenschliche Interaktionen ab. Sie befähigt Personen in einer Gruppe, gemeinsam zu handeln und Lösungen zu finden sowie Konflikte lösen zu können.[84] Sie steht in enger Dependenz zur Persönlichkeit eines Individuums.[85] Teilweise wird zudem in *personale* oder *Selbstkompetenz* unterschieden, welche Einstellungen, Werte, Bedürfnisse und die Motivation umfasst. Damit verbunden geht es um die Entwicklung der Selbstwahrnehmung und Reflexion von eigenen Fähigkeiten.[86] Häufig wird dies aber auch als Bestandteil der Sozialkompetenz gesehen.[87] Dieser Einordnung wird auch in dieser Arbeit gefolgt.

- *Unternehmungsziele:* Das Training off-the-job ist kein Selbstzweck, sondern dient in erster Linie der Verfolgung und Erreichung von Unternehmungszielen.[88] Hinsichtlich der unternehmensseitigen Zielsetzungen in Bezug auf Qualifizierungsmaßnahmen lassen sich in verschiedenen empirischen Studien eine Vielzahl von Zielsetzungen festmachen. Grundsätzlich ergibt sich als globales Ziel in den Unternehmungen die Erhöhung der Wettbewerbsfähigkeit. Dieses Oberziel wird durch verschiedene Unterziele gestützt. So lassen sich die in den empirischen Studien erhobenen Zielsetzungen in die Kategorien *Sicherung der Flexibilität*, *Erhöhung der Motivation*, *Sicherung des qualitativen und quantitativen Personalbestands*, *Verbesserung der innerbetrieblichen Zusammenarbeit* sowie die *Verbesserung der Außenwirkung* unterscheiden. Die Sicherung der Flexibilität geht dabei mit einer Erhöhung der Bereitschaft zu Veränderungen einher. Unter Erhöhung der Motivation wird bspw. die Verbesserung des Leistungsverhaltens oder die Ermöglichung der Chance zu Selbstverwirklichung verstanden sowie die Förderung der beruflichen Weiterentwicklung durch die Signalisierung von Aufstiegsmöglichkeiten. Personalentwicklung kann darüber hinaus auch als Incentive sprich als Belohnung für gute Leistungen eingesetzt werden. Die Sicherung des quantitativen und qualitativen Personalbestands ist eines der am häufigsten angesprochenen Ziele. Hierunter werden Ziele wie die Vermeidung von Fluktuation, Gewinnung von Nachwuchskräften durch Vorbereitung auf einen beruflichen Aufstieg, Erhaltung von

[84] Vgl. Münch, J. (1995), S. 11.; vgl. Berthel, J./Becker, F. G. (2007), S. 310.

[85] Vgl. Beck, R./Schwarz, G. (2004); S. 21.

[86] Vgl. Sonntag, K.-H./Schaper, N. (2006a), S. 271 f.

[87] Vgl. Berthel, J./Becker, F. G. (2010), S. 394.

[88] Vgl. Berthel, J./Becker, F. G. (2010), S. 398. Dies wird auch durch die Studie von GEBERT/STEINKAMP gestützt. Vgl. Gebert, D./Steinkamp, T. (1990), S. 233.

Qualifikationen oder deren Anpassung an veränderte Gegebenheiten verstanden. Gerade durch die Gewinnung von Nachwuchskräften aus eigenen Reihen kann so auch eine Unabhängigkeit vom externen Arbeitsmarkt angestrebt werden. Das Ziel der Verbesserung der innerbetrieblichen Zusammenarbeit wird durch die Unterziele Verbesserung des Sozialverhaltens der Mitarbeiter oder des Kommunikations- und Informationsflusses gestützt. Auch der Kontakt der Mitarbeiter untereinander kann mittels Personalentwicklung gefördert werden. Letztlich wird die Personalentwicklung auch zur Verbesserung der Außenwirkung einer Unternehmung durchgeführt. So wird durch eine gute Personalentwicklungspolitik das Image der Unternehmung verbessert und somit die Wettbewerbsposition am Arbeitsmarkt gestärkt. [89]

- *Mitarbeiterinteressen:* Wie oben angesprochen sollten im Rahmen der Personalentwicklung jedoch nicht nur die Unternehmungsziele berücksichtigt werden. Eine erfolgreiche Personalentwicklung setzt neben der Klarheit über die Ziele vor allem auch eine Berücksichtigung der Mitarbeiterinteressen voraus.[90] Eine Personalentwicklung entgegen der Mitarbeiterinteressen ist kontraproduktiv. Dementsprechend wichtig ist es, dass die Mitarbeiter sich mit den Zielen und Maßnahmen identifizieren können. [91] Den recht vielfältigen Zielen in Bezug auf die Personalentwicklung aus Unternehmungssicht stehen jedoch auch vielseitige individuelle Ziele der Mitarbeiter gegenüber. So werden von Mitarbeitern folgende Ziele im Rahmen der Personalentwicklung verfolgt: *Erhöhung der Arbeitsplatzsicherheit, Vorbereitung auf den beruflichen Aufstieg, Erhöhung der individuellen Mobilität in Bezug auf andere mögliche Arbeitgeber, Vorbereitung auf die Selbstständigkeit, Selbstverwirklichung, Erwerb von aufgabenspezifischem Wissen und aufgabenspezifischen Fähigkeiten, Ausnutzung und Förderung des eigenen Qualifikationspotenzials, Pflege und Aufbau von Netzwerken, Verbesserung des Einkommens.*[92]

Die Auflistung der unternehmungsbezogenen und mitarbeiterbezogenen Ziele in Bezug auf das Training off-the-job zeigt, dass diese sowohl übereinstimmen, sich ergänzen oder aber auch konträr gegenüberstehen können. Festzuhalten bleibt jedoch, dass eine Personalentwicklung gegen den Willen eines Mitarbeiters weder der einen noch der anderen Seite einen Nutzen bringt. Dementsprechend müssen die Mitarbeiterinteressen im Rahmen des Training off-the-job Berücksichtigung finden.[93]

---

[89] Zu den aufgeführten Zielen vgl. Kailer, N. (2004), Sp. 770, Thom, N. (2004), Sp. 735, Mentzel, W. (2005), S. 10 f. sowie Becker, F. G./Günther, S. (1999), S. 6.

[90] Vgl. Mentzel, W. (2005), S. 9.

[91] Vgl. Thom, N. (1992), S. 5.

[92] Vgl. Kailer, N. (2004), Sp. 770 f.; Thom, N. (2004), Sp. 735; Mentzel, W. (2005), S. 11 f., Berthel, J./Becker, F. G. (2010), S. 397 ff. sowie Becker, F. G./Günther, S. (1999), S. 6.

[93] Vgl. Berthel, J./Becker, F. G. (2010), S. 398 ff.

2.2 Evaluation

2.2.1 Begriffsexplikation

Dem deutschen Begriff Evaluation liegt der englischsprachige Ausdruck „to evaluate", was soviel wie „zahlenmäßig bestimmen, berechnen, auswerten"[94] bedeutet, zugrunde.[95] Aber auch der ältere deutsche Sprachgebrauch weist den Terminus „Evalvation"[96] auf, welcher ebenfalls im Sinne von „Schätzung" oder „Wertbestimmung" angewendet wurde.[97] Vom linguistischen Hintergrund aus betrachtet beinhaltet eine Evaluation demnach grundsätzlich den „... Vorgang bzw. das Ergebnis einer bewertenden Bestandsaufnahme."[98]

Eine derartige Bewertung nimmt jede Person täglich in Bezug auf Personen, Situationen, Meinungen etc. vor. Dies geschieht jedoch im Wesentlichen unsystematisch und zum Teil unbewusst. Werden für den bewertenden Vorgang hingegen wissenschaftliche Forschungsmethoden herangezogen, so wird von einer „wissenschaftlichen Evaluation" bzw. „Evaluationsforschung" gesprochen.[99] Mittels einer wissenschaftlichen Evaluation soll die Rationalität des Entscheidungsprozesses vergrößert werden.[100] Sowohl in der Praxis als auch in der Wissenschaft ist das Verständnis von einer wissenschaftlichen Evaluation sehr verschieden. Dies kann damit begründet werden, dass sich unterschiedlichste Fachdisziplinen mit der Evaluationsthematik auseinandersetzen.[101]

Historisch gesehen bildeten im US-amerikanischen Raum die Reformprogramme von Präsident Johnson in den sechziger Jahren den Ausgangspunkt für die Evaluationsforschung, welche anhand wissenschaftlicher Methoden auf ihren Erfolg hin überprüft wurden.[102] Auch in Deutschland begann eine wissenschaftliche Auseinandersetzung mit Evaluationen innerhalb der pädagogischen Fachdisziplinen aufgrund der Notwendigkeit der Beurteilung bildungspolitischer Programme.[103] In Bezug auf die Evaluation der Personalentwicklung wurden erst

94 Wörterbuch Englisch-Deutsch, Deutsch-Englisch (1987), S. 106.

95 Vgl. Riedel, M. (1992), S. 5.

96 Vgl. Duden (1974), S. 222.

97 Vgl. Duden (1974), S. 222.

98 Will, H./Winteler, A./Krapp, A. (1987), S. 13.; vgl. auch Hamblin, A. C. (1974), S. 7.

99 Vgl. Thierau-Brunner, H./Wottawa, H./Stangel-Meseke, M. (2006), S. 329.

100 Vgl. Weiss, C. H. (1974), S. 20.

101 Vgl. Will, H./Winteler, A./Krapp, A. (1987), S. 13.; vgl. zu einer Einordnung der Evaluation innerhalb der Wissenschaft Weber, K. (2004), S. 10.

102 Vgl. Rossi, P. H./Freeman, H. E./Hofmann, G. (1988), S. 6 .

103 Vgl. Frankenreiter, J. J. (1996), S. 35. In der pädagogischen Disziplin wird anstatt des Begriffes Evaluation zumeist der Begriff Evaluierung verwendet (vgl. Stiefel, R. T. (1974); vgl. Weiss, C. H. (1974); vgl. Nork, M. E. (1989)). Die betriebswirtschaftliche und insbesondere die personalwirtschaftliche Literatur greift im Zusammenhang mit der Bewertung von Weiterbildungsmaßnahmen vorrangig auf den Begriff Evaluation zurück (vgl. Neuberger, O. (1994), S. 271 ff., vgl. Oechsler, W. A. (1997), S. 439 ff.; vgl. Riedel, M. (1992), S.

in den achtziger Jahren erste Interessen in Deutschland laut.[104] Im weiteren Verlauf wurde die Evaluationsthematik auch in anderen wissenschaftlichen Disziplinen (Psychologie, Soziologie, Wirtschaftswissenschaften) mit unterschiedlichster Akzentuierung aufgegriffen.[105] Als Folge ist die Evaluationsforschung geprägt von einer Vielzahl unterschiedlichster Theorien, Modelle, Verfahren und Methoden.[106]

Einigkeit besteht bei vielen Autoren in Bezug auf die Ansicht, dass Evaluationen, wie auch in dieser Arbeit intendiert, einen anwendungsbezogenen Fokus aufweisen sollten. So betont SCRIVEN: „Evaluation should be benefit-orientated, not explanation-orientated."[107] Und auch ROSSI/FREEMAN/HOFFMANN betonen: "Evaluationsforscher müssen pragmatisch sein und in diesem Bewusstsein ihre Arbeit verrichten."[108] PRELL ordnet die die Evaluation deshalb der anwendungsorientierten Forschung zu.[109]

Nicht zuletzt aufgrund der unterschiedlichen Einsatzbereiche einer Evaluation taucht in der Literatur eine Vielzahl von Termini auf, die gleiche oder ähnliche Tatbestände beschreiben. Genannt werden Begriffe wie Erfolgskontrolle, Lernerfolgskontrolle, Zielkontrolle, Qualitätskontrolle, Controlling, Effizienzmessung, Bewährungskontrolle, Wirkungsforschung, Wirkungskontrolle, Begleitforschung, Programmforschung, Programmevaluation, Evaluierungsforschung oder auch Kosten-Nutzen-Analyse.[110] Ein eindeutiges Verständnis existiert somit nicht.[111] WOTTAWA/THIERAU formulieren treffend: „Evaluation ist ein außerordentlich vielfältiger Begriff. Er umfasst eine Menge möglicher Verhaltensweisen und entzieht sich somit prinzipiell einer abstrakten, die Wirklichkeit gleichzeitig voll umfassenden Definition."[112]

Werden die Anfänge der Evaluationsforschung betrachtet, wird deutlich, dass ältere Definitionen vor allem den bewertenden Aspekt der Evaluation hervorheben. WORTHEN/SANDERS formulieren entsprechend: „Evaluation is the determination of the worth of a thing. It includes obtaining information for use in judging the worth of a program, product, procedure, or objec-

8.). In dieser Arbeit wird der Begriff Evaluierung synonym zum Begriff der Evaluation verwendet.

104 Vgl. Neubauer, K. (2002), S. 61.

105 Vgl. Götz, K. (1993), S. 20.

106 Vgl. Will, H./Winteler, A./Krapp, A. (1987), S. 13.

107 Scriven, M. (1986), S. 21.

108 Rossi, P. H./Freeman, H. E./Hofmann, G. (1988), S. 9.

109 Vgl. Prell, S. (1986), S. 208.

110 Vgl. Will, H./Winteler, A./Krapp, A. (1987), S. 14, vgl. auch Thierau, H. (1991), S. 7; vgl. Neuberger, O. (1994), S. 271. Für eine umfassende Aufzählung ähnlich verwendeter Begriffe vgl. auch Scriven, M. (1980), S. 1 f. sowie Dahms, W./Gerl, H. (1991), S. 234.

111 Vgl. Will, H./Winteler, A./Krapp, A. (1987), S. 13.

112 Wottawa, H./Thierau, H. (1990), S. 9.

tive or potential utility of alternative approaches designed to attain specific objectives."[113] HAMBLIN argumentiert darüber hinaus, dass eine Evaluation sowohl in qualitativer als auch in quantitativer Form erfolgen kann. Für ihn bedeutet Evaluation entsprechend „... the assessment of the total value of a training system, training course or programme in social as well as financial terms."[114]

HÄRING greift dieses auf und spricht darüber hinaus die unterschiedlichen Reichweiten einer Evaluation an. Sie versteht unter Evaluation „... die systematische Sammlung von Informationen (...), die dazu dient, eine Weiterbildungsmaßnahme hinsichtlich ihrer Auswirkungen, sowohl auf die Teilnehmer als auch auf das Unternehmen, in Abgleich mit vorher festgelegten Zielen qualitativ und quantitativ zu bewerten."[115] Die unterschiedlichen Reichweiten greifen auch BECKER/GÜNTHER auf. In ihrer Sichtweise bedeutet Evaluation „...mittels wissenschaftlicher Verfahrensweisen Aussagen über die Auswirkungen der PE [Personalentwicklung; Anm. d. V.] im Allgemeinen bis hin zur einzelnen Maßnahme sowohl auf Teilnehmer/innen als auch auf die Unternehmung zu generieren."[116]

Andere Definitionen zur Evaluation gehen eher auf die Funktion ein, die mit einer Evaluation verbunden ist. So geschieht laut GÖTZ Evaluierung einerseits aus einem wissenschaftlichen Interesse am Unterrichtsgeschehen heraus und dient des Weiteren als Rückversicherung. Ihrer Meinung nach ist mit einer Evaluation insofern eine Legitimationsfunktion verbunden, als dass Geldgeber Aufschluss darüber bekommen sollen, ob die Investitionen richtig waren.[117]

CRONBACH sieht eher die Entscheidungsfunktion einer Evaluation im Vordergrund. Er formuliert in dem Zusammenhang allgemein: „(...) [Evaluierung ist die] Sammlung von Informationen und ihrer Verarbeitung mit dem Ziel, Entscheidungen über ein Curriculum zu fällen."[118] Ebenso betont STUFFELBEAM deren Funktion als Entscheidungshilfe, indem Informationen gewonnen werden, die zur Entscheidungsfindung beitragen.[119]

Die Entscheidungsfunktion ergänzt um die Optimierungsfunktion heben GOLDSTEIN/FORD hervor. Sie konstatieren: „*(..)* [E]valuation is the systematic collection of descriptive and judgemental information necessary to make effective training decisions related to the selec-

[113] Worthen, B. R./Sanders, J. R. (1973), S. 19.

[114] Hamblin, A. C. (1974), S. 8.

[115] Häring, K. (2003), S. 12.

[116] Becker, F. G./Günther, S. (1999), S. 273.

[117] Vgl. Götz, K. (1993), S. 40.

[118] Cronbach, L. J. (1972), S. 41.

[119] Vgl. Stufflebeam, D. L. (1972), S. 124.

tion, adoption, value, and modification of various training activities."[120] THOM sieht die Optimierungsfunktion als zentralen Fokus einer Evaluation. Er argumentiert, dass Evaluationen durchgeführt werden, um Mängel zu beseitigen und damit keinen Selbstzweck besitzen.[121] Die Optimierungsfunktion erweitert um die Kontrollfunktion wird auch von ROSSI/FREEMAN/HOFFMANN aufgegriffen. Sie stellen fest: „Evaluierungsforschung bezeichnet den gezielten Einsatz sozialwissenschaftlicher Forschungsmethoden zur Verbesserung und Planung und laufenden Überwachung sowie Bestimmung der Effektivität und Effizienz von Gesundheits-, Bildungs-, Sozialhilfe- und anderen sozialen Interventionsmaßnahmen."[122] Die Kontrollfunktion wird von STIEFEL/FLÖTHER eingeschränkt. Sie halten fest, dass die Erfolgskontrolle nur ein Fragment der Evaluation ist. Ob sich der Wert einer Maßnahme auf den Lern- oder Transfererfolg bezieht bleibt dabei offen, ebenso ist nicht zwingend die Kontrolle im Evaluationsverständnis inbegriffen.[123]

In diesem Verständnis von STIEFEL/FLÖTHER wird zudem der Umfang einer Evaluation deutlich. Dieses präzisiert STIEFEL, indem er grundsätzlich unter einer management-andragogischen Evaluation „... sämtliche Maßnahmen vom Zeitpunkt der Ermittlung organisatorischer Weiterbildungsbedürfnisse über die Festlegung der pädagogischen Zielvorgaben, Überprüfung der Unterrichtsstrategie, Ermittlung des Lernerfolges und des durch die Schulung verursachten geänderten Arbeitsverhaltens der Teilnehmer bis zur Feststellung, ob das ursprünglich ermittelte organisatorische Bedürfnis befriedigt wurde [versteht]".[124] Damit stellt er die Evaluation in eine enge Verbindung zum gesamten Weiterbildungsprozess. Nicht nur die Bewertung einzelner Elemente dieses Prozesses steht dabei im Vordergrund, sondern auch die Gestaltung einzelner Abschnitte ist demnach ein Bestandteil der Evaluation. ROSSI/FREEMAN/HOFFMANN konstatieren allgemeiner: „Wir definieren sie [die Evaluierungsforschung] einfach als systematische Anwendung sozialwissenschaftlicher Forschungsmethoden zur Beurteilung von Konzeption, Ausgestaltung, Umsetzung und des Nutzens sozialer Interventionsprogramme."[125] Evaluation kann demnach sowohl den gesamten Prozess betrachten als auch das Ergebnis.

BERNATZEDER/BERGMANN gehen in dem Zusammenhang soweit, dass sie feststellen: „...nicht die Evaluation der Ergebnisse liefert aufschlussreiche Einsichten, sondern die Evaluation des Prozesses."[126] Ebenso macht HAMBLIN in diesem Zusammenhang deutlich: „One

[120] Goldstein I. L./Ford, J. K. (2002), S. 177.

[121] Vgl. Thom, N. (2004), Sp. 734.

[122] Rossi, P. H./Freeman, H. E./Hofmann, G. (1988), S. 3.

[123] Vgl. Stiefel, R. T./Flöther, E. (1976), S. 106.

[124] Stiefel, R. T. (1974), S. 10.

[125] Rossi, P. H./Freeman, H. E./Hofmann, G. (1988), S. 3.

[126] Bernatzeder, P./Bergmann G. (1997), S. 115.

cannot assess training effects unless one knows something about the before-training situation for comparison with the after-training situation."[127] Eine Evaluation beginnt demnach nicht erst im Anschluss an eine Maßnahme, sondern bereits bei deren Planung. Sie vollzieht sich folglich entlang des gesamten Personalentwicklungsprozesses.[128]

WILL/WINTELER/KRAPP geben umfassend wieder:

- „Evaluation ist *ziel- und zweckorientiert.* Sie hat primär das Ziel, praktische Maßnahmen (Treatments) zu verbessern, zu legitimieren oder über sie zu entscheiden (...).
- Grundlage einer Evaluation ist eine *systematisch gewonnene Datenbasis* über Voraussetzungen, Kontext, Prozesse und Wirkungen einer praxisnahen Maßnahme.
- Evaluation beinhaltet eine *bewertende Stellungnahme*, d. h. die methodisch gewonnenen Daten und Befunde werden auf dem Hintergrund von Wertmaßstäben unter Anwendung bestimmter Regeln bewertet.
- Evaluation bezieht sich, im Gegensatz zur personenbezogenen Leistungsfeststellung oder Testung, auf einzelne Bereiche geplanter, durchgeführter oder abgeschlossener Bildungsmaßnahmen. Sie zielt also in der Regel nicht primär auf die Bewertung des Verhaltens (...) einzelner Personen, sondern ist Bestandteil der Entwicklung, Realisierung und Kontrolle planvoller Bildungsarbeit."[129]

Unter Evaluation des Training off-the-job kann damit die systematische Informationssammlung und -analyse von trainingsrelevanten Daten mit dem Ziel, die Entwicklung, Durchführung und Realisierung eines Training off-the-job zu bewerten oder zu verbessern, verstanden werden.

2.2.2 Begriffsabgrenzungen

Eng verbunden mit dem Begriff der Evaluation im Kontext der Personalentwicklung ist der des Bildungscontrollings. Dabei werden in der Literatur Vergleiche mit den Begriffen des Controlling, Personalcontrolling oder Bildungscontrolling gezogen. Diese Ambiguität macht zunächst eine genaue Einordnung der Begriffe in einen Gesamtkontext notwendig. Controlling kann dabei als Oberbegriff gesehen werden. Er bezieht sich auf die Kontrolle und Steuerung gesamtunternehmerischer Abläufe.[130] Das Personalcontrolling stellt demnach einen speziellen Bereich des Controllings dar, welcher sich lediglich auf den Personalbereich bezieht.

---

[127] Hamblin, A. C. (1974), S. 8.

[128] Vgl. Abschnitt 2.1.2.

[129] Will, H./Winteler, A./Krapp, A. (1987), S. 14. Hervorhebungen im Original.

[130] Dazu gehören die Gewinnung und Kommunikation von Planungs-, Steuerungs- und Kontrollinformationen, die Sicherung der Rationalität von Entscheidungs- und Planungsprozessen sowie deren Koordination. Vgl. Jahnke, H. (2006), S. 75.

Das Bildungscontrolling wiederum ist als Teilbereich des Personalcontrollings zu sehen und bezieht sich vorwiegend auf den Bereich der Personalentwicklung.[131]

In Bezug auf die thematische Ausrichtung dieser Arbeit, die den speziellen Fokus auf das Training off-the-job legt und damit einen Bestandteil der Personalentwicklung darstellt, ist dementsprechend eine Abgrenzung der Begriffe Evaluation und Bildungscontrolling vonnöten. Die Begriffe Bildungscontrolling und Evaluation schließen sich dabei nicht aus. Die Abgrenzung voneinander ist in der Literatur jedoch noch nicht abschließend gelöst. Unstrittig ist, dass der Evaluationsbegriff eine längere Tradition hat als der des Bildungscontrollings. Erster fand, wie oben bereits erwähnt, in der Wissenschaft erstmals in den 1960er Jahren Beachtung, letztgenannter taucht dagegen erst gegen Ende der 1980er Jahre auf und findet seither immer mehr Verbreitung.[132] Aufgrund der vielfältigen Verständnisse beider Begriffe findet sowohl eine Über- wie auch Unterordnung sowie Gleichstellung des Bildungscontrollings im Vergleich zur Evaluation statt.[133]

- In einem *übergeordneten* Verständnis stützt sich das Controlling auf Evaluationsergebnisse, welche ihm als Basis für die Koordination, Kontrolle und Steuerung in einer Unternehmung dienen. Evaluation stellt damit lediglich einen Teilbereich des Controllings dar.[134] Grundlage dieser Argumentation ist ein weit gefasster Controllingbegriff, der „lenken, steuern, leiten, regeln und regulieren"[135] unternehmerischer Aktivitäten beinhaltet. LANDSBERG/WEISS konstatieren in dem Zusammenhang: „Evaluation ist Bestandteil von Controlling, nicht umgekehrt. (...) Evaluation ist meist eindimensional, nur pädagogisch oder psychologisch. Controlling ist dagegen offen, bezüglich der Bildung wenigstens zweidimensional, z.B.(!): pädagogisch und ökonomisch."[136] Die Verbindung zwischen dem Bildungscontrolling und den Unternehmungszielen sehen auch HEEG/JÄGER. Sie betonen, Bildungscontrolling sei ein „... umfassendes Planungs-, Bewertungs- und Informationssystem zur Koordination und Steuerung der betrieblichen Bildungsprozesse in enger Abstimmung mit den Unternehmenszielsetzungen zur Erfassung und Darstellung der Effizienz und der Effektivität sowie der Kosten von Bildungsprozessen."[137] HUMMEL verdeutlicht den Zusammenhang durch die Differenzierung in das operative und strategische Bildungscontrolling. Dabei konzentriert

[131] Vgl. Immenroth, T. (2000), S. 16; vgl. Hummel, T. R. (1999), S. 19.

[132] Vgl. Becker (1995), S. 58; vgl. Wulf, C. (1972), S. 15 ff. sowie Cronbach, L. J. (1972), S. 38 ff.

[133] Vgl. Günther, S. (2001), S. 43 ff.

[134] Vgl. Faulstich, P. (1998), S. 209 ff.; vgl. Metz, F. (1995), S. 1; Landsberg, G. v./Weiß, R. (1995), S. 3., Becker, F. G./Günther, S. (1999), S. 200.

[135] Münch, J. (1995), S. 135.

[136] Landsberg, G. v./Weiß, R. (1995), S. 3. Fehler im Original.

[137] Heeg, F. J./Jäger, C. (1995), S. 343.

sich das operative Bildungscontrolling darauf, vorwiegend mittels quantitativer Beurteilungen, Weiterbildung in Unternehmungen möglichst effizient zu gestalten. Im Rahmen des strategischen Bildungscontrollings findet eine Ergänzung dahingehend statt, als dass dort eine Überprüfung der Ziele und Schwerpunkte der Weiterbildungsmaßnahmen in Abstimmung mit den Unternehmungszielen stattfindet.[138] Der Unterschied zur Evaluation wird demnach darin gesehen, dass das Bildungscontrolling die Kosten erfasst und darstellt und darüber hinaus mit den strategischen Zielen einer Unternehmung verknüpft ist. HÄRING schließt sich dieser Argumentation an und hält fest: „Die Evaluation ist also ein essentieller Bestandteil des Bildungscontrollings, die den qualitativen und quantitativen Nutzen einer Entwicklungsmaßnahme bewertet. Allerdings legt die Evaluation im Gegensatz zum Bildungscontrolling den Schwerpunkt weniger auf die systematische Erfassung aller relevanten Kosten und ist bislang noch nicht mit den strategischen Unternehmenszielen verknüpft."[139]

- Eine entgegengesetzte Perspektive nehmen die Autoren ein, die den Bildungscontrollingbegriff dem Evaluationsbegriff *unterordnen*. Sie argumentieren, dass das Bildungscontrolling eine Form der Evaluation unter Rückgriff auf betriebswirtschaftliche Kriterien darstellt. Das Controlling kann demnach als Instrument einer Evaluation interpretiert werden.[140] BEYWL plädiert dafür, die Evaluation in allen Phasen einer Maßnahme zu nutzen, d. h. von der Planung über die Durchführung bis hin zur Optimierung. [141] Er betont weiterhin in Anlehnung an DIENSBERG: „Die Multi-Perspektivität ist bei [der] Evaluation fundamental. Evaluation unterscheidet sich in diesem Punkt etwas vom Bildungscontrolling (Perspektive des Geschäftserfolgs) und vom Qualitätsmanagement (Kundenperspektive)."[142]

- Andere Autoren wie ARNOLD unterscheiden nicht zwischen den beiden Begriffen, sondern verwenden sie *synonym*.[143] Er moniert, dass der Begriff Bildungscontrolling vor dem Hintergrund der steigenden Kosten und der zunehmenden Bedeutung des Controllings in Unternehmen sich besser vermarkten lässt, inhaltlich aber keine Unterschiede zur Evaluation aufweist.[144] Dieses unterstreicht auch MÜNCH mit der Aussage: „Es gibt genaugenommen(!), keinen plausiblen Grund dafür, dass für das Ziel und Ak-

---

[138] Vgl. Hummel, T. R. (1999), S. 14.

[139] Vgl. Häring, K. (2003), S. 15.

[140] Vgl. Gülpen, B. (1996), S. 18, vgl. Becker, M. (1995), S. 261.

[141] Vgl. Beywl, W. (1999), S. 19.

[142] Beywl, W. (1999), S. 21.

[143] Vgl. Arnold, R. (1999), S. 85 f., vgl. ebenso Wilkening, O. S. (1986), S. 453 ff.; Hamblin, A. C. (1974), S. 11.

[144] Vgl. Arnold, R. (1996), S. 254.

tivitätenspektrum der Evaluation nunmehr die Bezeichnung Bildungscontrolling Platz greift."[145] Er verweist dabei auf die im folgenden Kapitel dargestellten Funktionen, welche ebenso für das Bildungscontrolling Gültigkeit besitzen.[146] Auch wenn, wie oben deutlich gemacht wurde, dem Controlling eher ein quantitativer Charakter zugesprochen wird, schränken auch LANDSBERG/WEIß ein, dass im Rahmen des Bildungscontrollings nicht alle Größen quantifizierbar sind. Deshalb müssen in dem Zusammenhang sowohl monetäre wie auch nicht-monetäre Daten erfasst werden. Es muss demnach eine Verknüpfung von betriebswirtschaftlichem mit pädagogisch-psychologischem Wissen stattfinden.[147] Damit wird unterstrichen, dass Bildungscontrolling sowohl qualitativ wie quantitativ sein muss. LANDSBERG/WEIß heben deshalb hervor: „Bildung bedarf der Ökonomität, und Ökonomität bedarf der Bildung."[148] Evaluation und Bildungscontrolling sind in diesen Auffassungen somit gleich zu setzen.

Grundsätzlich ist der Auseinandersetzung mit einer möglichen Abgrenzung zwischen Evaluation und Bildungscontrolling zu entnehmen, dass beide Ansätze in einem weiten Verständnis sowohl qualitative als auch quantitative Bewertungen vorsehen.

Insgesamt kann jedoch festgestellt werden, dass der Begriff der Evaluation aufgrund seines pädagogischen Ursprungs eher qualitativ orientiert ist, wenngleich auch hier quantitative Verfahren zum Einsatz kommen können.[149]

Das Controlling an sich ist gemeinhin, wie auch die Literatur zum Bildungscontrolling oder Personalcontrolling zeigt, jedoch eher quantitativ orientiert. So stehen die Planung und Analyse unternehmerischer Aktionen anhand von Kennzahlen im Mittelpunkt des Controllings. Planabweichungen sollen so schnell festgestellt werden können. Das Controlling hat damit die Kontrolle und Steuerung unternehmerischer Prozesse zum Inhalt. Im Rahmen des Personal- und damit auch des Bildungscontrollings müssen dementsprechend Vorgänge quantifiziert werden.[150] So formulieren THOM/BLUNCK in Bezug auf das Bildungscontrolling, „... dass es als spezielles Bereichs-Controlling ein erfolgsorientiertes Managementinstrument darstellt, das die bewusste, systematische wie integrierte Planung (Soll) und Kontrolle (Soll-Ist-Vergleich) bildungswirtschaftlicher Tatbestände in messbaren – zumindest objektiv erfaßba-

[145] Münch, J. (1995), S. 134.

[146] Vgl. Münch, J. (1995), S. 134.

[147] Vgl. Landsberg, G. v. (1990), S. 7.

[148] Landsberg, G. v./Weiß, R. (1995), S. 3.

[149] Vgl. Günther, S. (2001), S. 45 f.

[150] Vgl. Gerlich, P. (1999), S. 15.

ren(!) – Informationen umfaßt(!) und die Rückkopplung zwischen Kontrolle und Planung sicherstellen soll, wobei die Ergebnisse der Abweichungsanalyse zur Grundlage des Planungsprozesses werden. (…) Prinzipiell wird die ökonomische Fundierung der Weiterbildungsentscheide angestrebt."[151]

HEEG/MÜNCH ergänzen, dass ein Bildungscontrolling eingesetzt wird, um Daten zu strukturieren und so eine Basis für die Bewertung und den Vergleich der Daten zu schaffen und somit ein Reporting des Bildungswesens zu ermöglichen. Dieses dient im Wesentlichen der Legitimierung einer Maßnahme. So ist laut HEEG/MÜNCH mit einem Bildungscontrolling das Ziel verbunden, die Wirkung einer Bildungsmaßnahme zu ermitteln und ihren Erfolg zu messen.[152] Der Aufwand und der Ertrag einer Weiterbildungsmaßnahme stehen demnach hier im Vordergrund.[153] Später erweitert MÜNCH die Auffassung insofern, als dass er den Schwerpunkt eines Bildungscontrollings im Bereich der Qualitätssicherung von Weiterbildungsmaßnahmen unter Berücksichtigung der Kosten-Nutzen-Relation sieht.[154]

Wie Abbildung 3 zeigt, wird in der vorliegenden Arbeit die Evaluation zwar als Teil des Personalcontrollings gesehen, dem speziellen Bildungscontrolling jedoch übergeordnet, so dass Evaluationen sowohl auf Basis von qualitativen wie quantitativen Daten durchgeführt werden können, während das Bildungscontrolling verstärkt auf quantitative Daten, speziell Kennzahlen zurückgreift.[155]

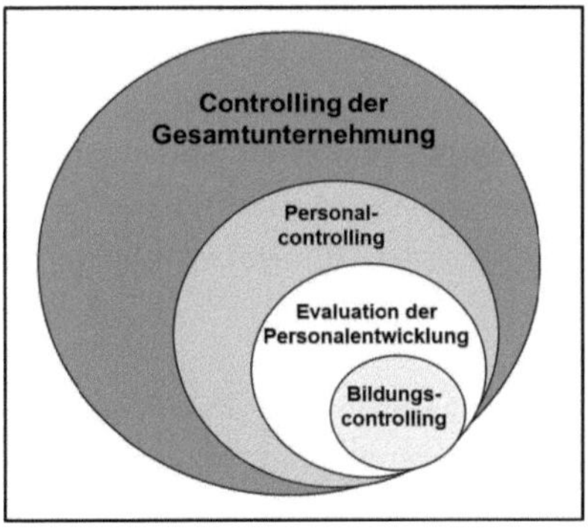

Abbildung 3: Einordnung der Personalentwicklungsevaluation in das Gesamtcontrolling.

[151] Thom, N./Blunck, T. (1995), S. 37.

[152] Vgl. Heeg, F. J./Münch, J. (1993), S. 406.

[153] Vgl. Münch, J. (1995), S. 134.

[154] Vgl. Münch, J. (1995), S. 135.

[155] Diese Unterscheidung zeigt sich auch in der nachfolgenden Systematisierung der Evaluationsansätze in Kapitel 4.1.

2.2.3 Formen

In Bezug auf Evaluationen werden in der Literatur unterschiedliche Formen diskutiert. Gegenübergestellt werden in dem Zusammenhang:[156]

- Gesamtevaluation vs. Teilevaluation,
- Fremdevaluation vs. Selbstevaluation,
- interne vs. externe Evaluation,
- objektive vs. subjektive Evaluation,
- quantitative vs. qualitative Evaluation,
- direkte vs. indirekte Evaluation,
- intrinsische Evaluation vs. Ergebnisevaluation,
- formative vs. summative Evaluation,
- vergleichende vs. nicht-vergleichende Evaluation,
- zielbezogene vs. zielfreie Evaluation.

Die einzelnen Unterscheidungen sind, wie die nachfolgenden Erläuterungen zeigen werden, nicht immer überschneidungsfrei.

Gesamt- vs. Teilevaluation:
Evaluationen unterscheiden sich zum einen dadurch, ob alle Trainingsmaßnahmen innerhalb einer Unternehmung (Gesamtevaluation) evaluiert werden oder nur ein Teil der Maßnahmen (Teilevaluation). Die Unterscheidung in Gesamt- und Teilevaluation bezieht sich jedoch nicht nur auf den Umfang der evaluierten Trainingsmaßnahmen, sondern auch darauf, dass im Rahmen einer Evaluation ein bestimmter Fokus auf einen Teilbereich oder auf Teilaspekte des Personalentwicklungsprozesses gelegt werden kann (Teilevaluation) oder ob alle Bereiche oder Aspekte Berücksichtigung finden sollen (Gesamtevaluation).[157]

Fremd- vs. Selbstevaluation
Evaluationen können auch dahingehend unterschieden werden, ob sie von einer außen stehenden Person durchgeführt werden (Fremdevaluation), oder ob die Teilnehmer einer Maßnahme in die Evaluation involviert werden und in Bezug auf Ziele, angewandte Methoden und den Verlauf einer Maßnahme Einfluss nehmen können (Selbstevaluation). [158] Ein Fremdevaluator kann dabei als Experte im Bereich der Evaluation betrachtet werden, allerdings hat er zumeist keinen Bezug zu den Inhalten, die in einer Maßnahme vermittelt werden. Seine Stärken liegen

---

[156] Vgl. Schindler, K. (1979), S. 14 ff.; vgl. auch Götz, K. (1993), S. 105 ff. ; vgl. Neuberger, O. (1994), S. 278 ff.; vgl. Scriven, M. (1972), S. 64 f.; vgl. Stiefel, R. T./Flöther, E. (1976) S. 129 ff.; vgl. Münch, J./Müller, H. J. (1988), S. 33; vgl. Rosenstiel, L. v. (2003), S. 157; vgl. Bloom, B. S. (1969), S. 47.

[157] Vgl. Schindler, K. (1979), S. 14 ff.; vgl. auch Götz, K. (1993), S. 105.

[158] Vgl. Neuberger, O. (1994), S. 280.

in einer objektiven Betrachtung der Maßnahme und der Kenntnis über verschiedenste Evaluationsmethoden.[159] Bei einer Selbstevaluation finden insbesondere die in Kapitel 2-1 angesprochenen Ziele der Mitarbeiter neben den von der Unternehmung gesetzten Zielen ihre Berücksichtigung. Es wird vermutet, dass eine Selbstevaluation zu einer höheren Motivation und Akzeptanz bei den Teilnehmern führt. Die Inhalte können durch Rücksprache mit den Teilnehmern zudem praxisnäher gestaltet werden, was wiederum die Transferwahrscheinlichkeit erhöht.[160]

Interne vs. externe Evaluation

Evaluationen können durch die Organisation, die für die Initiierung oder Durchführung einer Trainingsmaßnahme verantwortlich sind, durchgeführt werden (interne Evaluation) oder aber die Evaluation kann an externe Forschungsinstitute oder Evaluatoren übertragen werden (externe Evaluation).[161]

Subjektive vs. objektive Evaluation

Bei einer subjektiven Evaluation stammen die Daten oder Meinungen, die in eine Evaluation einfließen, von den evaluierten Personen selbst, bei objektiven Evaluationen hingegen wird versucht, Daten aus dem Verhalten der Personen abzuleiten. So können beispielsweise bei einer subjektiven Evaluation Teilnehmer dazu befragt werden, ob sie Lerninhalte im Funktionsfeld anwenden. Bei einer objektiven Evaluation würde bspw. anhand von Unterlagen oder Materialien überprüft, ob Inhalte angewendet werden.[162]

Direkte vs. indirekte Evaluation

Bei direkten Evaluationen werden die Evaluationsdaten anhand von Angaben oder dem Verhalten der Teilnehmer selbst ermittelt. Bei indirekten Evaluationen hingegen wird das Verhalten der Kollegen oder unterstellten Mitarbeiter untersucht, um Anhaltspunkte über Verhaltensänderungen zu erlangen.[163]

---

[159] Vgl. Scriven, M. (1972), S. 64 f.

[160] Vgl. Neuberger, O. (1994), S. 280. Vgl. ausführlich zu den Vor- und Nachteilen von Selbstevaluationen Diggory, J. C. (1966), S. 92 ff. Ein anderes Verständnis der Selbstevaluation formulieren STIEFEL/FLÖTHER. Sie verstehen unter Selbstevaluation die Eigenevaluation eines Teilnehmers ohne fremde Hilfe. Hierbei übernimmt der Teilnehmer selbst die Verantwortung für seinen Lern- oder Anwendungserfolg. Alternativ können sich Teilnehmer untereinander gegenseitig Feedback geben. Fremdevaluationen werden entsprechend von Personen durchgeführt, die nicht zum Teilnehmerkreis gehören. Vgl. Stiefel, R. T./Flöther, E. (1976), S. 129 f.

[161] Vgl. Götz, K. (1993), S. 117.

[162] Vgl. Stiefel, R. T./Flöther, E. (1976), S. 134.

[163] Vgl. Stiefel, R. T./Flöther, E. (1976), S. 135 f.

Formative vs. summative Evaluation

Die formative Evaluation wird während einer Maßnahme durchgeführt.[164] Sie dient dazu zu prüfen, inwiefern Verbesserungsmöglichkeiten bestehen.[165] Eine formative Evaluation ist demnach als ein iterativer Prozess zu verstehen, innerhalb dessen die einzelnen Ergebnisse unmittelbar zurückgespiegelt werden. Sie hat damit eine Gestaltungsfunktion.[166] Die formative Evaluation wird zur Optimierung einer Maßnahme während des gesamten Weiterbildungsprozesses verwendet.[167] Sie kann darüber hinaus Trainern und Teilnehmern auch als Instrument der Informationsgewinnung zu Lernfortschritten oder Lernverhalten dienen.[168] Die summative Evaluation erfolgt am Ende einer Maßnahme. Sie dient im Wesentlichen dazu, Ausgaben für ein bestimmtes Programm zu rechtfertigen.[169] Während der Durchführungsphase erfolgt dementsprechend keine Änderung des Ablaufs. Erst am Ende einer Maßnahme oder einer Einheit werden die Einzelergebnisse zusammengetragen und bewertet mit dem Ziel festzustellen, ob eine Maßnahme fortgeführt oder beendet wird.[170]

Intrinsische Evaluation vs. Ergebnisevaluation

Als intrinsische Evaluationen werden solche bezeichnet, die sich auf die Maßnahme selbst beziehen. In dem Zusammenhang werden Inhalte, Ziele, Verfahren etc. bewertet. Nicht die Wirkung einer Maßnahme steht hier im Vordergrund, sondern deren einzelne Bestandteile. Die Ergebnisevaluation bezieht sich demgegenüber auf die Wirkung bzw. den Erfolg einer Maßnahme. Die Grundlage für eine Ergebnisevaluation bilden operationalisierbare Kriterien.[171]

Vergleichende vs. nicht-vergleichende Evaluation

Bei einer vergleichenden Evaluation wird anhand von zwei Versuchsgruppen analysiert, welches Design einer Weiterbildungsmaßnahme erfolgversprechender ist. Die Ergebnisse werden anschließend verglichen. Ziel der vergleichenden Evaluation ist herauszufinden, welche Art der Informationsvermittlung geeigneter ist. Bei einer nicht-vergleichenden Evaluation konzentriert sich die Evaluation ausschließlich auf eine bestimmte Maßnahme. Hier geht es um die absolute Qualität einer Maßnahme. Voraussetzung ist allerdings, dass eindeutige Skalen vorhanden sind, anhand derer die Qualität einer Maßnahme gemessen werden kann.[172]

---

[164] Vgl. Neuberger, O. (1994), S. 278.

[165] Vgl. Scriven, M. (1972), S. 62.

[166] Vgl. Münch, J./Müller, H. J. (1988), S. 33.

[167] Vgl. Rosenstiel, L. v. (2003), S. 157; vgl. auch Patton, M. Q. (1980), S. 71.

[168] Vgl. Götz, K. (1993), S. 115.

[169] Vgl. Scriven, M. (1972), S. 62.

[170] Vgl. Bloom, B. S. (1969), S. 47.

[171] Vgl. Scriven, M. (1972), S. 73.

[172] Vgl. Scriven, M. (1972), S. 83.

Grundsätzlich kann jede Evaluationsform in der betrieblichen Evaluationspraxis von Bedeutung sein. Die einzelnen Formen finden deshalb im Verlauf der Arbeit, speziell in Kapitel 5 immer wieder Berücksichtigung. Lediglich der vergleichenden Evaluation wird, wie später noch ausführlich erläutert wird, eine eher geringe Bedeutung zugesprochen.[173] Über die genannten Evaluationsformen hinaus ordnet EASTERBY-SMITH, wie die folgende Abbildung 4 veranschaulicht, verschiedene Evaluationsrichtungen verschiedenen Dimensionen zu.

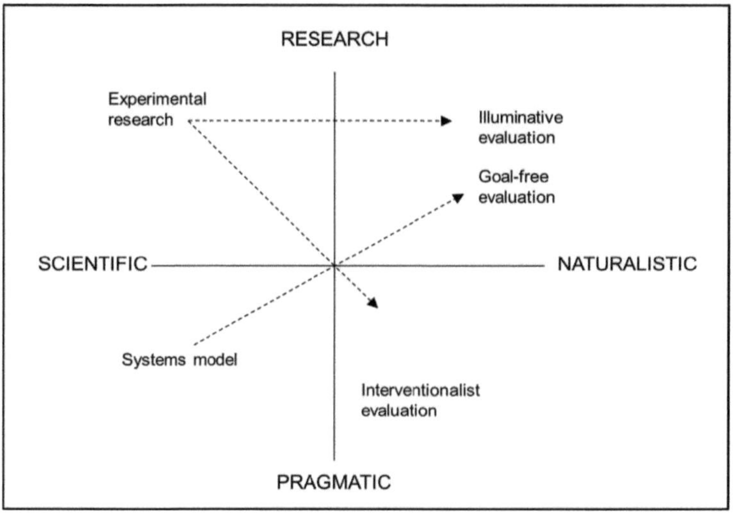

Abbildung 4: Modelle und Denkschulen der Evaluation.

Quelle: Easterby-Smith (1986), S. 25.

Er unterscheidet in die „*scientific vs. naturalistic methodology*" und den „*research or pragmatic style*". Forschungsorientierte (research-style) Evaluationen konzentrieren sich auf ein methodologisch fundiertes Forschungsdesign. Eine Evaluation wird durch theoretische Überlegungen geleitet. Der Evaluator in einer forschungsorientierten Evaluation ist unabhängig und objektiv. Innerhalb einer pragmatischen Evaluation finden insbesondere die knappen zeitlichen Ressourcen Berücksichtigung. Eine breite, theoretisch fundierte Herangehensweise wird hier als zu zeitintensiv betrachtet. Die Informationssammlung wird deshalb von praktischen Interessen geleitet.[174]

Die Unterscheidung nach der Forschungsmethodologie konzentriert sich auf den Aspekt der quantitativen vs. qualitativen Forschung. Die „scientific school" greift vorwiegend auf quanti-

[173] Vgl. Kapitel 3.3.4 sowie Kapitel 5.4.1.

[174] Vgl. Easterby-Smith, M. (1986), S. 24.

tative Evaluationsmethoden zurück. Dies setzt voraus, dass alle Variablen einer Maßnahme operationalisiert und damit messbar gemacht werden. Um absolute Kriterien zu erhalten werden statistische Methoden zur Auswertung der Ergebnisse herangezogen. Vorzug für diese Form der Evaluation finden deshalb auch preordinative Designs. Das heißt, der Fokus der Evaluation, die Untersuchungsmethodik und die -instrumente werden bereits vor der Datensammlung festgelegt. Im Wesentlichen geht es hier um die Überprüfung festgelegter Variablen. Demgegenüber steht in der naturalistischen Perspektive die Entdeckung von Zusammenhängen und Einflussfaktoren im Vordergrund. Dementsprechend wird in dem Zusammenhang vermehrt auf qualitative Forschungsmethoden zurückgegriffen.[175]

Der Fokus dieser Arbeit liegt dabei entsprechend der Zielsetzung und methodologischen Ausrichtung[176] auf der pragmatisch-naturalistischen Forschung.

2.3 Lerntheoretischer Hintergrund

2.3.1 Lerntheorien

Grundlage von Personalentwicklungsmaßnahmen und damit auch des Training off-the-job ist das Erlernen und die Nutzung neuer Kompetenzen. Lernen kann nach ARNOLD als „...die kompetenzbildende Aneignung von Kenntnissen, Fähigkeiten und Fertigkeiten definiert werden."[177] Aufgrund dessen bedarf es in dieser Arbeit einer Auseinandersetzung mit den Lernverständnissen, die im Rahmen von Trainings eine Rolle spielen können.

Grundsätzlich wird im Rahmen von Lerntheorien von verschiedenen Annahmen ausgegangen, auf welche Art und Weise der Mensch lernt.[178] Gemeinhin werden die behavioristischen, kognitiven und konstruktivistischen Lerntheorien unterschieden.[179] Die einzelnen Inhalte der

---

[175] Vgl. Easterby-Smith, M. (1986), S. 22 f. GUBA sieht in der naturalistischen Evaluation einen nützlichen Weg, da hier die Beschreibung und Bewertung des Evaluationsgegenstands im Vordergrund steht. Vgl. Guba, E. G. (1978), S. 41.

[176] Vgl. Kapitel 1.2.

[177] Arnold, R. (2004), Sp. 1096.

[178] Vgl. Heinze, B. (1986), S. 351.

[179] Vgl. Göhlich, M./Wulf, C./Zirfas, J. (2007), S. 9.; vgl. auch Arnold, R. (2004), Sp. 1096 ff. Dieser nennt zusätzlich auch noch die subjektwissenschaftlichen Lerntheorien, welche eine radikale Form des Konstruktivismus darstellen, indem Lernen ohne äußere Reize allein vom Individuum selbst gedacht wird. Des Weiteren werden häufig auch Gestalttheorien, welche vorwiegend Erfolge im Bereich der Auswirkungen von Reizen auf die Wahrnehmung aufweisen konnten und Feldtheorien, als dessen Vertreter Lewin genannt werden muss, thematisiert (vgl. Baumgart, F. (2007), S. 167 ff.; vgl. Hilgard, E. R./Bower, G. H. (1971), S. 243 ff.; vgl. Ruprecht, H. (1974); S. 75 ff.). Zuweilen werden diese Theorien auch der frühen kognitiven Theorie zugeordnet (vgl. Frankenreiter, J. J. (1996), S. 83.). Im Rahmen dieser Arbeit erscheint es jedoch sinnvoll, sich auf die allgemein übliche Unterteilung in behavioristische, kognitive und konstruktivistische zu beziehen, da hier lediglich ein Überblick der Kernannahmen unterschiedlicher Lernverständnisse geboten werden soll. Eine umfassende Darstellung und Diskussion der einzelnen Strömungen erscheint indes nicht zielführend.

Theorien werden zum besseren Verständnis der lerntheoretischen Grundannahmen im Folgenden kurz vorgestellt.

Behavioristische Theorien

Den Ausgangspunkt der Auseinandersetzung mit Lerntheorien bildet die behavioristische Denkschule.[180] Diese gründet auf der Überzeugung, dass wissenschaftliche Forschung im Rahmen der Psychologie auf offen beobachtbaren Verhalten beruhen muss. Lernen findet nach dem Prinzip „Versuch und Irrtum" statt. Auf diese Weise findet das Individuum heraus, in welcher Art und Weise es auf einen Reiz reagieren muss. Ob diese Reaktion auch auf andere Situationen übertragen werden kann, hängt davon ab, inwiefern sich Situationen ähneln.[181]

Grundlage der behavioristischen Theorien ist die Verbindung von Reizen mit der daraus entstehenden Reaktion. Das heißt, das Verhalten von Individuen ist als Reaktion auf einen bestimmten Umweltreiz zu interpretieren. Lernen vollzieht sich demnach durch das Aufbauen neuer Reiz-Reaktions-Verbindungen (Stimulus-Response-Verbindungen).[182] Der Organismus selbst wird als Black Box betrachtet, was bedeutet, dass die dort stattfindenden Verarbeitungsprozesse nicht beobachtbar sind. Sie bleiben im Unklaren.[183] Im Wesentlichen werden in Bezug auf behavioristische Theorien die klassische und operante Konditionierung sowie das Imitations- und Beobachtungslernen thematisiert.[184] Erstere gehen von einem physikalischen Reiz aus, welcher eine Reaktion hervorruft,[185] zweite betonen, dass die Wiederholung oder Anpassung eines Verhaltens von dessen Konsequenzen abhängig ist.[186] Letztere stellen heraus, dass die Konditionierung durch Reize nicht die einzige Möglichkeit des Lernens darstellt sondern, dass dieses auch durch Imitation von Verhaltensweisen oder modellhaftes Lernen geschehen kann, sofern die Erfolgserwartung positiv ist.[187]

---

[180] Vgl. Göhlich, M./Wulf, C./Zirfas, J. (2007), S. 9; vgl. als Hauptvertreter des Behaviorismus vor allem Thorndike, E. L. (1911), Pawlow, I. P. (1926), Skinner B. F. (1978).

[181] Vgl. Hilgard, E. R./Bower, G. H. (1971), S. 30, 93 f.

[182] Vgl. Baumgart, F. (2007), S. 109.

[183] Vgl. Rother, G. (1996), S. 83.

[184] Vgl. Baumgart, F. (2007), S. 109 ff; vgl. Göhlich, M./Wulf, C./Zirfas, J. (2007); S. 9 f.; vgl. Heller, K./Nickel, H./Neubauer, W. (1978); 96 ff. Daneben existieren weitere behaviorisitsche Theorien. Erwähnt seien an dieser Stelle die Theorie der Kontiguität von Signal und Reaktionen von Guthrie (vgl. Hilgard, E. R./Bower, G. H. (1971); S. 93 ff.) sowie Hulls systematische Theorie des Verhaltens (vgl. Hilgard, E. R./Bower, G. H. (1971); S. 171 ff.). Mitunter wird auch die Theorie von Tolman (Das Lernen von Zeichen) zum Behaviorismus resp. dem zweckorientierten Behaviorismus gezählt. Aufgrund der kognitiven Orientierung der Theorie kann diese jedoch auch zu den kognitiven Lerntheorien gezählt werden. Vgl. Hilgard, E. R./Bower, G. H. (1971), S. 219. Eine andere Perspektive sieht in der Theorie von Tolman ein „Zwischenglied (...) zwischen den Reiz-Reaktions-Theoretikern und den Gestalttheoretikern (...)". Ruprecht, H. (1974), S. 66.

[185] Vgl. Baumgart, F. (2007), S. 110 f.; vgl. Heller, K./Nickel, H./Neubauer, W. (1978); S. 97 f.; vgl. Ruprecht, H. (1974); S. 43 ff.; vgl. Schermer, F. J. (1991), S. 25 ff; vgl. Hilgard, E. R./Bower, G. H. (1971), S. 69 f.

[186] Vgl. Baumgart, F. (2007), S. 111 f.; Ruprecht, H. (1974); S. 55.

[187] Vgl. Heller, K./Nickel, H./Neubauer, W. (1978), S. 107 ff; vgl. auch Bandura, A./Walters, R. H. (1963). Sie

Kognitive Theorien

Die kognitiven Theorien versuchen Prozesse innerhalb des Organismus, welcher bei den Behavioristen als Black Box betrachtet wurde, nachzuvollziehen. In dem Zusammenhang werden für die Erklärung kognitiver Prozesse die Wahrnehmung und Aufmerksamkeit, das Gedächtnis sowie Denkprozesse analysiert. Des Weiteren wird davon ausgegangen, dass das Lernen von Vorwissen, der persönlichen Einstellung wie auch der eigenen Zielsetzung geprägt ist. Ein Reiz führt dementsprechend nicht, wie von den Behavioristen im Rahmen des Stimulus-Response-Konzepts angenommen, zu einer Reaktion, sondern wird vom Organismus umgewandelt, so dass von einem S-O-R-Konzept[188] gesprochen werden kann.[189]

Lernen wird somit als Informationsverarbeitungsprozess verstanden, im Zuge dessen das externe Angebot mit der inneren Struktur des Individuums in einer Wechselwirkung steht.[190] Um ein problemlösendes Lernen zu erreichen, aus dem Einsichten gewonnen und Schlussfolgerungen gezogen werden können, ist es notwendig, dass der Lernende die Bedeutung einer Verhaltensweise in den kontextbezogenen Gesamtzusammenhang einordnen kann.[191] Verhalten lässt sich somit nach Auffassung der kognitivistischen Vertreter nicht mit einfachen Reiz-Reaktionsverbindungen erklären. Vielmehr wird die Entwicklung kognitiver Strukturen als Basis für die gesamte Ontogenese eines Individuums gesehen.[192] Kognitive Strukturen entstehen dabei durch das Zusammenwirken von Assimilation und Akkomodation. Im Rahmen der Assimilation werden neue Erfahrungen oder Objekte zu den bereits bestehenden kognitiven Strukturen hinzugefügt. Bei der Akkomodation werden vorhandende Denk- und Verhaltensmuster schließlich verändert, da das Individuum feststellt, dass bestimmte Objekte und Erfahrungen nicht mit den vorhandenen Denk- und Verhaltensmustern assimiliert werden können.[193]

Sowohl der Behaviorismus als auch der Kognitivismus folgen dem objektivistischen Paradigma, welches beinhaltet, dass eine objektiv bestimmbare Wirklichkeit existiert.[194]

---

postulieren, dass in der Erwerbsphase Lernen auch ohne Verstärkung stattfinden kann. Die Ausübung einer bestimmten Verhaltensweise hängt jedoch von der damit verbundenen Erfolgserwartung ab.

[188] S = Stimulus, O = Organismus, R = Response. Vgl. Rother, G. (1996), S. 87.

[189] Vgl. Rother, G. (1996), S. 87; vgl. auch Bandura, A./Verres, R. (1979), S. 8.

[190] Vgl. Göhlich, M./Wulf, C./Zirfas, J. (2007), S. 10 f.

[191] Vgl. Arnold, R. (2004), Sp. 1098.

[192] Vgl. Baumgart, F. (2007), S. 204.

[193] Vgl. Baumgart, F. (2007), S. 208 f.

[194] Vgl. Duffy, T. M./Jonassen, D. (1992), S. 2 f.

Konstruktivistische Theorien

Die konstruktivistischen Lerntheorien haben zu einem neuen Denkansatz in Bezug auf das Lernen geführt.[195] In einem radikal-konstruktivistischen Verständnis wird davon ausgegangen, dass das Individuum ein in Bezug auf Informationen geschlossenes (autopoietisches) System ist und damit Lernen nicht durch Informationsverarbeitung, sondern durch die Konstruktion von Wissensstrukturen innerhalb des psychophysischen Systems sattfindet.[196] Das bedeutet, Lernen ist nach der konstruktivistischen Denkschule kein Prozess bei dem externe Informationen verinnerlicht werden, vielmehr wird innerhalb des eigenen kognitiven Systems Wissen neu strukturiert.[197] Individuen konstruieren sich ihre Wirklichkeit demnach selbst. Diese wird dann als wahr angenommen, wenn diese Wahrnehmung von anderen Individuen geteilt wird.[198] Dabei ist der Erwerb von Wissen und dessen Anwendung vom jeweiligen Kontext abhängig.[199] Wahrnehmung ist demnach das Ergebnis von Konstruktion und Interpretation, was wiederum impliziert, dass Menschen nicht zu einem objektiven Denken und Verstehen in der Lage sind.[200] Der aktive Prozess des Lernenden in Bezug auf den Wissenserwerb erhöht nach Ansicht der Konstruktivisten die Nachhaltigkeit des Lernens.[201]

Die konstruktivistische Denkweise hat bereits Einzug in die Weiterbildung erhalten. Lernen ist demnach abhängig vom Vorwissen des Lernenden, der derzeitigen mentalen Konstitution sowie von vorhandenen Überzeugungen. Die Bedeutung neuen Wissens muss zwischen Lehrendem und Lernenden verhandelt werden, zudem kann eine reine Übertragung des Lehrinhalts durch den Lehrenden auf den Lernenden nicht gewährleistet werden, da dieser die Informationen individuell interpretiert. Lernergebnisse verschiedener Teilnehmer können aufgrund unterschiedlicher situativer Faktoren sowie der unterschiedlichen Verknüpfung der Informationen innerhalb der eigenen kognitiven Disposition folgerichtig nie einheitlich sein.[202]

2.3.2 Erläuterung der Wahl eines kognitiven Lernverständnisses

In dieser Arbeit wird im Folgenden ein kognitives Lernverständnis zugrunde gelegt. Entscheidend für diese Auswahl ist dabei die Tatsache, dass die behavioristischen Lerntheorien in ihrem Ursprung auf Versuchen mit Tieren basieren. Die dort gewonnenen Erkenntnisse

[195] Vgl. Arnold, R. (2004), Sp. 1099.

[196] Vgl. Göhlich, M./Wulf, C./Zirfas, J. (2007), S. 11.

[197] Vgl. Arnold, R. (2004), Sp. 1098.

[198] Vgl. Gerstenmaier, J./Mandl, H. (1995), S. 868.

[199] Vgl. Prenzel, M./Mandl, H. (1993), S. 703.

[200] Vgl. Gerstenmaier, J./Mandl, H. (1995), S. 868.

[201] Vgl. Arnold, R. (2004), Sp.1099.

[202] Vgl. Gerstenmaier, J./Mandl, H. (1995), S. 874 f.

wurden im Folgenden auf das menschliche Lernverhalten übertragen.[203] Diese Übertragung kann jedoch nicht uneingeschränkt erfolgen.[204] In Bezug auf den Menschen müssen die Interaktionen untereinander und in Bezug auf die Umwelt sowie die ablaufenden innerpsychischen Prozesse Berücksichtigung finden, was in den behavioristischen Theorien unterbleibt.[205] Als weiterer Kritikpunkt ist anzuführen, dass sich die behavioristische Denkschule auf beobachtbare Phänomene gründet. Komplexe Lernprozesse, die im Einzelnen nicht beobachtbar sind, können mit behavioristischen Lerntheorien deshalb nicht erklärt werden.[206] Aufgrund ihrer geringen praktischen Relevanz in Bezug auf die betriebliche Weiterbildung, die mit dem eingeschränkten Erklärungsvermögen dieser Theorien einhergeht,[207] kommt dem behavioristischen Lernverständnis in dieser Arbeit keine Bedeutung zu.

Ebenfalls Abstand genommen wird in dieser Arbeit von der konstruktivistischen Sichtweise des Lernens. Laut dem konstruktivistischen Ansatz kann ein Lehrender als externer Informationslieferant kein neues Wissen an einen Lernenden vermitteln. Er kann lediglich einen Restrukturierungs- oder Anregungsprozess im kognitiven System des Lernenden anregen. Je nach Individuum und vorhandenem biologischer Konstitution, sozialer Integration sowie emotionalen und motivationalen Voraussetzungen werden Lehrinhalte demnach anders mit den vorhandenen Informationen im autopoietischen System assoziiert, was wiederum zu eigenen Gedanken und nicht zum Erlernen des vorgegebenen Lehrinhalts führt.[208] Eine Evaluation von Trainings, die auf Basis konstruktivistischer Annahmen konzipiert sind, müsste sich demnach vor allem auf die innere Verarbeitung und Verankerung von Informationen in Abhängigkeit der individuellen Konstitution eines Individuums stützen. Bislang liegen jedoch nur wenige Ansätze zur Gestaltung von Trainings mit konstruktivistischem Lernhintergrund vor,[209] so dass sich die Evaluationsforschung hier nur auf wenige Erfahrungen stützen könnte.

Für die Auseinandersetzung mit der Evaluation von Weiterbildungsmaßnahmen und unter Beachtung der gängigen Praxis von Trainings off-the-job in Unternehmungen wird in dieser Arbeit deshalb Bezug auf ein kognitivistisches Lernverständnis genommen. Die bisherige Weiterbildungspraxis, welche auf der Annahme basiert, dass eine *objektive* Vermittlung von Lerninhalten an den Lernenden möglich ist, stützt sich, wie aus den Erläuterungen zu den einzelnen Lerntheorien deutlich wurde, auf die Grundannahmen des Kognitivismus und das

[203] Vgl. Amsel, A. (1989), S. 3 f.

[204] Vgl. Heinze, B. (1986), S. 351.

[205] Vgl. Bandura, A./Verres, R. (1979), S. 7.

[206] Vgl. Rother, G. (1996), S. 86.

[207] Vgl. Arnold, R. (2004), Sp. 1097.

[208] Arnold, R. (2004), Sp. 1098 f.

[209] Vgl. Sonntag, K.-H./Schaper, N. (2006b), S. 261.

damit verbundene objektivistische Paradigma. So setzen kognitive Trainings auf die Wissensvermittlung und die damit verbundene Problemlösungsfähigkeit.[210] Dabei spielen hier insbesondere Informationsverarbeitungsprozesse eine wichtige Rolle, die die Assimilation und Akkomodation von neuem Wissen oder Verhalten steuern.[211] Zudem finden, wie bereits erläutert, andere lerntheoretische Verständnisse bisher in der betrieblichen Weiterbildung wenig Anwendung. Unter Berücksichtigung der im Forschungsanlass beschriebenen Notwendigkeit einer Professionalisierung der Evaluation in Bezug auf die in der betrieblichen Praxis relevanten Trainings erscheint somit eine Fokussierung auf Trainings mit kognitivem Lernverständnis als Hintergrund sinnvoll.

[210] Vgl. Sonntag, K.-H. (2002), S. 64.

[211] Vgl. Arnold, R. (2004), Sp. 1098.

3 Grundlegende Elemente und Einflussfaktoren von Evaluationen

3.1 Vorüberlegungen

Wie bereits betont erfüllen Evaluationen keinen Selbstzweck, sondern werden aus bestimmten Gründen eingesetzt. Deshalb wurde schon zu Beginn dieser Arbeit die Frage danach gestellt, welche Funktion eine Evaluation erfüllen soll.[212] Eine Auseinandersetzung mit den Funktionen einer Evaluation, wie sie in Abschnitt 3.2 erfolgt, liefert somit Erkenntnisse darüber, vor welchem Hintergrund und mit welchem Ziel Evaluationen durchgeführt werden.[213] Zudem wurde die Frage danach gestellt, welchen Anforderungen Evaluationen im Allgemeinen und Evaluationen des Training off-the-job im Speziellen genügen sollten.[214] Um sich der Beantwortung zu nähern, bedarf es einer näheren Betrachtung der Probleme und Grenzen, die mit Evaluationen verbunden sind. Diese ergeben sich aus der Ressourcensituation einer Unternehmung, den einzelnen Personen, die an einer Evaluation beteiligt sind und den damit verbundenen Widerständen sowie den kognitiven und mikropolitischen Einflüssen. Darüber hinaus müssen methodische Probleme, die mit einer Evaluation verbunden sind, berücksichtigt werden. In Abschnitt 3.3 findet deshalb eine intensive Auseinandersetzung mit den einzelnen Restriktionsebenen einer Evaluation statt.[215] Abschnitt 3.4 beschäftigt sich schließlich mit den Anforderungen an Evaluationen. Dazu gilt es zunächst darzulegen, welche unterschiedlichen Anforderungen an Evaluationen in der Literatur aufgeführt werden. Diese werden anschließend unter Beachtung der Erkenntnisse zu Funktionen, Problemen und Grenzen der Evaluation speziell auf die Evaluation des Training off-the-job übertragen.

Die Kenntnis und die Zusammenführung der einzelnen Aspekte in diesem Kapitel sind eine notwendige Voraussetzung, um in Kapitel vier Aussagen über die Gestaltungshinweise einzelner in der Literatur vorhandener Evaluationsansätze treffen zu können. Es kann damit als Fundierung der Diskussion um Evaluationsansätze gesehen werden.

3.2 Funktionen

3.2.1 Darstellung von Funktionen aus Theorie und Empirie

Evaluationen dienen der Erfüllung eines vom Auftraggeber der Evaluation bestimmten Zweckes.[216] EASTERBY-SMITH betont diesbezüglich, dass die Überlegung, welchen Zweck eine Evaluation erfüllen soll, den Ausgangpunkt einer jeden Evaluation darstellen sollte.[217] Auch

---

[212] Vgl. Abschnitt 1.1.

[213] Vgl. dazu ausführlich Abschnitt 3.2.

[214] Vgl. Abschnitt 1.1.

[215] Vgl. Abschnitt 3.3.

[216] Vgl. Berthel, J./Becker, F. G. (2010), S. 492.

[217] Vgl. Easterby-Smith, M. (1986), S. 12.

BECKER/GÜNTHER betonen, dass die Konkretisierung und die Gestaltung einer Evaluation abhängig vom Verständnis der Personalentwicklung und deren Funktion sowie der Funktion der Evaluation sind.[218] Je nachdem, welche Antwort auf welche Frage gegeben wird, müssen sich Evaluationen voneinander unterscheiden.[219] SCRIVEN betont in dem Zusammenhang, dass einer Evaluation nicht nur verschiedene Rollen zugeschrieben werden können, sondern dass sie auch innerhalb einer spezifischen Rolle bzw. Funktion, die ihr zugeschrieben worden ist, unterschiedliche Zielsetzungen verfolgen kann.[220] Deshalb erscheint es notwendig, sich näher mit den möglichen Funktionen, die eine Evaluation erfüllen soll, auseinander zu setzen.

Innerhalb der Literatur werden für die Beschreibung von Evaluationsfunktionen bisweilen andere Begriffe wie Zwecke, Aufgaben, Gründe oder teilweise auch Ziele verwendet. Diese werden im Rahmen dieser Arbeit alle unter dem Begriff der Funktion zusammengefasst.[221]

Bevor eine Klassifizierung unterschiedlicher Evaluationsfunktionen erfolgen kann, muss eine Auseinandersetzung mit den unterschiedlichen Begriffsverständnissen einzelner Evaluationsfunktionen stattfinden. Dazu werden nachfolgend verschiedene Interpretationen von Funktionen vorgestellt:

HAMBLIN schreibt der Evaluation nur eine wesentliche Funktion, nämlich *Kontrolle* zu. „The purpose of evaluation is control.*"*[222] Er versteht Kontrolle dabei im Sinne von Datensammlung, -analyse und -auswertung, welcher er als Basis sieht, um Entscheidungen treffen und handeln zu können.[223] Die Kontrolle wird auch von anderen Autoren als Funktion genannt. SCHINDLER versteht sie als *Überprüfung der Erreichung von Lern- und Arbeitszielen.*[224] BRONNER/HIRSCHE fassen dies unter der *Informationsfunktion* zusammen.[225]

---

[218] Vgl. Becker, F. G./Günther, S. (1999), S. 273.

[219] Vgl. Neuberger, O. (1994), S. 272.

[220] Vgl. Scriven, M. (1972), S. 62.

[221] Vgl. zu den unterschiedlichen Bezeichnungen bspw. Hamblin, A. C. (1974), S. 11.; vgl. Easterby-Smith, M. (1986), S. 12 ff.; Neuberger, O. (1994), S. 273 ff.; vgl. Becker, M. (2005), S. 200 f. MARTIN betont, dass Funktionen und Ziele mitunter identisch sein können. Grundsätzlich unterscheiden sie sich dadurch, dass Funktionen für eine Gruppe von Vorgängen stehen, die den Bestand eines Systems sichern, durch Ziele hingegen werden Anforderungen an Entscheidungen formuliert, mittels derer eine Alternative bewertet werden kann. Aufgaben umfassen ihm zufolge ein Set von Regeln. Aufgaben machen demnach deutlich, was genau zu tun ist. Vgl. Martin, A. (2001), S. 25 ff.

[222] Hamblin, A. C. (1974), S. 11.

[223] Vgl. Hamblin, A. C. (1974), S. 11; vgl. ähnlich auch Häring, K. (2003), S. 21 sowie Will, H./Winteler, A./Krapp, A. (1987), S. 22 f.

[224] Vgl. Schindler, K. (1979), S. 9.

[225] Vgl. Bronner, R./Hische, V. (1995), S. 50.

EASTERBY-SMITH stellt drei grundlegende Funktionen von Evaluationen heraus: Proving (Prüfen), Improving (Verbessern) und Learning (Lernen).[226]

- Unter dem Begriff *Proving* versteht er die Kosten-Nutzen-Analyse einer bestimmten Trainingsmaßnahme.[227] Diese Funktion wird auch von andere Autoren unter folgenden Bezeichnungen als genannt: *Bewertungs- und Beurteilungsfunktion*[228], *Überprüfung der Kosten und des Nutzens*[229], *Überprüfung der Rentabilität*[230], *Verantwortungsfunktion*[231] oder *Legitimationsfunktion*[232].
- Das *Improving* dahingegen zielt darauf ab, Verbesserungspotenziale in Bezug auf eine Maßnahme aufzudecken.[233] Ähnliche Funktionsbegriffe von anderen Autoren sind hier *Steuerung*[234], *Optimierung*[235], *Verbesserung*[236] und *Gestaltungsfunktion*[237].
- Darüber hinaus schreibt EASTERBY-SMITH Evaluationen ebenfalls eine *Lernfunktion* (*Learning*) zu. In Anlehnung an den Hawthorne-Effekt[238] wird hier davon ausgegangen, dass allein die Tatsache, dass die Teilnehmer Kenntnis darüber erhalten, dass ihre Leistung evaluiert wird, bereits zu einer Veränderung des Lernverhaltens führt.[239] WILL/WINTELER/KRAPP subsummieren dies unter der *Weiterbildungsfunktion*[240], HÄRING stellt hier die Funktion des *Lernmotivationsanreizes* heraus.[241]

Darüber hinaus wird vielfach die *Entscheidungsfunktion* hervorgehoben. NORK unterscheidet hier in Intra-Methoden-, Methoden-, Programm-, Strategie- und Politik-Entscheidungen:[242]

---

226 Vgl. Easterby-Smith, M. (1986), S. 12 ff.

227 Vgl. Easterby-Smith, M. (1986), S. 14 ff.

228 Vgl. Will, H./Winteler, A./Krapp, A. (1987), S. 21 f.

229 Vgl. Neuberger, O. (1994), S. 274 f.; vgl. Götz, K. (1993), S. 76 ff.; vgl. Häring, K. (2003), S. 18.

230 Vgl. Becker, M. (2005), S. 200 f.

231 Vgl. Bronner, R./Hische, V. (1995), S. 50 .

232 Vgl. Nork, M. E. (1989), S. 39; vgl. Becker, F. G./Günther, S. (1999), S. 274.

233 Vgl. Easterby-Smith, M. (1986), S. 16.

234 Vgl. Schindler, K. (1979), S. 9; vgl. Bronner, R./Hische, V. (1995), S. 50 f.

235 Vgl. Becker, M. (2005), S. 200 f.; vgl. Häring, K. (2003), S. 19 f.

236 Vgl. Nork, M. E. (1989), S. 39.

237 Vgl. Eichenberger, P. (1992), S. 27 ff.

238 Vgl. Kapitel 3.2.

239 Vgl. Easterby-Smith, M. (1986), S. 16 f.

240 Vgl. Will, H./Winteler, A./Krapp, A. (1987), S. 25.

241 Vgl. Häring, K. (2003), S. 20.

242 Vgl. im Folgenden Nork, M. E. (1989), S. 39. Vgl. ähnlich auch Becker, F. G./Günther, S. (1999), S. 274. Die Entscheidungsfunktion als solches wird auch genannt von Häring, K. (2003), S. 21 sowie Will, H./Winteler, A./Krapp, A. (1987), S. 23 f.

- Bei den *Intra-Methoden-Entscheidungen* geht es beispielsweise darum, dass innerhalb der Methode „Vortrag“ im Rahmen des Training off-the-job verschiedene Varianten bestehen (bspw. mit oder ohne Einbezug des Publikums, mittels Powerpoint oder frei, etc.).
- Bei den *Methoden-Entscheidungen* steht die Wahl einer bestimmten Methode im Vordergrund (bspw. ob ein Vortrag oder eine Fallstudie die geeignete Vermittlungsmethode ist).
- Die *Programmgestaltung* fokussiert die Gegebenheiten der Veranstaltung an sich (Inhouse- vs. externe Veranstaltung, Tages- oder Wochenkurs, strukturiert vs. unstrukturiert etc.).
- *Strategie-Entscheidungen* stellen die Ressourcenallokation und die Organisation der Personalentwicklungsabteilung in den Vordergrund, und bei den Politik-Entscheidungen geht es um das generelle PE-Budget und darum, welche Ziele mit der Personalentwicklung verbunden sind.

Weitere Funktionen, die genannt werden sind:

- Die *Unterstützungsfunktion*: SCHINDLER betont, dass die Evaluation im Rahmen der Unterstützung klären soll, inwiefern den Teilnehmern bei der Umsetzung des Gelernten bspw. durch Organisationsentwicklungsmaßnahmen geholfen werden kann.[243]
- *Didaktische und intervenierende Funktion bzw. Integrationsfunktion*: Im Rahmen dieser Funktion wird durch die Evaluation „Material“ zur gemeinsamen Reflexion der Maßnahme gewonnen.[244]
- *Integrierende und kommunikationsfördernde Funktion*: Evaluation wird hier als Unterstützung für Team- und Organisationsentwicklung gesehen, gerade dann, wenn möglichst viele Personen an der Planung, Durchführung und Auswertung beteiligt sind. Sie bietet quasi eine gemeinsame Gesprächsbasis.[245]
- Die *Wissenschaftliche Erkenntnis- oder Prognosefunktion*: Im Rahmen einer wissenschaftlich orientierten Evaluation sollen generalisierbare, auf andere Maßnahmen übertragbare Erkenntnisse gewonnen werden.[246]
- *Ausschöpfung von Rationalisierungsmöglichkeiten*: Hier geht es um die Rechtfertigung der Personalentwicklungsarbeit per se. Vielfach wird die Nicht-Messbarkeit des Beitrags der Personalentwicklungsarbeit zum Unternehmungserfolg kritisiert. Evaluationen sollen als Grundlagen für die Konkretisierung für mögliche Rationalisierungsmöglichkeiten dienen. So kann hier ein Nachweis über die Ressourcenallokation, die

[243] Vgl. Schindler, K. (1979), S. 9.

[244] Vgl. Will, H./Winteler, A./Krapp, A. (1987), S. 24.; vgl. Nork, M. E. (1989), S. 39.

[245] Vgl. Will, H./Winteler, A./Krapp, A. (1987), S. 24 f.

[246] Vgl. Nork, M. E. (1989), S. 39; vgl. Becker, F. G./Günther, S. (1999), S. 274 sowie Will, H./Winteler, A./Krapp, A. (1987), S. 24.

Erreichung von Zielen sowie das Verhältnis von Kosten und Nutzen getroffen werden.[247]

- *Taktik- und Ablenkfunktion*: Evaluationen können dazu dienen, Emotionen in Bezug auf bestimmte Maßnahmen einzudämmen und Diskussionen zu versachlichen. Gerade durch interessensspezifische, selektive Fragen können Evaluationen auch Ergebnisse liefern, die als Durchsetzungshilfe dienen können.[248]
- *Imagefunktion*: Die Durchführung einer Evaluation wird für die Verdeutlichung der Professionalität der Personalentwicklungsarbeit genutzt.[249]
- *Evaluation als Ritual:* Hier geht es weniger darum, bestimmte Informationen aus dem Evaluationsprozess zielgerichtet zu nutzen. Die Evaluation wird hier als zugehöriger Bestandteil einer Personalentwicklung gesehen.[250]

Aktuelle empirische Erkenntnisse zur Bedeutung von Evaluationsfunktionen in der Praxis enthält die Studie von BECKER/MEIßNER/WERNING. In einer Befragung bei Teilnehmern der DGFP Erfahrungsaustauschgruppen „Personalentwicklung" sowie bei Leitern des Bildungswesens in den Mitgliedsunternehmungen gaben 89,4 Prozent der Studienteilnehmer an, dass die Optimierung der Weiterbildungsmaßnahme für sie im Vordergrund steht. Weiterhin als wichtig wurde die Kontrolle des Trainers, des Lernerfolgs und des Transfererfolgs gesehen (73,1 Prozent; 66,4 Prozent; 54,8 Prozent). In der Studie wurde der Legitimationsfunktion im Sinne einer Rechtfertigung an die Unternehmungsleitung, ein weniger wichtiger Stellenwert eingeräumt. Diese Funktion nannten 40,4 Prozent der Teilnehmer. Insgesamt ist jedoch davon auszugehen, dass diese Funktion an Bedeutung gewinnt.[251]

3.2.2 Diskussion und Systematisierung

HAMBLIN, EASTERBY-SMITH, STUFFLEBEAM/SHINKFIELD oder WILL/WINTELER/KRAPP stellen deutlich heraus, dass sie bestimmten Funktionen eine Hauptfunktion zusprechen.[252] Auch für die Konzeption eines Entscheidungsrahmens zur Evaluation von off-the-job-Trainings ist die Beibehaltung einer detaillierten Differenzierung einzelner Funktionen nicht zielführend. Viele der oben genannten Funktionen bedürfen, wie die Ausführungen zeigen, keiner gesonderten

---

[247] Vgl. Neuberger, O. (1994), S. 273.

[248] Vgl. Will, H./Winteler, A./Krapp, A. (1987), S. 25. BECKER, F. G./GÜNTHER heben diesbezüglich die Durchsetzungshilfe als Funktion heraus. Vgl. Becker, F. G./Günther, S. (1999), S. 274.

[249] Vgl. Häring, K. (2003), S. 22.

[250] Vgl. Becker, F. G./Günther, S. (1999), S. 274.

[251] Vgl. Becker, F. G./Meißner, A./Werning, E. (2008), S. 64 ff. Die Befragung erfolgte mittels eines Online-Fragebogens bei 455 Mitgliedsunternehmungen. Insgesamt antworteten 110 Befragte vollständig (Rücklaufquote von 24,2 Prozent), 104 davon führen eine systematische Evaluation durch.

[252] Vgl. Hamblin, A. C. (1974), S. 11; vgl. Will, H./Winteler, A./Krapp, A. (1987), S. 20; vgl. Easterby-Smith, M. (1986), S. 17; vgl. Stufflebeam, D. L./Shinkfield, A. J. (1988), S. 151.

Ausrichtung einer Evaluation, sondern sind eher als „Unterfunktionen" innerhalb einer der in den folgenden Abschnitten genannten Hauptfunktionen zu betrachten. Somit erscheint es sinnvoll, die für die Gestaltung einer Evaluation relevanten Funktionen zu klassifizieren.

Auch wenn keine einheitliche begriffliche Basis vorhanden ist, zeigt sich in der Literatur eine inhaltliche Übereinstimmung in den Funktionen, welche sich lediglich hinsichtlich der Ausdifferenzierung unterscheidet. So stechen insbesondere immer wieder die Funktionen *Optimierung, Legitimation* und *Lernmotivation* ins Auge. Grundsätzlich kann damit der Unterscheidung von EASTERBY-SMITH in die Optimierungs-, Legitimations- und Lernfunktion gefolgt werden.[253] Wie im Folgenden zu erkennen sein wird, kann die Entscheidungsfunktion als integraler Bestandteil der Optimierungs- und Legitimierungsfunktion angesehen werden.

Unter der *Optimierungsfunktion* wird allgemein die Aufdeckung von Verbesserungspotenzialen einer Trainingsmaßnahme während des gesamten Weiterbildungsprozesses mit Hilfe einer Evaluation verstanden. Im Sinne einer formativen Evaluation geht dies mit einer gleichzeitigen Steuerung, d. h. dem konkreten Eingreifen oder Lenken während des Verlaufs einer Maßnahme bzw. der Maßnahmenplanung oder späteren Umsetzung einher. Wie Abschnitt 3.2.1 verdeutlicht, benutzen die meisten Autoren für diese Funktion die Begriffe Optimierung oder Verbesserung.[254] GÖTZ und BECKER, M. verwenden in dem Zusammenhang auch den Begriff Qualitätsverbesserung.[255] Einhergehend mit der Optimierung werden in Anlehnung an das Verständnis von NORK auch Verbesserungen hinsichtlich der Intra-Methoden-, Methoden-, Programm-, Strategie- und Politik-Entscheidungen verstanden.[256] Auch die Evaluation des Lernprozesses[257] oder die Integrationsfunktion[258] sind hier der Optimierungsfunktion zuzuordnen. Sie beschreiben Änderungs- und Lernprozesse durch die Integration der Evaluation in den Personalentwicklungsprozess. Durch die Einbindung in den Prozess finden im formativen Sinne Rückmeldungen über den Ablauf einer Maßnahme statt, die schließlich zu Änderungen und damit letztlich zu einer Optimierung führen.[259] Somit gilt, dass die Ergebnisse einer Evaluation mit Optimierungsfunktion zugleich Entscheidungsvorlagen bezüglich möglicher Anpassungen enthalten, so dass die Entscheidungsfunktion hier implizit enthalten ist.

---

[253] Vgl. Easterby-Smith, M. (1986), S. 12 ff.; vgl. ähnlich auch Bergmann, G. (1989), S. 291.

[254] Vgl. dazu die in Abschnitt 3.2.1 beschriebenen Funktionen von Easterby-Smith, Will/Winteler/Krapp, Stufflebeam/Shinkfield, Nork, Götz, Münch, Becker, F. G./Günther und Häring.

[255] Vgl. Götz, K. (1993), S. 65.; vgl. Becker, M. (2005), S. 200.

[256] Vgl. Nork, M. E. (1989), S. 39.

[257] Vgl. Becker, F. G./Günther, S. (1999); S. 274

[258] Vgl. Nork, M. E. (1989), S. 39.

[259] Vgl. Abschnitt 2.2.3.

Die *Legitimationsfunktion* wird in der Literatur recht weit gefasst. Sie reicht vom Nachweis, dass die Ziele einer Maßnahme[260] erreicht wurden, über die Überprüfung der Wirtschaftlichkeit bzw. des Nutzens einer Maßnahme[261] bis hin zur Legitimation für Aktivitäten der Personalentwicklungsabteilung inklusive deren finanziellen und personellen Forderungen.[262] Zusammengefasst ergeben sich aus den einzelnen Ausführungen unterschiedliche Legitimationsebenen. Auf der obersten Ebene geht es im Wesentlichen um die Legitimation des Nutzens und der Wirtschaftlichkeit einer Maßnahme. Hier fließt auch die Adäquatheit der gesetzten Ziele sowie des finanziellen und personellen Einsatzes im Rahmen einer Trainingsmaßnahme ein. Ergibt sich für eine Maßnahme ein Nutzen für die Gesamtunternehmung, so kann dies auf einer nachgeordneten Ebene als Legitimation für die Aktivitäten der Personalentwicklungsabteilung gewertet werden.

Ebenso mit der Legitimierung verbunden ist die Kontrolle des Trainingsprozesses, welche auf Basis eines Soll-Ist-Vergleichs erfolgt. Wie WILL/WINTELER/KRAPP beschreiben, können dadurch Rückschlüsse auf die unternehmenseigene Bildungsarbeit, die Trainer oder auch die Teilnehmer gezogen werden.[263] Gegenstand von Evaluationen mit Kontrollfunktion ist die Überprüfung, ob gesetzte Ziele auch erreicht wurden. Evaluationen bekommen dadurch den Charakter eines Informationsgewinnungssystems für das unternehmensinterne Controllingsystem.[264] Die Kontrolle kann damit als Bestandteil der Legitimation gesehen werden.

Eine weitere Verbindung besteht zwischen Legitimations- und Entscheidungsfunktion. Erscheint eine Maßnahme für eine Unternehmung nutzbringend, so ist davon auszugehen, dass sie weitergeführt wird. Andernfalls ist anzunehmen, dass sie eingestellt wird. Eng verbunden damit ist auch die von NORK sowie BECKER, F. G./GÜNTHER genannte Prognosefunktion[265]. Sofern aus einer Maßnahme nicht eine Erfolg versprechende Prognose für nachfolgende Maßnahmen deduziert werden kann, ist es wahrscheinlich, dass diese nicht weiter fortgeführt wird. Somit bezieht sich die Entscheidungsfunktion nicht nur auf derzeitige, sondern auch auf zukünftige Maßnahmen und impliziert folgerichtig die Prognosefunktion. Teilweise wird in den Ausführungen zur Entscheidungsfunktion auch eine Entscheidungsvorbereitung für gesamtunternehmerische Belange angesprochen. In dieser Arbeit wird jedoch der Argumentation von WOTTAWA/THIERAU gefolgt, welche kritisch anmerken: „Meist wird man sich schon freuen müssen, wenn die Ergebnisse von Evaluationsstudien wenigstens indirekt, in diffuser,

[260] Vgl. Nork, M. E. (1989), S. 39.

[261] Vgl. Easterby-Smith, M. (1986), S. 13 ff.; vgl.Becker, F. G./Günther, S. (1999), S. 274.

[262] Vgl. Neuberger, O. (1994), S. 274.

[263] Vgl. Will, H./Winteler, A./Krapp, A. (1987), S. 20 ff.

[264] Vgl. im Folgenden Häring, K. (2003), S. 18 ff.

[265] Vgl. Nork, M. E. (1989), S. 39, vgl. Becker, F. G./Günther, S. (1999), S. 274.

vielfach vermittelter und kaum nachvollziehbarer Weise in die tatsächliche Entscheidung mit eingehen."[266] Und auch WILL/WINTELER/KRAPP betonen, dass Entscheidungen häufig nicht von den Personen getroffen werden, die mit der Evaluation betraut wurden.[267] Die Entscheidungsfunktion wird demnach im Rahmen der Arbeit nicht gesondert betrachtet, sondern ebenso als integraler Bestandteil der Legitimationsfunktion verstanden.

Als letzte Hauptfunktion ist die *Lernmotivationsfunktion* zu nennen. Diese wird insbesondere von EASTERBY-SMITH (Learning)[268], WILL/WINTELER/KRAPP (Weiterbildung)[269] wie auch HÄRING (Lernmotivationsanreiz)[270] hervorgehoben. Hier wird im Sinne des Hawthorne-Effekts unterstellt, dass jede Art von Evaluation bereits einen Einfluss auf das Lernverhalten der Teilnehmer besitzt.[271] GÖTZ spricht deshalb auch von „Veränderung von Einstellungen und Verhalten"[272]. Dies macht deutlich, dass es nicht nur, um ein positives Lernergebnis am Ende einer Trainingsmaßnahme, sondern auch um den Transfer des Erlernten in das Funktionsfeld und um das Wissen, dass auch dieses evaluiert wird, geht. SCHWUCHOW formuliert diesbezüglich: „Der Erfolg beim Lernen stellt eine wichtige Quelle verstärkter Motivation dar, die Kontrolle selbst soll die Teilnehmer zur Erarbeitung und Anwendung der Lerninhalte anspornen."[273] Somit dienen Evaluationen mit Lernmotivationsfunktion lediglich als Motivation. Hier ist allein das „Stattfinden" einer Evaluation von Bedeutung.[274]

Teilweise sind die genannten Funktionen nicht ganz überschneidungsfrei. Dies zeigt auch EASTERBY-SMITH, indem er die einzelnen Funktionen als ineinander greifende Kreise darstellt.[275] Beispielsweise kann die im Rahmen der Legitimation genannte Überprüfung der Zielerreichung auch ein Kriterium zu Verbesserung oder Optimierung der Maßnahme darstellen. Daneben betonen einige Autoren die Informations-, Dokumentations- bzw. Kontrollfunktion von Evaluationen in der Hinsicht, dass Daten für das unternehmungseigene Controllingsystem erhoben werden sollen.[276] Dieses kann jedoch als Unterfunktion der Legitimations- und der Optimierungsfunktion gesehen werden, da die Informationserhebung im Controlling zu Zwe-

---

[266] Wottawa, H./Thierau, H. (1990), S. 26.

[267] Vgl. Will, H./Winteler, A./Krapp, A. (1987), S. 24.

[268] Vgl. Easterby-Smith, M. (1986), S. 13 ff.

[269] Vgl. Will, H./Winteler, A./Krapp, A. (1987), S. 25.

[270] Vgl. Häring, K. (2003), S. 20.

[271] Vgl. zum Hawthorne-Effekt Kapitel 3.3.4.1.

[272] Götz, K. (1993), S. 65.

[273] Schwuchow, K. (1992), S. 131.

[274] Vgl. zu dem damit verbundenen Hawthorne-Effekt Kapitel 3.3.4.

[275] Vgl. Easterby-Smith, M. (1986), S. 13.

[276] Vgl. dazu insbesondere Häring, K. (2003), S. 18 ff., Becker, M. (2005); S. 200 f. sowie teilweise auch Will, H./Winteler, A./Krapp, A. (1987), S. 24.

cken der Wirtschaftlichkeitskontrolle oder aber Verbesserung erfolgt und damit implizit in oben den genannten Funktionen enthalten ist.

Grundsätzlich muss beachtet werden, dass Evaluationen neben den offen kommunizierten Funktionen auch verdeckte Zwecke beinhalten können. So kann z. B. durch Evaluationen die Übernahme von Verantwortung insofern vermieden werden, als dass die Evaluation vermeintlich objektive Ergebnisse liefert, die eine Entscheidungsrichtung vorgeben. Auch ein Trainer kann die Evaluation zu PR-Zwecken nutzen, indem er dadurch auch ein schwaches Programm rechtfertigen kann.[277] BECKER/GÜNTHER sprechen in dem Zusammenhang von Evaluation als Durchsetzungshilfe[278], WILL/WINTELER/KRAPP machen es noch deutlicher und bezeichnen diese Art von Evaluation als Taktik und Ablenkung[279]. Da auch der Evaluation als Ritual[280] keine besonderen Gestaltungscharakteristika zugeordnet werden können, soll auch diese Funktion im weiteren Verlauf der Arbeit keine weitere Beachtung finden.

Die Vielfalt der genannten Evaluationsfunktionen verdeutlicht das große Einsatzspektrum von Evaluationen. In Bezug auf die Ausgestaltung von Evaluationen kann eine umfassende Differenzierung jedoch aufgrund des hohen Maßes an Überschneidungen als nicht zielführend betrachtet werden. Für die zielgerichtete Ausgestaltung der Evaluation des Training off-the-job bedarf es der Festlegung weniger, klar voneinander abgrenzbarer Funktionen, die eindeutige Unterschiede bei der Konzeption einer Evaluation aufzeigen können. Auf Basis der vorgenommenen Systematisierung und der damit verbundenen Erläuterungen wird im Folgenden und insbesondere im Entscheidungsrahmen lediglich eine Unterscheidung in Evaluationen mit Optimierungsfunktion und Evaluation mit Legitimationsfunktion vorgenommen.[281]

3.3 Restriktionen

3.3.1 Übersicht über die Restriktionsebenen

Die Erarbeitung von Anforderungen an Evaluationen erfordert die Betrachtung der grundlegenden Restriktionen, denen eine Evaluation unterliegt. Diese finden sich auf unterschiedlichen Ebenen wieder. So ist die Evaluation in ihrer Konzeption und Durchführung entscheidend von der Ressourcensituation der Unternehmung abhängig. Diese Grenze determiniert generell das Durchführen einer Evaluation überhaupt sowie im nächsten Schritt deren Gestaltung. Auf der nächsten Ebene ergeben sich Einschränkungen, die mit den in eine Evaluation

[277] Vgl. Weiss, C. H. (1974), S. 32 f.

[278] Vgl. Becker, F. G./Günther, S. (1999), S. 274.

[279] Vgl. Will, H./Winteler, A./Krapp, A. (1987), S. 25.

[280] Vgl. Becker, F. G./Günther, S. (1999), S. 274.

[281] Vgl. dazu insbesondere Kapitel 5.

involvierten Personen bzw. Personengruppen verbunden sind. Schließlich ist die Durchführung der Evaluation entscheidend von den Methoden der Datenerhebung und -auswertung und den damit verbundenen Messproblemen geprägt. Damit ergeben sich drei verschiedene Restriktionsebenen – die der Gesamtunternehmung und deren Ressourcen, die der beteiligten Personen und schließlich der Methoden der Evaluation. Dabei hat die jeweils höhere Ebene auch Einfluss auf die nachgelagerten Ebenen. Die einzelnen Ebenen aus Abbildung 5 werden in den nachfolgenden Abschnitten erläutert.

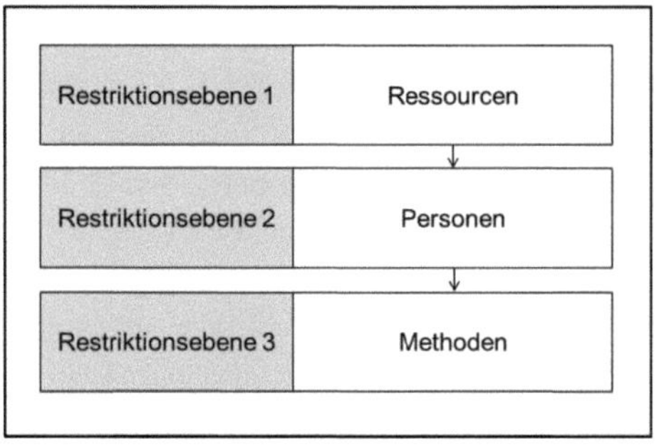

Abbildung 5: Restriktionsebenen der Evaluation.

3.3.2 Ressourcen

Die Ressourcensituation stellt einen wesentlichen Begrenzungsfaktor für Evaluationen dar. Sie gibt vor, welche finanziellen, zeitlichen und personellen Ressourcen für die Evaluation zur Verfügung stehen. Hier wird festgelegt, ob überhaupt Evaluationen durchgeführt und wenn ja, in welcher Form diese ausgestaltet werden. Vielfach liegt in der Abwägung des Ressourcenaufwands mit dem erwarteten Nutzen ein Grund, warum Evaluationen nicht stattfinden.[282] Die Ressourcensituation bestimmt damit, ob eine Evaluation durchgeführt wird und wenn ja, wie viele und welche Personen in die Evaluation involviert werden. Sie schränkt entsprechend auch die Evaluationsmethoden ein.

Um Idealdesigns umsetzen zu können, müssen sowohl umfangreiche personelle, zeitliche wie auch finanzielle Ressourcen zur Verfügung gestellt werden. Bei ersteren stellt sich diesbezüglich häufig nicht nur die Frage nach der quantitativen Bereitstellung von personellen Ressourcen, sondern auch nach der fachlichen Kompetenz der Evaluierenden. Vielfach ist in der Praxis nicht genügend Fachwissen oder auch Erfahrung mit der Umsetzung solcher Designs vorhanden. Selbst wenn diese bereitgestellt werden können, stellt sich dann die Frage nach der Verhältnismäßigkeit des finanziellen Aufwandes im Vergleich zum Nutzen einer Maßnahme.

282 Vgl. Thierau-Brunner, H./Wottawa, H./Stangel-Meseke, M. (2006), S. 331.

Idealdesigns sind demnach häufig nicht umsetzbar, woraus wiederum Messprobleme und Probleme der internen Validität resultieren.[283] Letztlich bestimmt deshalb die Ressourcensituation die Ausgestaltung einer Evaluation entscheidend mit.

3.3.3 Personen

Grenzen im Rahmen der Evaluation können auch durch die beteiligten Personen bestehen. Diese können sich vor allem in Form von Widerständen gegen einzelne Beteiligte der Evaluation oder die Evaluation an sich zeigen.[284] Darüber hinaus können Einschränkungen in der Person des Evaluators begründet sein. Dieser ist mit dem Problem der Objektivität und den damit verbunden, kognitiven Einschränkungen, denen jedes Individuum unterliegt, konfrontiert. Des Weiteren können mikropolitische Handlungen den Ablauf von Evaluationen beeinflussen.[285]

Widerstände der Evaluationsbeteiligten

Evaluationen betreffen immer mehrere Personen. Im Minimum umfassen sie die evaluierten Personen und den Evaluator. In der Regel sind aber noch weitere Personen in den Evaluationsprozess direkt oder indirekt eingebunden. Widerstände bei Evaluationen können durch alle Beteiligten einer Evaluation hervorgerufen werden. ZUSCHLAG listet in seinem Beitrag zu Widerständen gegen die Evaluationsmaßnahmen einen umfassenden Katalog derselben auf. Widerstände können sich demnach auf andere *beteiligte Personen* oder die *Evaluation selbst*, d. h., den *Evaluationskontext*, den *Evaluationsinhalt*, die *Evaluationsmethode* oder aber *die Evaluation an sich* beziehen.[286]

- *Widerstände gegen Evaluationsbeteiligte:* Wie Tabelle 1 verdeutlicht, können von mehreren Beteiligten aus Widerstände gegen die Person des Evaluators, gegen evaluierte Personen oder aber gegen den Auftraggeber vorliegen.

Tabelle 1: Widerstände gegen Evaluationsbeteiligte.

Quelle: Eigene Darstellung in Anlehnung an Zuschlag, B. (1987), S. 75 ff.

Widerstand gegen ...	Evaluator	Evaluierte Person(en)	Auftraggeber
Widerstand von ...	Evaluierte Person(en) Betriebsrat	Evaluator Trainer	Evaluator Evaluierte Person(en) Betriebsrat

283 Vgl. Becker, F. G./Günther, S. (1999), S. 275.

284 Vgl. dazu ausführlich die nachfolgenden kursiv hervorgehobenen Abschnitte „Widerstände gegen die Evaluationsbeteiligten“ und „Widerstände gegen die Evaluation selbst“.

285 Vgl. dazu die Ausführungen im Abschnitt „*Kognitive und mikropolitische Grenzen*“.

286 Vgl. Zuschlag, B. (1987), S. 75 ff.

- Hinsichtlich des *Evaluators* können vor allem die betroffenen evaluierten Personen Vorbehalte haben. Einer der Gründe kann an der Person des Evaluators festgemacht werden (z. B. unsympathische Persönlichkeit). Auch kann die Vertrauenswürdigkeit eines Evaluators von den Evaluierten angezweifelt werden, was wiederum Auswirkungen auf die Bereitschaft zur Preisgabe von evaluationsrelevanten Informationen hat. Mitunter können Kommunikationsprobleme Ursache eines Widerstandes gegen den Evaluator sein, vor allem dann, wenn es diesem nicht gelingt, sein Anliegen deutlich zu machen, oder aber wenn dieser sich sprachlich nicht an die Gruppe der Evaluierten anpassen kann (z. B. sehr elaborierter Sprachstil bei eher geringer qualifizierten Teilnehmern einer Maßnahme). Gerade bei externen Evaluatoren kann es zu Widerständen kommen, wenn die evaluierten Personen ihm eine genaue Kenntnis der Lernverhältnisse absprechen. Neben den evaluierten Personen kann auch ein Betriebsrat Einwände insbesondere gegen einen externen Evaluator haben. Dies trifft vor allem dann zu, wenn der Trainer einer Maßnahme die Funktion des Evaluators übernimmt und der Betriebsrat in dem Zusammenhang eine Verfälschung der Evaluationsergebnisse befürchtet, die der Sicherung von Folgeaufträgen für den Trainer dient.[287]

- Widerstände können sich aber auch von Seiten des Evaluators oder auch Trainers gegen die zu *evaluierenden Personen* richten. Besonders stark ist der Widerstand, wenn der Trainer auch als Evaluator tätig ist und den Teilnehmern ein Desinteresse an der Trainingsmaßnahme unterstellt wird. Dies kann zu negativen Evaluationsergebnissen und damit zu Konsequenzen für den Trainer führen, gerade dann, wenn die Möglichkeit zur Bildung einer Kontrollgruppe, und damit zur Relativierung der Evaluationsergebnisse nicht gegeben ist.[288]

- Letztlich kann sich der Widerstand im Rahmen von Evaluationen auch gegen den *Auftraggeber* richten. Von Seiten des Evaluators können Vorbehalte hinsichtlich der Verwendung der Evaluationsergebnisse durch den Auftraggeber bestehen. Gründe für einen Widerstand können aber auch in einem als zu niedrig empfundenen Honorar liegen. Auf Seiten der evaluierten Personen oder des Betriebsrates kann es dann zu Widerständen gegen den Auftraggeber einer Evaluation kommen, wenn befürchtet wird, dass Evaluationsergebnisse zur Begründung von Entlassungen verwendet werden.[289]

---

[287] Vgl. Zuschlag, B. (1987), S. 85 f.

[288] Vgl. Zuschlag, B. (1987), S. 85.

[289] Vgl. Zuschlag, B. (1987), S. 86.

- *Widerstände gegen die Evaluation selbst:* Auch die Ausrichtung oder Durchführung oder das alleinige Stattfinden einer Evaluation kann Anlass zu Widerständen geben.

    - So kann der *Evaluationskontext* als eine Quelle von Widerständen gegen eine Evaluation gesehen werden. So ist die Evaluationssituation dahingehend ein Anstoßpunkt, wenn die zu evaluierenden Personen den Zeitpunkt der Evaluation als unpassend empfinden (bspw. morgens zu früh), die Gruppengröße einer Maßnahme als störend für den eigenen Lernprozess empfunden wird und daher schlechte Evaluationsergebnisse befürchtet werden oder aber die Tatsache, dass überhaupt ein Evaluator den Prozess begutachtet, als unangenehm empfunden wird. Auch der Evaluator kann seinerseits den Kontext als hemmend betrachten, vor allem dann, wenn er den Raum, den Zeitrahmen und auch die Personalsituation als nicht adäquat ansieht.[290]

    - Der *Inhalt einer Evaluation* kann besonders dann zu Widerständen bei den Beteiligten führen, wenn z. B. im Voraus Unklarheit oder gar Uneinheitlichkeit hinsichtlich der Zielsetzung einer Evaluation besteht. Gerade die Betroffenen könnten die Evaluation als gefährdend betrachten, wenn ihnen das Ziel nicht klar ist, und auch der Evaluator kann sich in seiner Evaluation durch die Auftragssituation eingeschränkt fühlen.[291]

    - Gerade die eingesetzten *Evaluationsmethoden* können auf große Widerstände bei den betroffenen evaluierten Personen stoßen. Zum einen können sich die Evaluierten durch ein methodisches Korsett zu sehr eingeschränkt fühlen, oder aber sie fühlen sich bei der Anwendung bestimmter Methoden nicht wohl (z. B. Videoaufnahmen), weil sie befürchten, dass diese zweckentfremdet werden. Evaluatoren könnten Widerstände gegen eine Methode haben, wenn diese ihnen aufgezwungen wurde und sie als nicht angemessen gesehen wird, vor allem auch dann, wenn befürchtet wird, dass diese unerwünschte Ergebnisse hervorruft. Auch kann befürchtet werden, dass durch bestimmte Methoden nicht alle relevanten Informationen erhoben werden können.[292]

    - Letztlich können auch *Widerstände gegen die Evaluation an sich* auftreten. Dies geschieht vor allem dann, wenn befürchtet wird, dass aus den Ergebnissen ungerechtfertigte Konsequenzen für die Teilnehmer, den Trainer oder aber den Evaluator entstehen. Gerade die Teilnehmer könnten hier Vorbehalte haben, wenn sie ei-

---

[290] Vgl. Thierau-Brunner, H./Wottawa, H./Stangel-Meseke, M. (2006), S. 331.

[291] Vgl. Zuschlag, B. (1987), S. 81.

[292] Vgl. Zuschlag, B. (1987), S. 81.

nen Lernstoff als nicht praxisrelevant betrachten und die daraus geringe Lernmotivation schließlich zu negativen Auswirkungen führen könnte. Gleiches könnte auch ein Trainer gegen eine Evaluation vorbringen, wenn er bspw. die Lernsituation als nicht förderlich empfindet und dadurch Rückschlüsse auf seine eigenen Kompetenzen befürchtet. Und auch beim Betriebsrat können taktische Gründe vorliegen, die gegen eine Evaluation sprechen.[293]

Kognitive und mikropolitische Grenzen

Restriktionen bei der Evaluation können auch durch kognitive Einschränkungen der Beurteiler sowie durch mikropolitische Grenzen entstehen:

- *Kognitive Einschränkungen* beinhalten die Grenzen menschlichen Urteilsvermögens.[294] Diese werden in der Literatur auch als „Könnens-Probleme" beschrieben. Ursache hierfür sind kognitive Probleme, die sowohl die Informationswahrnehmung, -verarbeitung, -speicherung, -interpretation und -erinnerung beeinflussen. Es können damit nicht alle Informationen in den Evaluationsprozess miteinbezogen werden. Informationen werden vielmehr nur selektiv wahrgenommen, d. h. je nach Beurteiler und dessen Beobachtungs- und Erinnerungsvermögen kann die Datengrundlage der Evaluation höchst unterschiedlich sein, und selbst wenn die gleiche Datenbasis vorliegt, unterscheiden sich vermutlich die Interpretationen.[295] MARCUS/SCHULER unterscheiden diesbezüglich drei Ebenen der sozialen Urteilsbildung, welche situative, kognitive, emotionale und motivationale Einflussfaktoren beinhalten. Einfluss auf die Beurteilung haben demnach auf der *Ebene des Verhaltens* die Charakteristika der Beurteilten, die Situation, in der eine Beurteilung stattfindet sowie das weitere Umfeld (wie z. B. familiäre Situation). Diese drei Komponenten wirken sich auf das Verhalten der zu beurteilenden Person aus. Wie dieses interpretiert wird, hängt nun vom Hintergrundwissen des Beurteilers in Bezug auf diese Einflüsse ab. Auf der *zweiten Ebene* sprechen die Autoren den *Eindruck* an. Hier wird auf das Selbstbild, die Werte, Interessen oder bereits zur Verfügung stehende Informationen verwiesen, welche wiederum auf den Beurteilungsprozess wirken. Darüber hinaus spielen auch der erste Eindruck sowie Sympathien und Antipathien eine entscheidende Rolle. Auf der *dritten Ebene der Aussage* machen MARCUS/SCHULER deutlich, dass die Urteilsverkündung (in mündlicher oder schriftlicher Form) entscheidend von der sprachlichen Kompetenz des Beurteilers abhängt.[296] Die Beteiligten einer Evaluation können damit nicht als ra-

---

293 Vgl. Zuschlag, B. (1987), S. 80 f.

294 Vgl. Hill, W./Fehlbaum, R./Ulrich, P. (1974), S. 31.; SEILER spricht in dem Zusammenhang auch von der kognitiven Komplexität eines Individuums. Vgl. Seiler, T. B. (1986), S. 284.

295 Vgl. Berthel, J./Becker, F. G. (2010), S. 253.

296 Vgl. Marcus, B./Schuler, H. (2006), S. 459 f.

tionale Beurteiler gesehen werden, sondern werden in ihrer Wahrnehmung und Interpretation entscheidend von ihrer persönlichen Biographie beeinflusst. Diese kognitiven Einschränkungen wiederum wirken sich auf die Evaluation aus.

- Eine weitere Restriktion stellen die *mikropolitischen Grenzen* dar („Wollens-Probleme"). Dies wurde bereits zum Teil im Rahmen der Widerstände gegen eine Evaluation thematisiert. Evaluationsergebnisse werden damit entscheidend von den persönlichen Interessen der Beurteiler gesteuert. Jede Evaluation ist damit auch ein politischer Prozess.[297] So ist bei internen Evaluatoren (bspw. aus der Personalentwicklungs- oder Bildungsabteilung) davon auszugehen, dass diese ihre Arbeit legitimieren wollen. Externe Evaluatoren (z. B. Trainer) könnten von der Sicherung von Folgeaufträgen in ihren Urteilen beeinflusst werden.[298]

Eine Schulung der Beurteiler zu Urteilsfehlern, Verhaltensbeobachtungen oder ein Bezugsrahmentraining können dazu beitragen, dem Evaluator den persönlichen Einfluss auf die Evaluationsergebnisse zu verdeutlichen und Wege im Umgang damit aufzuzeigen.[299]

3.3.4 Methoden

3.3.4.1 Ursachen von Messproblemen

Methodische Restriktionen ergeben sich im Wesentlichen durch Messprobleme, welche durch die *Komplexität von Evaluationen*, das *Kausalitätsproblemen* sowie der *Quantifizierungsproblematik* bedingt sind.

- Eines der größten Probleme im Rahmen von Evaluationen ist die Erfassung der „komplexen Realität" einer Maßnahme. Es ist dabei unmöglich, alle Aktivitäten, Ereignisse oder auch gruppendynamischen Bewegungen während einer Maßnahme zu erfassen. Demnach sind alle gewonnenen Informationen vom jeweiligen Evaluator gefiltert.[300] Eine Informationsselektion findet dabei schon bei jeder Entscheidung bezüglich einer bestimmten Evaluationsfunktion oder einer bestimmten Evaluationsmethode statt.[301] Darüber hinaus wird die Komplexität häufig auch dadurch erhöht, dass Maßnahmen nur vage definiert sind, mitunter verdeckte, d. h. nicht offen kommunizierte Ziele mit einer Evaluation verbunden sind oder aber unterschiedliche Interessen bei den einzel-

[297] Vgl. Berthel, J./Becker, F. G. (2010), S. 253 f.

[298] Becker, M. (2005), S. 198.

[299] Vgl. Marcus, B./Schuler, H. (2006), S. 460.

[300] Vgl. auch die Ausführungen zu den kognitiven Problemen.

[301] Vgl. Easterby-Smith, M. (1986) S. 62, der hier von der „complex reality" spricht.

nen Stakeholdern vorhanden sind.[302] BRONNER/HIRSCHE fassen diesbezüglich zusammen, dass Komplexitätsprobleme aus der Anzahl und Unterschiedlichkeit der verfolgten Evaluationsziele, den jeweiligen interdependenten Variablen sowie den Daten selbst und deren zugrundeliegenden Datenerhebungs- und Auswertungsmethoden resultieren.[303]

- Einhergehend mit der Komplexität von Evaluationen stellt die Kausalität der Evaluationsergebnisse die nächste Grenze dar. Die Komplexität bedingt, dass eine eindeutige Zurechnung der Resultate zu einer bestimmten Maßnahme nahezu unmöglich ist.[304] Dies trifft insbesondere bei Aussagen der Wirkungen einer Maßnahme auf das Unternehmungsergebnis (z. B. Umsatzsteigerung) zu. Laut GERLICH hat Bildung immer auch *„unmittelbare, langfristige, beabsichtigte und unbeabsichtigte Folgen“*[305], und auch der Erfolg einer Unternehmung wird von diversen *„bildungsunabhängigen externen und internen Faktoren beeinflusst* (…)“[306] Rein statistisch gesehen, kann es somit keinen eindeutigen Beweis für den Erfolg einer Maßnahme geben. Es lassen sich lediglich Zusammenhänge zwischen einer Maßnahme und einem bestimmten Ergebnis aufzeigen.[307] So ergab sich z. B. in Meta-Analysen von ALLIGER/TANNENBAUM/BENNETT ET AL., dass eine Kausalität zwischen Lernerfolg und Bewertung des Trainings (Reaktion) nicht gegeben ist. Auch eine schlecht bewertete Maßnahme (z. B. weil sie anstrengend ist) kann zu guten Lernerfolgen bei den Teilnehmern führen. Ebenso kann es sein, dass der Lernerfolg gut ist, hieraus aber keine Verhaltensänderung resultiert, weil die Inhalte nicht in die Arbeitspraxis übertragen werden können. Dies würde wiederum nicht bedeuten, dass das Training schlecht war.[308] Die Ursache-Wirkungszusammenhänge einer Maßnahme werden zudem entscheidend von den Beteiligten und den damit verbundenen eigen- und gruppendynamischen Prozessen beeinflusst.[309] KELLE konstatiert diesbezüglich: „Weil die von einer Intervention Betroffenen entscheidungs- und handlungsfähige Subjekte und in lokale Kontexte eingebunden sind, die sie mit Handlungszielen und Handlungswissen ausstatten, die weder Planern noch Evaluatoren bekannt sind, können Interventionen

[302] Vgl. Froschauer, U./Lueger, M. (2006), S. 320 f.

[303] Vgl. Bronner, R./Hische, V. (1995), 48.

[304] Vgl. Thierau-Brunner, H./Wottawa, H./Stangel-Meseke, M. (2006), S. 331; vgl. auch Nork (1989), S. 43 ff.; vgl. auch Bronner, R. (1983), S. 203.

[305] Vgl. Gerlich, P. (1999), S. 75.

[306] Vgl. ebenda.

[307] Vgl. Fitz-Ens, J. (1994), S. 56; vgl. auch Riedel, M. (1992) S. 36 f., S. 36 f.

[308] Vgl. Alliger, G. M./Tannenbaum, S. I./Bennett, W., et al. (1997), S. 350.

[309] Vgl. Becker, F. G./Günther, S. (1999), S. 275.

neben den beabsichtigten Effekten zahlreiche unbeabsichtigte Folgen zeitigen."[310] Entscheidend für die Schwierigkeit der Zurechenbarkeit von Evaluationsergebnissen ist auch die Tatsache, dass die Evaluation an sich schon die Ergebnisse der Evaluation beeinflusst (Hawthorne-Effekt).[311] Zur Vermeidung dieses Effekts müssten Evaluationen verdeckt durchgeführt werden, was aber als ethisch nicht vertretbar und auch in der Praxis kaum umsetzbar gesehen wird.[312]

- Ein weiteres Problem der Evaluation liegt in der Messung der Wirkungen einer Maßnahme. Um Kausalitätsanalysen vornehmen zu können, müssen Ergebnisse quantifizierbar sein. Genau hier liegt jedoch das Grundproblem von Evaluationen. Eine eindeutige Messung des Erfolgs oder des Ertrages einer Weiterbildungsmaßnahme ist nicht möglich, da nur schwer in Zahlen ausdrückbar ist, ob bspw. das Führungsverhalten einer Führungsperson durch eine Maßnahme verbessert wurde und schließlich zu einem besseren Unternehmensergebnis beigetragen hat. Allenfalls lassen sich hier Indikatoren finden. Ein eindeutiger Rückschluss ist jedoch nicht möglich.[313] WARR/BIRD/RACKHAM formulieren hierzu treffend: „Measurement (...) is generally the greatest single obstacle to satisfactory outcome evaluation. (...) [I]n the last resort the problem of evaluation is a problem of measurement."[314] Und auch STUFFELBEAM, welcher im Rahmen seiner Forschungen durchaus mit quantitativen Forschungsmethoden wie bspw. experimentellen Forschungsdesigns vertraut ist, steht der Anwendbarkeit quantitativer Methoden und der damit verbundenen Notwendigkeit der Quantifizierung in der Evaluation kritisch gegenüber.[315]

3.3.4.2 Implikationen für die Anwendung von Gütekriterien

Die vorangegangenen Ausführungen zu den methodischen Problemen einer Evaluation zeigen, dass bevor mit einer intensiven Auseinandersetzung mit den Anforderungen, die an eine Evaluation von Personalentwicklungsmaßnahmen gestellt werden, begonnen werden kann, auf ein Grundproblem bei der Beurteilung oder Bewertung von Objekten eingegangen werden muss. Angesprochen sei an dieser Stelle das *Kriterienproblem.* Kern des Kriterienproblems ist die Frage, inwiefern sich ein Beurteilungsobjekt, hier z. B. der Erfolg einer Weiterbildungsmaßnahme, mittels bestimmter ex ante festgelegter Kriterien beurteilt werden kann.[316] Gerade

[310] Kelle, U. (2006), S. 125.

[311] Vgl. Will, H./Blickhan, C. (1987), S. 45. Vgl. Zum Hawthorne-Effekt Kapitel 3.2.

[312] Vgl. Hamblin, A. C. (1974) S. 69 f., S. 69 f.

[313] Vgl. Riedel, M. (1992) S. 36 ., S. 36.

[314] Warr, P./Bird, M./Rackham, N. (1971) S. 17., S. 17.

[315] Vgl. Stufflebeam, D. L./Shinkfield, A. J. (1988), S. 153 ff.

[316] DUNNETTE stellt in Frage, inwiefern ein ultimatives Kriterium in der Lage ist, z. B. den Erfolg eines Mitar-

bei der Evaluation von Trainingsmaßnahmen kann nicht von einer linearen Input-Output-Beziehung ausgegangen werden. Die Komplexität der Wirkfaktoren, wie oben aufgezeigt, bedingt vielmehr eine differenzierte Analyse der Trainingsergebnisse. Zudem stellt sich die Frage, ob das Kriterium nur auf den Beurteilungszeitraum bezogen ist oder auch darüber hinaus. Zudem ist die statische, dynamische und individuelle Dimension bspw. des Erfolgs zu beachten. So ist zu hinterfragen, ob der Erfolg einer Maßnahme auch anhand alternativer Kriteriensets ermittelt werden kann und welches Set demnach geeignet ist (statische Dimension). Des Weiteren kann der Erfolg im Bewertungszeitraum Veränderungen unterliegen (dynamische Dimension) und letztlich auch eine individuelle Komponente aufweisen, d. h. dass das gleiche Ergebnis bspw. nicht nur durch die Weiterbildungsmaßnahme, sondern auch auf anderen Wegen zustande kommen kann. Letztlich ist bei der Bestimmung der Kriterien immer zu überlegen, welche Art von Kriterien herangezogen wird, z. B. kompositive oder multiple Kriterien. Kompositive Kriterien beinhalten dabei Unterkriterien, die unterschiedlich gewichtet werden, wobei hier wieder das Problem der adäquaten Gewichtung auftritt. Multiple Kriterien hingegen messen die unterschiedlichen Facetten eines Erfolgs separat und analysieren diese dementsprechend auch getrennt. Beide Arten sind mit Vor- und Nachteilen verbunden, die eine Entscheidung schwer machen. Damit wird deutlich, dass die Erfassung des Erfolgs einer Weiterbildungsmaßnahme durch Kriterien ein prinzipielles Problem darstellt.[317] WOTTAWA/THIERAU halten jedoch diesbezüglich fest: „Es wäre falsch, vor dem Hintergrund der nicht lösbaren Problematik des «Ultimate Criterion» (…) den Beitrag systematischer Rückmeldung bzw. Evaluation (…) gering einzuschätzen.“[318]

Beurteilungskriterien an sich stellen Variablen dar, die es dem Beurteiler ermöglichen, ein Objekt hinsichtlich seiner Struktur und seines Inhaltes so zu erfassen und zu bewerten, dass Vergleiche zwischen Individuen oder Gruppen oder unterschiedlichen Zeiten durchführbar sind. Zudem können Beurteilungskriterien eine Aufmerksamkeitsfokussierung auf Seiten des Beurteilers erreichen, welche wiederum zu einer selektiven Wahrnehmung führt, die ihrerseits nützlich ist, um überflüssige Informationen auszublenden.[319] Insofern ist festzuhalten, dass trotz des nicht zu verleugnenden Kriterienproblems ohne Beurteilungskriterien eine nachvollziehbare Evaluation von Trainingsmaßnahmen nicht umsetzbar ist.

beiters zu repräsentieren. Er bemängelt, dass im Rahmen von Untersuchungen oft die verschiedenen Facetten des Erfolgs nicht betrachtet werden. Vielmehr wird zugunsten der Einhaltung von testtheoretischen Gütekriterien an dem einen Kriterium festgehalten (vgl. Dunnette, M. (1963), S. 252). Gleiche Überlegungen sind auch in Bezug auf Evaluationen anzustellen. Hier stellt sich die Frage, wie genau der Erfolg einer Maßnahme anhand eines Kriteriums festgelegt werden kann.

[317] Vgl. Marcus, B./Schuler, H. (2006), S. 435.

[318] Wottawa, H./Thierau, H. (1990), S. 16. Hervorhebungen im Original.

[319] Vgl. Becker, F. G. (2003), S. 167.

Die Bejahung einer Notwendigkeit von Beurteilungskriterien bei der Evaluation von Personalentwicklungsmaßnahmen wirft jedoch die Frage auf, welchen Anforderungen diese Kriterien erfüllen müssen, um als aussagekräftig zu gelten. Wie auch die folgenden Aussagen aus der Literatur zeigen, wird hier vielfach die Einhaltung testtheoretischer Gütekriterien gefordert.[320] SCHULER differenziert und formuliert im Hinblick auf Beurteilungsprozesse folgende Anforderungen in Anlehnung an die allgemeinen Gütekriterien:[321]

- Die *intraindividuelle Urteilskonkordanz* besagt, dass ein Beurteiler zu unterschiedlichen Zeitpunkten bei wiederholter Beurteilung zu den gleichen Beurteilungsergebnissen kommt. Angesprochen sind hier in Bezug auf das testtheoretische Gütekriterium Reliabilität die Zeit- und die Methodenkonstanz.

- Die *interindividuelle Urteilskonkordanz* wirft die Frage auf, inwiefern verschiedene Beurteiler zu ein und demselben Beurteilungsergebnis kommen, indem sie tatsächlich die gleichen Kriterien anlegen und die jeweiligen Ausprägungen in gleicher Weise bewerten. Abgezielt wird hier auf das testtheoretische Gütekriterium der Objektivität. Dabei wird die Objektivität wie folgt differenziert:
    - Die Durchführungsobjektivität soll sicherstellen, dass die Ergebnisse einer Beurteilung unabhängig von zufälligen oder systematischen Variationen im Beurteilerverhalten sind, da dies Auswirkungen auf die Beurteilten haben kann.
    - Die Auswertungsobjektivität sichert, dass die Auswertung von Beurteilungsergebnissen nach festgelegten Regeln erfolgt, so dass kein nennenswerter Spielraum bei der Einordnung in bestimmte Kategorien oder bei der nummerischen Auswertung besteht.
    - Die Interpretationsobjektivität ist dann gegeben, wenn verschiedene Beurteiler Beurteilungsergebnisse gleich interpretieren und damit zu gleichen Schlussfolgerungen kommen.

[320] Hiermit sind die Kriterien Objektivität, Reliabilität und Validität angesprochen. Erstere überprüft, ob unterschiedliche Personen bei Anwendung einer Methode bei einem Untersuchungsobjekt zum gleichen Ergebnis kommen. Die Reliabilität stellt ein Zuverlässigkeitsmaß dar, welches angibt, ob bei wiederholter Messung die gleichen Ergebnisse erzielt werden. Die Validität gibt an, ob im Rahmen einer Untersuchung auch das gemessen wird, was gemessen werden soll. Vgl. zur Erläuterung der Gütekriterien Häder, M. (2010), S. 108 ff. sowie zur Betonung der Notwendigkeit im Rahmen der Evaluation Manstetten, R. (1995), S. 286; vgl. Meyer, P. (1974), S. 103 ff.; vgl. Steinhaus, S. D./Witt, L. A. (2003), S. 54 ff.; vgl. Rutman, L. (1977), S. 31 ff.

[321] Vgl. Schuler, H. (1978), S. 154 ff. Schuler bezieht sich in seinen Ausführungen speziell auf die Leistungsbeurteilung. Da Evaluationen von Personalentwicklungsmaßnahmen ebenfalls Bezug nehmen auf die Beurteilung einer Leistung oder eines Verhaltens von Teilnehmern einer Maßnahme, lässt sich die Terminologie hier ebenfalls anwenden und übertragen. Vgl. auch Häder, M. (2010), S. 108 ff. zu ähnlichen Erläuterungen innerhalb der Gütekriterien.

- Die *Validität* sagt aus, inwiefern durch ein Kriterium das gemessen wird, was gemessen werden soll. Sie stellt damit die Basis und Grundvoraussetzung für die Aussagekraft eines Beurteilungsergebnisses dar. Unterschieden wird gemeinhin in:
  - Die Inhaltsvalidität, mittels welcher überprüft wird, ob ein in die Beurteilung einfließendes beobachtetes Merkmal repräsentativ bspw. für den Gesamterfolg einer Weiterbildungsmaßnahme ist.
  - Die Konstruktvalidität, mittels derer die Übereinstimmung der erfassten Kriterien mit dem theoretischen Konstrukt des zu bewertenden Objekts erfasst wird. Sie ist besonders dann von Bedeutung, wenn überprüft werden soll, ob hinter den direkt zu beobachtenden Indikatoren noch andere nicht beobachtbare Aspekte vermutet werden, wie sie insbesondere bei der Erfassung von Eigenschaften oder der Prognose von Verhalten auftreten können.
  - Die Prognosevalidität, welche die Frage behandelt, inwieweit die erhobenen Merkmale eine Vorhersage für künftiges Verhalten in ähnlichen oder anderen Situationen zulassen.
  - Die Übereinstimmungsvalidität, mittels derer untersucht wird, inwieweit zwei Indikatoren, von dem einer bereits als valide gilt, übereinstimmen, so dass von einem Indikator auf die Ausprägung einer Zielvariablen zum Beurteilungszeitpunkt geschlossen werden kann.

- Die *Relevanz* beschreibt die Bedeutung eines erfassten Objektes für die Gesamtunternehmung oder eine bestimmte organisatorische Einheit. Bezogen auf die Evaluation von Personalentwicklungsmaßnahmen wird überprüft, inwiefern der Erfolg einer Weiterbildungsmaßnahme auch den Erfolg des Unternehmens bestimmt.

In der Praxis ist die geforderte Einhaltung der testtheoretischen Gütekriterien jedoch aus folgenden Gründen nicht umsetzbar:[322]

- *Intraindividuelle Urteilskonkordanz*: Die Forderung, dass ein und derselbe Beurteiler zu unterschiedlichen Zeitpunkten auf die gleiche Art und Weise zum selben Ergebnis kommt, ist in der Praxis nicht machbar. Menschen unterliegen jeden Tag Lernprozessen und werden von ihrer Umwelt beeinflusst. Damit kann nicht davon ausgegangen werden, dass diese Erfahrungen in einem Beurteilungsprozess außen vor gelassen werden können. Gerade wenn ein nur geringer zeitlicher Abstand zwischen zwei Beurteilungszeitpunkten liegt, könnte eine Beeinflussung derart vorliegen, dass vorangegangene Beurteilungsergebnisse vom Beurteiler erinnert werden und damit in die neue Beurteilungssituation einfließen. Dies gilt insbesondere dann, wenn Objekte bewertet werden sollen, bei denen, wie bei der Evaluation von Weiterbildungsmaßnahmen, kein

[322] Vgl. zur Diskussion Becker, F. G. (2003), S. 175 ff.

rein quantitativer Output vorliegt, sondern deren Erfolg auf Grundlage einer subjektiven Bewertung oder einer Quantifizierung qualitativer Ergebnisse ermittelt wird.

- *Interindividuelle Urteilskonkordanz*: Eine interindividuelle Urteilskonkordanz ist schon allein aufgrund der obigen Ausführungen zur mangelnden Selbstkonkordanz nicht möglich. Eine vollständige Übereinstimmung der Urteile verschiedener Beurteiler ist in der Praxis nicht zu erwarten, da jeder Beurteiler hinsichtlich seines Charakters verschieden ist, Beurteilungen zu unterschiedlichen Zeitpunkten stattfinden, welche wiederum die Beurteilungssituation verändern können, und auch von den Beurteilern selbst Auswirkungen auf die Beurteilten zu erwarten sind. Gerade im Hinblick auf die Interpretationsobjektivität ist es aus den gleichen Gründen unwahrscheinlich, dass die Ergebnisse unterschiedlicher Beurteiler vergleichbar sind.

- *Validität*: Die Messung der Validität setzt eine empirische Überprüfung voraus, die in der Evaluationspraxis in Unternehmen nicht umsetzbar ist. Sie könnte gegebenenfalls von Fachleuten überprüft werden, deren Einsatz jedoch in den wenigsten Fällen zu einem positiven Kosten/Nutzen-Verhältnis der Evaluation führen würde.

- *Relevanz*: Auch die Relevanz ist nur schwer zu überprüfen. Es ist davon auszugehen, dass Weiterbildungsmaßnahmen ein positiver Nutzen auf die Unternehmung unterstellt wird, dies ist jedoch nicht ausreichend.

Auch MANSTETTEN sieht die Einhaltung dieser Kriterien als schwierig an. Er argumentiert, dass Objektivität gemeinhin als Grundvoraussetzung für Reliabilität und Validität gesehen wird. Objektive Messungen sind jedoch nur dann möglich, wenn Merkmale eindeutig gemessen werden können, d. h. operationalisierbar werden. Gerade bei der Messung von Einstellungen und Verhaltensweisen gestaltet sich dies jedoch häufig schwierig. So bleibt fraglich, ob bei einer Objektivierung der Messung schließlich noch das erhoben wird, was erhoben werden soll (eingeschränkte Validität). Als Ausweg wird laut MANSTETTEN in der Praxis häufig nur das erhoben, was eindeutig messbar ist, um den Test reliabel zu gestalten. Aber auch die Reliabliät ist hier kein Garant für die Validität einer Messung, denn dass die Messergebnisse zuverlässig bzw. genau sind, beinhaltet nicht zwangsweise, dass erhoben wurde, was erhoben werden sollte.[323] MANSTETTEN fasst deshalb treffend zusammen: „Wenn aus diesen Schwierigkeiten allerdings der Umkehrschluss gezogen wird, im Rahmen der Lernkontrolle auf die Erfassung komplexerer Dispositionen zu verzichten, so mag damit evtl. sichergestellt werden, daß(!) die Lernkontrolle zuverlässig erfolgt; fraglich bleibt aber, ob damit noch das gemessen wird, was gemessen werden soll (Validität).“[324]

---

[323] Vgl. Manstetten, R. (1995), S. 288 f.

[324] Manstetten, R. (1995), S. 289.

Ein weiterer Aspekt, der gegen die strenge Beachtung der testtheoretischen Gütekriterien als einer generellen Anforderung an Evaluationen spricht formuliert BRINKERHOFF, indem er sagt: „Experimental or quasi-experimental designs are useful and thorough but expensive scientific approaches for determining the validity and reliability of a proposed program design.“[325] Dieses steht der vielfach genannten Forderung nach einem positiven Kosten-Nutzen-Verhältnis der Evaluation, sprich deren Wirtschaftlichkeit, gegenüber. SCHINDLER betont, dass die Anwendung von Gütekriterien der Praktikabilität entgegenstehen kann. Gleichermaßen lehnt er die Anwendung experimenteller Designs ab, da eine Zufallsauswahl zu Kontroll- und Untersuchungsgruppe im betrieblichen Alltag nicht erklärbar wäre und damit nicht umsetzbar ist. Lediglich quasi-experimentellen Designs räumt er eine gewisse Anwendbarkeit ein, spricht sich aber auch deutlich für die Anwendung nicht-experimenteller Methoden aus, um überhaupt Evaluationen zu ermöglichen.[326] Und auch WARR/BIRD/RACKHAM betonen den Vorrang der Nützlichkeit von Informationen vor deren Reliabilität.[327]

Die vorangestellten Aussagen der Autoren lassen die Zweifel an der Umsetzbarkeit und Gewährleistung beurteilungsbezogener Gütekriterien deutlich werden. Dennoch gibt es weiterhin Verfechter einer entsprechenden Gestaltung von Evaluationsdesigns.[328] Der Diskurs spiegelt die Paradigmendiskussion zwischen rationalistischem und naturalistischem Paradigma wider. Während die Verfechter des Rationalismus an der Überprüfung von Kausalzusammenhängen und Eliminierung von Störeffekten festhalten, nutzen die Naturalisten gerade die Interaktion zwischen den Beteiligten, um neue Erkenntnisse zu gewinnen, die in einem streng vorgegebenen Forschungsdesign nicht entdeckt werden können.[329] Da in dieser Arbeit von einer pragmatisch-naturalistischen Evaluationsorientierung ausgegangen wird,[330] kann der Forderung nach intra- und interindividueller Urteilskonkordanz, Validität und Relevanz nicht gefolgt werden. Der zeitliche Umfang sowie die damit einhergehende Kompetenz in Bezug auf quantitative Erhebungs- und Auswertungsmethoden lassen ein solches Vorgehen zu kostenintensiv und praktisch nicht umsetzbar erscheinen. Deshalb stellt sich die Frage nach qualitativen Gütekriterien, die den Einsatz qualitativer Forschungsmethoden evtl. auch in Kombination mit quantitativen Methoden zulassen, ohne die Evaluation willkürlich und zufällig erscheinen zu lassen. VAN BUER stellt in dem Zusammenhang die Frage „...wie die Geschlossenheit der Erhebungsinstrumente aufgehoben werden kann, ohne einerseits die Theorieorientierung aufzugeben und andererseits die Kontrollierbarkeit der Datenerhebung zu vernachlässigen.“[331]

[325] Brinkerhoff, R. O. (1987), S. 91 f.

[326] Vgl. Schindler, K. (1979), S. 18 ff.

[327] Vgl. Warr, P./Bird, M./Rackham, N. (1971), S. 83.

[328] Vgl. dazu genauer Kapitel 4, speziell die Ausführungen zu analytischen Evaluationsansätzen.

[329] Vgl. Beywl, W. (2000), S. 92 ff.

[330] Vgl. Kapitel 2.2.3.

[331] Vgl. van Buer, J. (1984), S. 259.

Im selben Zusammenhang wird mitunter auf die „Methodologie der objektiven Hermeneutik verwiesen, welche eine detaillierte und umfassende Dokumentation der Daten mit kommunikativer Validierung vorsieht.[332] BEYWL (2000) kritisiert hier jedoch: „Dieser Versuch, dem „Bandbreiten-Fidelitäts-Dilemma"(...) zu entkommen, indem man eine möglichst breite und erschöpfende Datengrundlage durch ausführlichste Darstellung und Sicherung vertrauenswürdig macht, stößt unter den zeitlichen und finanziellen Zwängen sowie dem gleichzeitigen Bemühen um möglichst unmittelbare Nützlichkeit der Evaluation bald auf Grenzen."[333] Der Einhaltung von Gütekriterien sind demnach in der Praxis deutliche Grenzen hinsichtlich der Durchführbarkeit gesetzt. Dennoch sollte die Evaluation sich auf nachvollziehbare, zuverlässige und glaubwürdige Daten stützen.[334]

3.4 Anforderungen

3.4.1 Übersicht über die Anforderungen aus der Theorie und Empirie

Einigkeit besteht in der Literatur darüber, dass Evaluationen bestimmten Anforderungen genügen müssen, um aussagekräftige Ergebnisse vorweisen zu können. RIEDEL erklärt in dem Zusammenhang: „Vor allem aber kann man eine Maßnahme nicht evaluieren, ohne sich ihrer Ziele bewusst zu sein und damit Evaluationskriterien an der Hand zu haben."[335] Die Auffassungen einzelner Autoren bezüglich dieser Anforderungen sind indes sehr heterogen. Die Art der gestellten Bedingungen differiert je nach wissenschaftlicher Verankerung der Ansätze oder auch je nachdem, ob die Ansätze qualitativ oder eher quantitativ ausgerichtet sind. Es sind dabei allgemeine wie auch konkrete Anforderungen zu finden, manche Anforderungen orientieren sich eher an dem Evaluationsvorgehen, andere eher am Evaluationsgegenstand. Somit sind die genannten Anforderungen nicht immer präzise von dem vorgestellten Evaluationsansatz abzugrenzen.

Im Folgenden werden zunächst unterschiedliche Autorenmeinungen zu Anforderungen an Evaluationen[336] dargelegt, um anschließend zu erläutern, welche Anforderungen in Bezug auf die hier diskutierte Evaluation des Training off-the-job von Bedeutung sind.

---

[332] Beywl, W. (2000), S. 192.

[333] Beywl, W. (2000), S. 192. Ähnlich verweist auch FLICK (2006) darauf, dass die interne Validität in qualitativen Untersuchungsdesigns über eine sogenannte kommunikative Validierung sichergestellt werden kann, d. h. indem die Zustimmung der Untersuchungsteilnehmer in Bezug auf die Evaluationsergebnisse als Kriterium der Gültigkeit angesehen wird. Reliabilität wird diesbezüglich an der Genauigkeit von Protokollen und Transskripten gemessen. Vgl. Flick, U. (2006), S. 430.

[334] Von der Bezeichnung als wahre Daten wird hier abgesehen, da laut des naturalistischen Verständnisses Wahrheit nur eine Konstruktion der Realität darstellt, welche durch intersubjektiv unterschiedliche Wahrnehmungen geprägt ist. Damit wird von der Koexistenz multipler Realitäten ausgegangen. Beywl, W. (2000), S. 94.

[335] Riedel, M. (1992), S. 17.

[336] Wie bereits in Kapitel 2 erläutert, ist das Bildungscontrolling als ein Bestandteil der Evaluation zu sehen.

- Sehr allgemein schildert WEIS in ihrer Monographie zur Evaluationsforschung, dass eine Evaluation dem „Prinzip der Nützlichkeit" verpflichtet ist, womit gemeint ist, dass von ihr eine Wirkung auf Entscheidungen ausgeht.[337]

- GERLICH betont, dass die Anforderungen an ein Bildungscontrolling im Wesentlichen in vier Bereichen zu sehen sind, welche sie mit „Denkhaltung", „Einführung", „Vorgehen" und „Instrumente" tituliert. So formuliert sie bezüglich der *Denkhaltung*, dass eine Weiterbildung grundsätzlich als Investition und nicht als Kostenfaktor zu sehen ist und im Dialog mit allen Beteiligten durchgeführt werden sollte. Darüber hinaus muss bei der *Einführung* auf eine breite Akzeptanz des Vorgehens geachtet werden. Das *Vorgehen* selbst sollte so ausgerichtet sein, dass der Nutzen des Bildungscontrollings deutlich wird, wobei sowohl ökonomische wie auch pädagogisch-psychologische Daten erfasst werden sollten. Mit Blick auf die *Instrumente* stellt GERLICH heraus, dass nicht die Einfachheit die Instrumentenwahl bestimmt, sondern sich deren Einsatz an den jeweiligen Erfordernissen orientieren sollte. Die Informationen müssen dabei auf den Evaluationszweck ausgerichtet sein,[338] der Entscheidung dienen und zeitnah erhoben werden. Sie betont gleichzeitig, dass im Hinblick auf die Praktikabilität der Evaluation nicht zu viele Instrumente Verwendung finden sollten. Eher sollten im Sinne einer De-Instrumentalisierung nur wenige, aber dafür kontinuierliche verwendete Instrumente eingesetzt werden.[339]

- HÖFER stellt in ihrer Arbeit ebenso vier Anforderungen heraus: Die Unternehmensziel- und Humanzielorientierung, die Beteiligungsorientierung, die Berücksichtigung von Verbundeffekten sowie die Eignung des Bewertungsverfahrens. Dabei ist die *Unternehmensziel- und Humanzielorientierung*[340] nicht nur monetär zu verstehen, ebenso müssen individuelle Ziele der Teilnehmer Berücksichtigung finden. Wie GERLICH verweist auch HÖFER unter dem Namen der *Beteiligungsorientierung* auf die Notwendigkeit, eine breite Akzeptanz für das Evaluationsvorgehen zu schaffen. Darüber hinaus hat die Beteiligung durch die unterschiedlichen Kompetenzen und Erfahrungen der einzelnen Beteiligten auch Auswirkungen auf die Art des Evaluationsverfahrens, die Ziele und deren Gewichtung, die Maßgrößen und die Erwartung bezüglich der zuzurechnenden externen Effekte. Für ebenso bedeutsam hält HÖFER die *Berücksichtigung von Verbundeffekten*, worunter sie die Tatsache versteht, dass Trainingsmaß-

Deshalb werden unter dem Namen der Anforderungen an Evaluationen ebenso Anforderungen an ein Bildungscontrolling diskutiert.

337 Vgl. Weiss, C. H. (1974), S. 31.

338 Vgl. auch Kapitel 3.1.

339 Vgl. Gerlich, P. (1999), S. 78.

340 Vgl. auch Kapitel 2.1.

nahmen nicht nur Auswirkungen auf den Trainee haben, sondern auch auf die Arbeitsgruppe oder die Gesamtunternehmung. Die Erfassung von Wirkungen auf verschiedenen Ebenen[341] kann demnach nur erfolgen, wenn die einzelnen Effekte erfasst werden. Letztlich stellt HÖFER heraus, dass die gewählten *Bewertungsverfahren* den Beteiligten und deren Wissen über die Maßnahme angepasst werden müssen.[342]

- HÄRING kommt auf Basis ihrer Studie zur Evaluation der Weiterbildung von Führungskräften zu dem Schluss, dass aussagekräftige Evaluationen *ganzheitlich* und *prozessbegleitend* durchgeführt werden müssen, um die Wirksamkeit einer Maßnahme analysieren zu können. Sie betont als wesentliche Voraussetzung das Vorhandensein einer Bedarfsanalyse für die Trainingsmaßnahme und die konkrete Zieldefinition. Dafür sind Kriterien der Zielerreichung zu bestimmen, die überprüfbar sind. Zudem fordert sie den frühzeitigen Einbezug der Beteiligten (Vorgesetzte, Trainer, Teilnehmer) einer Maßnahme in den Weiterbildungsprozess, so dass bereits zu Beginn eines Trainings Evaluations- und Transfermaßnahmen bestimmt werden können[343].

- FEHLAU nennt vier wesentliche Kriterien, die für eine seriöse Evaluation von Bedeutung sind. Seines Erachtens müssen Evaluationen *sachlich* (d. h. nach wissenschaftlichen Standards), *systematisch, kontinuierlich* und *umfassend* sein. Zudem trifft er Aussagen darüber, warum Evaluationen häufig nicht durchgeführt werden. So betont er, dass Evaluationsvorhaben häufig nicht spezifisch auf das Unternehmen zugeschnitten sind, realistische und umsetzbare Ziele fehlen und erwartete Effekte häufig nicht benannt werden.[344] Eine genaue Benennung des Zwecks der Evaluation und der genauen Ziele ist demnach auch für ihn unabdingbar. Dem stimmt auch RIEDEL zu. Für ihn stellt die Formulierung von Lernzielen ein entscheidendes Kriterium für die Ermittlung von Lern- und Anwendungserfolgen dar.[345]

- Eher quantitativ orientierte Autoren nennen vor allem die Beachtung der Gütekriterien als eine der wichtigsten Anforderungen von Evaluationen. So betont MANSTETTEN : „Lernerfolgskontrolle soll dem Ziel dienen, bestimmte Merkmale, Eigenschaften u. ä. einer Person bzw. einer Personengruppe möglichst präzise zu erfassen, d. h. zu messen. Dieser Messvorgang, der auch als «Test» bezeichnet wird, genügt erst dann sys-

[341] Vgl. dazu auch Kapitel 4.

[342] Vgl. Höfer, C. E. (1997), S. 105 ff.

[343] Vgl. Häring, K. (2003), S. 272 ff.

[344] Vgl. Fehlau, E. G. (1998), S. 78 ff.

[345] Vgl. Riedel, M. (1992), S. 17.

tematischen Ansprüchen, wenn er folgenden drei Kriterien (auch «Gütekriterien» genannt) gerecht wird: *Objektivität, Reliabilität* und *Validität.*"[346]

- MEYER nennt als Anforderungen in Bezug auf die Ermittlung des Ausbildungserfolgs *Validität, Reliabilität, Objektivität, Standardisierung, Praktikabilität* und *Akzeptabilität.*[347]
- BERTHEL/BECKER, F. G. betonen, dass allgemeine sowie spezielle Voraussetzungen für eine Evaluation gegeben sein müssen. Zu den allgemeinen Voraussetzungen gehören die *Formulierung von Zielen, die Bestimmung des Zielerreichungsgrades* und die *Wahl der geeigneten Messverfahren*. Im Speziellen müssen die *Randbedingungen* wie die *Kontrollkompetenzen* oder der *Zugang zu Evaluationsergebnissen*, die *Beteiligung der Betroffenen* sowie die *Transparenz des Evaluationsvorgehens* festgelegt, die *Konsequenzen für die Beteiligten* abgeschätzt sowie die *Wirtschaftlichkeit* der Evaluation berücksichtigt werden.[348]

Neben diesen geäußerten Anforderungen findet sich ein äußerst umfassender Anforderungskatalog, welcher jedoch in der Literatur zur Evaluation wenig Beachtung erfährt. Der Anforderungskatalog, der so genannte Standards der Evaluation aufzeigt, wurde von der deutschen Gesellschaft für Evaluation (DeGEval) herausgegeben.[349] Die Standards sind abgeleitet von dem umfassenden Grundlagenwerk des Joint Committee on Standards for Educational Evaluation. Auch wenn sie ursprünglich für einen Einsatz im Bereich der Bildung und Erziehung entwickelt wurde, so lassen sich laut dem Herausgeber SANDERS die vier grundsätzlichen Eigenschaften auch auf andere Arten der Evaluation übertragen und dort anwenden.[350] Nach Ansicht der DeGEval müssen Evaluationen, wie Tabelle 2 detailliert aufzeigt, vor allem nützlich, durchführbar, fair und genau sein. Im Rahmen der Nützlichkeit soll sich die Evaluation vor allem an den Bedürfnissen und Informationsinteressen der Nutzer orientieren. Unter Durchführbarkeit wird die Anforderung gestellt, dass Evaluationen im Wesentlichen realistisch und wirtschaftlich sind. Ein respektvoller Umgang mit den beteiligten Personen(gruppen) wird unter dem Aspekt der Fairness gefordert. Letztlich sollen im Rahmen einer Evaluation nur gültige Daten, die die entsprechenden Informationen zum Evaluationszweck aufdecken, erhoben werden. Jede dieser Kategorien wird dabei weiter aufgeschlüsselt und erläutert. [351]

---

[346] Manstetten, R. (1995), S. 286.

[347] Vgl. Meyer, P. (1974), S. 103 ff.

[348] Vgl. Berthel, J./Becker, F. G. (2010), S. 498 f.

[349] Vgl. Deutsche Gesellschaft für Evaluation (2002), S. 9 ff.

[350] Vgl. Sanders, J. R. (2006), S. 241.

[351] Vgl. Deutsche Gesellschaft für Evaluation (2002), S. 9 ff.

Die DeGEval betont, dass in Bezug auf die jeweilige Evaluationssituation und den Evaluationsgegenstand innerhalb der Standards spezifische Anpassungen vorgenommen werden müssen.[352] Auch wenn WIDMER/BEYWL im Rahmen ihrer Analysen zu dem Schluss kommen, dass die Standards durchaus auch auf die Weiterbildung übertragbar sind, [353] finden diese in der deutschen Literatur zu Evaluationen wenig bis keine Beachtung.[354] Warum dies so ist, wird nicht begründet und ist nur zum Teil nachvollziehbar. Einerseits bieten die Standards der Evaluation einen guten Orientierungsrahmen bei der Gestaltung von Evaluationen, andererseits ist anzunehmen, dass die Kennzeichnung als Standard als Verpflichtung angesehen werden kann, die je nach Evaluationsgegenstand als zu umfangreich angesehen werden kann. Auch kann bei der Festsetzung allgemeiner Standards die Gefahr bestehen, Evaluation aus der Perspektive der einzusetzenden Methoden, die diese Standards erfüllen, zu betrachten und aufzubauen.[355] Dies könnte negative Auswirkungen auf die Validität der Evaluation haben.

Tabelle 2: Standards der Evaluation.

Quelle: Deutsche Gesellschaft für Evaluation (2002), S. 9 ff.

Anforderungs-kategorie	Merkmale	Beschreibung
Nützlichkeit	N 1: Identifizierung der Beteiligten und Betroffenen	Die an der Evaluation beteiligten oder von ihr betroffenen Personen bzw. Personengruppen sollen identifiziert werden, damit deren Interessen geklärt und so weit wie möglich bei der Anlage der Evaluation berücksichtigt werden können.
	N 2: Klärung der Evaluationszwecke	Es soll deutlich bestimmt sein, welche Zwecke mit der Evaluation verfolgt werden, so dass die Beteiligten und Betroffenen Position dazu beziehen können und das Evaluationsteam einen klaren Arbeitsauftrag verfolgen kann.
	N 3: Glaubwürdigkeit und Kompetenz des Evaluators der Evaluatorin	Wer Evaluationen durchführt soll persönlich glaubwürdig sowie methodisch und fachlich kompetent sein, damit bei den Evaluationsergebnissen ein Höchstmaß an Glaubwürdigkeit und Akzeptanz erreicht wird.
	N 4: Auswahl und Umfang der Informationen	Auswahl und Umfang der erfassten Informationen sollen die Behandlung der zu untersuchenden Fragestellungen zum Evaluationsgegenstand ermöglichen und gleichzeitig den Informationsbedarf des Auftraggebers und anderer Adressaten und Adressatinnen berücksichtigen.
	N 5: Transparenz von Werten	Die Perspektiven und Annahmen der Beteiligten und Betroffenen, auf denen die Evaluation und die Interpretation der Ergebnisse beruhen, sollen so beschrieben werden, dass die Grundlagen der Bewertungen klar ersichtlich sind.

[352] Vgl. Beywl, W./Widmer, T. (2006), S. 250.

[353] Vgl. Beywl, W./Widmer, T. (2006), S. 255 ff.

[354] Vgl. Bortz, J./Döring, N./Bortz-Döring (2009), vgl. Wottawa, H./Thierau, H. (1990).

[355] Vgl. Flick, U. (2006), S. 19.

Anforderungs-kategorie	Merkmale	Beschreibung
Nützlichkeit	N 6: Vollständigkeit und Klarheit der Berichterstattung	Evaluationsberichte sollen alle wesentlichen Informationen zur Verfügung stellen, leicht zu verstehen und nachvollziehbar sein.
	N 7: Rechtzeitigkeit der Evaluation	Evaluationsvorhaben sollen so rechtzeitig begonnen und abgeschlossen werden, dass ihre Ergebnisse in anstehende Entscheidungsprozesse bzw. Verbesserungsprozesse einfließen können.
	N 8: Nutzung und Nutzen der Evaluation	Planung, Durchführung und Berichterstattung einer Evaluation sollen die Beteiligten und Betroffenen dazu ermuntern, die Evaluation aufmerksam zur Kenntnis zu nehmen und ihre Ergebnisse zu nutzen.
Durchführbarkeit	D 1: Angemessene Verfahren	Evaluationsverfahren, einschließlich der Verfahren zur Beschaffung notwendiger Informationen sollen so gewählt werden, dass Belastungen des Evaluationsgegenstandes bzw. der Beteiligten und Betroffenen in einem angemessenen Verhältnis zum erwarteten Nutzen der Evaluation stehen.
	D 2: Diplomatisches Vorgehen	Evaluationen sollen so geplant und durchgeführt werden, dass eine möglichst hohe Akzeptanz der verschiedenen Beteiligten und Betroffenen in Bezug auf Vorgehen und Ergebnisse der Evaluation erreicht werden kann.
	D 3: Effizienz von Evaluation	Der Aufwand für Evaluation soll in einem angemessenen Verhältnis zum Nutzen der Evaluation stehen.
Fairness	F 1: Formale Vereinbarungen	Die Pflichten der Vertragsparteien einer Evaluation (was, wie, von wem, wann getan werden soll) sollen schriftlich festgehalten werden, damit die Parteien verpflichtet sind, alle Bedingungen dieser Vereinbarung zu erfüllen oder aber diese neu auszuhandeln.
	F 2: Schutz individueller Rechte	Evaluationen sollen so geplant und durchgeführt werden, dass Sicherheit, Würde und Rechte der in eine Evaluation einbezogenen Personen geschützt werden.
	F 3: Vollständige und faire Überprüfung	Evaluationen sollen die Stärken und die Schwächen des Evaluationsgegenstandes möglichst vollständig und fair überprüfen und darstellen, so dass die Stärken weiter ausgebaut und die Schwachpunkte behandelt werden können.
Fairness	F 4: Unparteiische Durchführung und Berichterstattung	Die Evaluation soll unterschiedliche Sichtweisen von Beteiligten und Betroffenen auf Gegenstand und Ergebnisse der Evaluation in Rechnung stellen. Berichte sollen ebenso wie der gesamte Evaluationsprozess die unparteiische Position des Evaluationsteams erkennen lassen. Bewertungen sollen fair und möglichst frei von persönlichen Gefühlen getroffen werden.
	F 5: Offenlegung der Ergebnisse	Die Evaluationsergebnisse sollen allen Beteiligten und Betroffenen soweit wie möglich zugänglich gemacht werden.

Anforderungs-kategorie	Merkmale	Beschreibung
Genauigkeit	G 1: Beschreibung des Evaluationsgegenstandes	Der Evaluationsgegenstand soll klar und genau beschrieben und dokumentiert werden, so dass er eindeutig identifiziert werden kann.
	G 2: Kontextanalyse	Der Kontext des Evaluationsgegenstandes soll ausreichend detailliert untersucht und analysiert werden.
	G 3: Beschreibung von Zwecken und Vorgehen	Gegenstand, Zwecke, Fragestellungen und Vorgehen der Evaluation, einschließlich der angewandten Methoden, sollen genau dokumentiert und beschrieben werden, so dass sie identifiziert und eingeschätzt werden können.
	G 4: Angabe von Informationsquellen	Die im Rahmen einer Evaluation genutzten Informationsquellen sollen hinreichend genau dokumentiert werden, damit die Verlässlichkeit und Angemessenheit der Informationen eingeschätzt werden kann.

3.4.2 Anforderungen an die Evaluation des Training off-the-job

Die Herausstellung der einzelnen Funktionen von Evaluationen, die verschiedenen Restriktionsebenen einer Evaluation sowie unterschiedlichen Vorstellungen von Evaluationen und den damit verbunden Anforderungen zeigen die Schwierigkeit, einen allgemeingültigen umfassenden Anforderungskatalog aufzustellen. Aufgrund der unterschiedlichen Funktionen, die Evaluationen zugeschrieben werden können und aufgrund der unterschiedlichen Maßnahmen, auf die sie sich beziehen, sollten Evaluationen maßgeschneidert auf das jeweilige Training off-the-job zugeschnitten sein. Evaluationsmethoden sollten dabei lediglich dem Postulat der Gegenstandsangemessenheit folgen. Dies stützt auch BEYWL, indem er kontextunabhängige Anforderungen an Evaluationen benennt. Demnach müssen bei jeglicher Art von Evaluation der Entstehungszusammenhang, der Verwendungszusammenhang sowie der Begründungszusammenhang berücksichtigt werden. Konkretisiert bedeutet dies, dass vor einer Evaluation das Problemverständnis unter Einbezug aller Beteiligten geklärt werden muss. Dies wird als Voraussetzung gesehen, um über eine Maßnahme praxisrelevante Kompetenzen vermitteln zu können. Ferner sollte bereits vorab die möglichen Verwendungen des Wissens antizipiert werden, d. h. der Verwendungszusammenhang bestimmt werden. Dies gelingt über Klärung der Informationsbedarfe und die Bestimmung möglicher Konflikte innerhalb des Programms und vor allem in Bezug auf die Anwendung im organisationalen Kontext. Erst daraus kann der Begründungszusammenhang entwickelt werden, d. h. die der Evaluation zugrunde liegende Fragestellung ermittelt und die passenden Methoden und Auswertungsverfahren bestimmt werden.[356]

[356] Vgl. Beywl (2000), S. 131 f.; vgl. auch Günther, S. (2001), S. 47 ff.

In Anlehnung an die kontextunabhängigen Anforderungen der Evaluation die sowohl inhaltliche, als auch methodische und formale Mindestanforderungen ansprechen sowie die in der Literatur konkretisierten Anforderungen können in Bezug auf die Evaluation des Training off-the-job drei Anforderungskategorien identifiziert werden, die einen Orientierungsrahmen bieten. Dieses sind *methodische Anforderungen*, *inhaltliche Anforderungen* und *formale Anforderungen*. Wie die Kontextunabhängigkeit impliziert, kann es darüber hinaus situationsspezifisch weitere Anforderungen geben, die den nachfolgend beschriebenen Kanon erweitern und welche im Einzelfall von den beteiligten Personen einer Evaluation festgelegt werden können.

a) *Methodische Anforderungen*: Methodische Anforderungen richten ihr Augenmerk auf die Güte einer Evaluation aus qualitativer Perspektive. Sie sind bereits bei der Konzeption einer Evaluation zu beachten, da sie den Verfahrenseinsatz und das Vorgehen einer Evaluation beeinflussen.

b) *Inhaltliche Anforderungen*: Inhaltliche Anforderungen thematisieren die konzeptionelle wie inhaltliche Gestaltung einer Evaluation.

c) *Formale Anforderungen*: Unter formalen Anforderungen wird die grundsätzliche Forderung verstanden, dass Evaluationen von den jeweiligen Beteiligten akzeptiert werden, als umsetzbar angesehen werden und zugleich der Unternehmung nutzen. Sie beziehen sich auf methodische und inhaltliche Überlegungen und werden somit erst in einer nachgelagerten Stufe relevant.

Ad a) Methodische Anforderungen

Im ersten Abschnitt dieses Kapitels wurde bereits die Anwendbarkeit testtheoretischer Gütekriterien auf eine pragmatisch ausgerichtete Evaluation, wie sie in dieser Arbeit betrachtet wird, diskutiert. Eine Anwendung dieser Kriterien erscheint aus praktischer Sicht nicht umsetzbar. Einen Ausweg bietet BEYWL, indem er qualitative Gütekriterien benennt. Als solche können die Glaubwürdigkeit, die Übertragbarkeit, die Nachvollziehbarkeit und die Konfirmierbarkeit herangezogen werden.[357]

- *Glaubwürdigkeit:* Die Forderung nach Glaubwürdigkeit korrespondiert der Forderung nach dem quantitativen Gütekriterium der internen Validität. Das Ideal der internen Validität kann jedoch nur über eine Laborumgebung erreicht werden, in der kontrollierbare Bedingungen vorliegen. Dies ist in der praktischen Realität von Evaluationen nicht umsetzbar. Deshalb wird in der qualitativen Evaluationsforschung von ökologi-

[357] Vgl. Beywl, W. (2000), S. 197 ff. Die von Beywl gewählten Bezeichnungen lauten im Original Glaubwürdigkeit/ökologische Validität (credibility); Kontext-Passung (transferability), Nachvollziehbarkeit (dependability) und Bestätigungskraft der Daten (corfirmability). Zum besseren Verständnis wurden teilweise die englischen Bezeichnungen ins Deutsche übertragen.

scher Validität gesprochen, d. h. es muss eine Interpretationskongruenz zwischen dem Evaluator und den Beteiligten einer Evaluation vorliegen. BRONFENBRENNER definiert „ökologische Validität“ wie folgt: „Ökologische Validität bezieht sich auf das Ausmaß, in welcher die von Subjekten in einer wissenschaftlichen Untersuchung erfahrene Umwelt die Merkmale aufweist, die sie nach den Vermutungen oder Annahmen der Forscher besitzt.“[358] Die ökologische Validität kann durch die so genannte kommunikative Validierung überprüft werden.[359] Die Glaubwürdigkeit der Evaluationsergebnisse kann demnach dadurch sichergestellt werden, dass die Daten, Ergebnisse und Interpretationen mit den Sichtweisen der unterschiedlichen Beteiligten einer Evaluation übereinstimmen.

- *Übertragbarkeit:* Die von SCHULER als Anforderung benannte Prognosevalidität, welche mit dem klassischen Gütekriterium der Repräsentativität korrespondiert, ist in Bezug auf die Evaluation von Personalentwicklungsmaßnahmen nur bedingt von Bedeutung. Sie ist nur dann sinnvoll, wenn z. B. eine Maßnahme häufiger mit unterschiedlichen Teilnehmern durchgeführt werden soll und somit die Ergebnisse einer Gruppe repräsentativ für die Ergebnisse nachfolgender Gruppen sein sollen. Eine Prüfung der Übertragbarkeit kann nur durch Analyse von Berichten und daraus resultierender Einschätzung der an einer Evaluation beteiligten Personen erfolgen. Dies setzt u. a. eine ausführliche Beschreibung der Merkmale eines Untersuchungsobjektes voraus. Subjektivität soll hier durch den Einbezug verschiedener Interessensgruppen bei der Einschätzung vermieden werden.[360] Inwieweit das qualitative Gütekriterium der Übertragbarkeit als generelle Anforderung verstanden werden kann, ist damit fraglich. Vielmehr bezieht sich diese nur auf häufiger oder in einem anderen Kontext durchgeführte Trainings. Somit soll das Kriterium hier nur begrenzt, bei der Entwicklung des Bezugsrahmens in Kapitel 5 Beachtung finden. Bei der kritischen Analyse der nachfolgend vorgestellten in der Literatur existierenden Evaluationsansätze[361] findet das Kriterium keine Berücksichtigung.

- *Nachvollziehbarkeit:* Als weitere Anforderung an Beurteilungsprozesse wird von Schuler die intraindividuelle Urteilskonkordanz genannt, d. h. die Zuverlässigkeit oder Reliabilität der Ergebnisse. Informationen gelten als reliabel, wenn bei wiederholten Messungen annähernd gleiche Ergebnisse erreicht werden.[362] In Bezug auf die Evaluation von Personalentwicklungsmaßnahmen sind Wiederholungen jedoch unrealistisch,

---

[358] Bronfenbrenner, U. (1978), S. 38.

[359] Vgl. Beywl, W. (2000), S. 196.

[360] Vgl. Beywl, W. (2000), S. 198 f.

[361] Vgl. Kapitel 4.

[362] Vgl. Wöhe, G./Döring, U. (2000), S. 493.

da Veränderungen z. T. sogar erwünscht sind.[363] Die Nachvollziehbarkeit kann allerdings darüber sichergestellt werden, dass die Datenerhebung und Auswertung so dokumentiert werden, dass ein zweiter, außenstehender Gutachter den Vorgang rekonstruieren kann.[364] Zudem bietet sich an unterschiedliche Perspektiven verschiedener Beteiligter einzuholen.[365]

- *Konfirmierbarkeit:* Die Konfirmierbarkeit ist als Pendant zum Kriterium der interindividuellen Urteilskonkordanz zu sehen. Durch die Sicherung der Objektivität sollen Verzerrungen, die vom Untersuchungssubjekt ausgehen können, vermieden werden. Dies ist jedoch bei Anwendung qualitativer Evaluationsmethoden nicht möglich. Ein Einfluss des Untersuchers auf die Ergebnisse wird deshalb über die Konfirmierung derselben durch andere Quellen neutralisiert. Das setzt voraus, dass die Daten so aufbereitet und kommuniziert werden, dass andere beteiligte Personen diese bestätigen können.[366]

Diese an die praktische Umsetzbarkeit angelehnte Überprüfung qualitativer Gütekriterien erscheint in Bezug auf die Evaluation des Training off-the-job als pragmatischer und zugleich sinnvoller Ausweg aus der Diskussion um die Güterkriterien. Sie sichert, dass Evaluationen kein willkürliches und zufälliges Ergebnis sind, ohne dass der Aufwand für die Einhaltung dieser Kriterien dem wirtschaftlichen Nutzen und der Praktikabilität entgegenstehen würde. Dennoch scheint ein starres Insistieren auf die Einhaltung der qualitativen Gütekriterien nicht sinnvoll. Vielmehr sollten sie als Leitfaden betrachtet werden und sind insbesondere dann als gewinnbringend zu sehen, wenn hinsichtlich der Datenerhebung und -interpretation Konflikte vermutet werden.[367]

Ad b) Inhaltliche Anforderungen

Die Beteiligung der unterschiedlichen Interessensgruppen, die klare Orientierung an der spezifischen Evaluationsfunktion, die Ausrichtung auf die zu evaluierende Maßnahme selbst sowie der besondere Fokus auf den Transfer des Gelernten sind die Aspekte, die inhaltlich bei der Evaluation Berücksichtigung finden sollten. Die hier aufgeführten Anforderungen beinhalten die Einhaltung der oben genannten kontextunabhängigen Anforderungen, gemäß derer grundsätzlich bei Evaluationen der Enstehungs-, Verwendungs- und Begründungszusammenhang betrachtet werden muss. Eine entscheidende Ableitung hieraus ist damit, dass Evaluati-

[363] Vgl. die Ausführungen zur formativen Evaluation in Kapitel 2.2.3.

[364] Vgl. Beywl, W. (2000), S. 199 f.

[365] Vgl. Barnard, Y. F./Veldhuis, G. J./van Rooij, J. C. G. M. (2001), S. 287; vgl. dazu auch Kapitel 5.3.1.1.

[366] Vgl. Beywl, W. (2000), S. 201.

[367] Vgl. dazu auch Beywl, W. (2000), S. 201 f.

onen *ganzheitlich* gestaltet werden sollten, um aussagekräftig zu sein. Ist bspw. der Entstehungs- und Verwendungszusammenhang nicht bekannt, so können die Verfahren nicht entsprechend gewählt werden, was sich infolgedessen negativ auf die Urteilsqualität auswirkt.[368] Auch NEUBERGER betont deutlich, dass im Rahmen der Evaluation *„alle Teilschritte oder Phasen ... erfasst werden [müssen]"*[369]. Neben der Ganzheitlichkeit von Evaluationen sollte Evaluation von off-the-job-Trainings folgenden Ansprüchen genügen, um aussagekräftig zu sein: Partizipationsbezogenheit, Funktionsbezogenheit, Kompetenzbezogenheit und Transferbezogenheit. Die einzelnen Anforderungen werden im Folgenden näher erläutert.

- *Partizipationsbezogenheit:* Die Beteiligung der Betroffenen an der Evaluation stellt einen entscheidenden Aspekt da. Zum einen dient sie bereits im Vorfeld der Evaluation dazu, Widerstände gegen diese abzubauen. Die Akzeptanz der Evaluation spielt dabei eine entscheidende Rolle bei der Umsetzbarkeit. [370] Zum anderen ist sie in jeder Phase der Evaluation wegweisend für deren Gestaltung oder Umsetzung. So können bspw. Teilnehmer oder Vorgesetzte bereits im Vorfeld für die Ermittlung des Weiterbildungsbedarfs mit einbezogen werden, das Management wiederum sollte auch in die Bestimmung des Evaluationszweckes involviert werden, um bereits im Vorfeld Klarheit über die Richtung der Evaluationsergebnisse zu schaffen. (Es macht keinen Sinn, wenn die Personalentwicklung die Evaluation auf die Optimierung einer Maßnahme hin abstimmt, das Management aber eine Legitimation erwartet.) Auch bei der späteren Datensammlung sind Teilnehmer, Vorgesetzte, die Unternehmungsführung wie auch externe Gruppen wie z. B. Kunden einzubeziehen. FLICK schreibt hierzu treffend: „Evaluation wird jedoch vor allem dann aufschlussreich sein, wenn es ihr gelingt, die unterschiedlichen – subjektiven – Bewertungen verschiedener Beteiligter zu erfassen und über deren Vergleich und Kontrastierung zu einer Bewertung zu gelangen."[371] Auch sollten die Beteiligten in regelmäßigen Abschnitten über die Ergebnisse der Evaluation und das weitere Vorgehen informiert werden, um die Prozesse transparent zu gestalten, was wiederum förderlich für eine höhere Akzeptanz der Evaluation ist. Evaluationsansätze sollten demnach darauf ausgerichtet sein, die einzelnen Interessensgruppen in den Evaluationsprozess zu integrieren. Dieser Punkt wird insbesondere bei den handlungsorientierten Evaluationsansätzen hervorgehoben. GERLICH bemerkt pointiert an dieser Stelle: „Im Rahmen einer Partizipation in allen Phasen der Bildungs- bzw. PE-Maßnahme (...) muss das Paradoxon umgangen werden, dass einem Mitarbeiter zwar, Verantwortung für Millionenwerte von Maschinen' übertragen, aber

[368] Vgl. Günther, S. (2001) S. 49.

[369] Neuberger, O. (1994), S. 277.

[370] Vgl. dazu auch den Abschnitt *„Akzeptanz"*.

[371] Flick, U. (2006), S. 19.

die Verantwortung für die Beurteilung ‚welchen Nutzen welche Lernprozesse für die Bewältigung seiner Arbeit haben' entzogen werden."[372]

- *Funktionsbezogenheit:* Die Konzeption einer Evaluation setzt voraus, dass eine klare Entscheidung bezüglich der Evaluationsfunktion getroffen wird. Wie bereits in Abschnitt 3.1.2 diskutiert wurde, kann im Rahmen einer Evaluation immer nur eine Funktion vorrangig berücksichtigt werden. Entscheidungen sind dahingegen zu treffen, ob eine Evaluation zum Zweck der Optimierung oder zur Legitimierung eines Trainings durchgeführt wird.[373] Die Festlegung auf eine bestimmte Evaluationsfunktion bedingt dabei auch die Form der Evaluation.[374]

- *Kompetenzbezogenheit:* Ähnlich wie die Evaluationsfunktion bedingt auch die Art der zu evaluierenden Maßnahme insbesondere den Verfahrenseinsatz. So sind insbesondere Trainings zur Sozialkompetenz wesentlich aufwändiger zu evaluieren als bspw. Fachkompetenztrainings. Dies liegt darin begründet, dass bei Fachkompetenztrainings der Wissensstand nach dem Training klar definiert und überprüft werden kann. Methoden- und Sozialkompetenztrainings haben ihre Schwierigkeit darin, dass der Kompetenzzuwachs durch ein Training nicht objektiv beobachtbar ist. Dies liegt vor allem in der Beschaffenheit der Daten begründet. Dementsprechend beeinflusst die zu evaluierende Maßnahme gleichzeitig auch den Evaluationsablauf und die einzusetzenden Instrumente bzw. Evaluationsmethoden.[375]

- *Transferbezogenheit:* Bei Betrachtung der unterschiedlichen Anforderungskataloge in der Literatur wird deutlich, dass dort nirgendwo auf die speziellen Anforderungen an eine Evaluation von arbeitsplatzunabhängigen Trainings eingegangen wird. Aufgrund der Transferproblematik, die speziell auf diese Trainingsform zutrifft,[376] erscheint es sinnvoll, diesem Punkt besonderes Augenmerk zu schenken. Bei einem Training off-the-job liegt die besondere Herausforderung im Transfer des Erlernten aus dem Lernfeld in das so genannte Funktionsfeld, sprich an den Arbeitsplatz. Evaluationen, die auf diese Trainingsform ausgerichtet sind, sollten deshalb ein besonderes Augenmerk auf diese kritische Phase legen. Anregungen, welche Aspekte hier berücksichtigt werden müssen liefert dabei die Transferforschung. Unterschiedliche Transfermodelle stellen hier die Bedeutung von Teilnehmercharakteristika, des Trainingsdesigns/-

[372] Gerlich, P. (1999), S. 78.

[373] Vgl. Abschnitt 3.2.2.

[374] Vgl. Kapitel 2.2.3.

[375] Vgl. Brinkerhoff, R. O. (1987), S. 60 ff.; vgl. ebenso Easterby-Smith, M. (1986), S. 62 ff.; Hamblin, A. C. (1974), S. 74 ff. Die Autoren zeigen verschiedene Evaluationsmethoden für verschiedene Trainingsarten auf.

[376] Vgl. dazu auch Kapitel 2.1; vgl. außerdem Hamblin, A. C. (1974), S. 21, der darauf verweist, dass das Transferproblem nur bei Trainings off-the-job auftritt.

ablaufs sowie der Arbeitsumgebung auf einen erfolgreichen Lerntransfer heraus. Entscheidend auf Teilnehmerseite sind demnach die Fähigkeiten der Teilnehmer, deren Persönlichkeit sowie die Motivation zur Teilnahme an einem Training. Im Trainingsprozess selbst werden die adäquate Methodenwahl, der Aufbau des Trainings sowie der Praxisbezug als wesentliche Einflussfaktoren auf den Lerntransfer gesehen. Schließlich ist auch die Arbeitsumgebung maßgebend für die Übertragung des Gelernten vom Funktions- ins Arbeitsfeld. Dabei spielt insbesondere das Vorgesetztenverhalten bzw. die Unterstützung durch Vorgesetzte, die organisationsinterne Bereitschaft für Veränderungen und speziell die Frage, ob Gelerntes auch angewendet werden kann/darf eine bedeutende Rolle.[377] Die Bedeutung der einzelnen Transferdeterminanten wurde empirisch belegt. Insbesondere wurde hier auch deutlich, dass der Zeitpunkt im Leben des Teilnehmers, zu dem eine Weiterbildungsmaßnahme stattfindet, eine wichtige Rolle in Bezug auf den Lerntransfer einnimmt. Neben den Fähigkeiten des Teilnehmers ist damit auch die persönliche Verfassung des Teilnehmers zum Zeitpunkt einer Maßnahme entscheidend.[378] Wie bereits eingangs geschildert, werden in dieser Arbeit nur vom Unternehmen initiierte Trainingsmaßnahmen berücksichtigt, die nicht rein als Incentive dienen, sondern auf eine Erweiterung der Kompetenzen abzielen, die im Arbeitsfeld benötigt werden. Dementsprechend ist die Übertragung des Gelernten vom Lern- ins Arbeitsfeld von grundlegender Wichtigkeit. Vor dem Hintergrund sollte auch die Evaluation von Personalentwicklungsmaßnahmen ein spezielles Augenmerk auf die Überprüfung der genannten Transferdeterminanten legen.[379]

Ad c) Formale Anforderungen

Die Machbarkeit einer Umsetzung von Evaluationen wird entscheidend von den formalen Anforderungen bestimmt. Generell berücksichtigt werden müssen hier die Akzeptanz, die Praktikabilität sowie die Wirtschaftlichkeit einer Evaluation. Die einzelnen Aspekte werden nachfolgend erläutert.

- *Akzeptanz:* Beurteilungen führen gemeinhin zu einer gewissen Skepsis bei den Betroffenen. Ist die Akzeptanz einer Evaluation nicht gegeben, kann dies zu Widerständen führen.[380] Die beurteilten Teilnehmer einer Trainingsmaßnahme können z. B. persönliche Konsequenzen durch eine Evaluation erwarten, was zu einer Verweigerungshaltung führt. Und auch auf Seiten des Initiators einer Evaluation (bspw. des Trainers

[377] Vgl. Baldwin, T. T./Ford, J. K. (1988), S. 65; vgl. Rank, B./Wakenhut, R. (1998), S. 16; vgl. Dubs, R. (1990), S. 156.

[378] Vgl. Rank, B./Thiermann, T. (1998), S. 34; vgl. van Velsor, E./Musselwhite, W. C. (1986), S. 58; vgl. Gnefkow, T. (2008) S. 243., S. 243.

[379] Vgl. Gerlich, P. (1999), S. 75.

[380] Vgl. hierzu den Abschnitt 3.3.3.

oder der Personalentwicklungs- /Bildungsabteilung) kann ein Autoritätsverlust bei Auftreten eines negativen Evaluationsergebnisses befürchtet werden.[381] Und auch beim Betriebsrat sollte eine Akzeptanz für die Evaluation erreicht werden, da dieser an vielen Entscheidungen beteiligt ist und fürchten könnte, dass negative Evaluationsergebnisse zu einem Vertrauensbruch zwischen Betriebsrat und den Beschäftigten führen könnten. Mögliche Widerstände sollten deshalb bereits bei der Planung antizipiert und Vorbeugungsmaßnahmen ergriffen werden.[382]

- *Praktikabilität:* Auf die Notwendigkeit der Praktikabilität von Evaluationen wird in den vorangestellten Aussagen der Autoren zu Anforderungen an die Evaluation hingewiesen. Auch STEINHAUS/WITT konstatieren, dass ein wesentliches Kriterium, das eine Evaluation erfüllen sollte, die Praktikabilität, d. h. die Möglichkeit, Informationen einfach und kosteneffizient zu beschaffen, ist.[383] Die Praktikabilität muss dabei insbesondere auf individueller wie auf organisationaler Ebene gesichert sein. Auf *individueller Ebene* erscheint es vor allem wichtig, dass Evaluationen auf die Kenntnisse der Evaluatoren hin abgestimmt werden. In einer Unternehmung werden Evaluationen zumeist von Personalentwicklern ausgeführt. Der Evaluationsprozess muss deshalb auch von dieser Personengruppe umgesetzt werden können. Dies ist insofern von entscheidender Bedeutung, als dass etwaige Unsicherheiten bei der Anwendung von Evaluationsmethoden, wie z. B. bei komplexen Designs, zu Widerständen bei der Durchführung von Evaluationen führen kann.[384] PHILLIPS/SCHIRMER betonen in dem Zusammenhang, dass Messungen nicht zu den ursprünglichen Aufgaben von Personalentwicklern gehören und deshalb viele versuchen, sich nur auf die Erhebung des Lernerfolgs zu beschränken. Gerade komplexe mathematische Modelle und Berechnungen werden hier oft als nicht umsetzbar betrachtet.[385] Notwendig ist deshalb ein anwendungsfreundliches Evaluationsverfahren, welches den praktischen Kenntnissen und Fähigkeiten des Evaluators entspricht. Auf *organisationaler Ebene* muss die Evaluation in den Arbeitsablauf integriert werden. Keinesfalls darf sie als störend empfunden werden.[386]

- *Wirtschaftlichkeit:* Betriebswirtschaftliche Entscheidungen gründen auf dem Kriterium der Wirtschaftlichkeit. Wirtschaftlichkeit kann dabei mit Begriffen wie „Effizienz“

[381] Vgl. Thierau, H. (1991), S. 22 f.
[382] Vgl. Zuschlag, B. (1987), S. 81.
[383] Vgl. Steinhaus, S. D./Witt, L. A. (2003), S. 59.
[384] Vgl. Zuschlag, B. (1987), S. 81.
[385] Vgl. Phillips, J. J./Schirmer, F. C. (2008), S. 18 ff.
[386] Vgl. Quellen zu Ausführungen in Kapitel 5.

und „Effektivität“ gleichgesetzt werden.[387] Die Effektivität von Evaluationen bezieht sich auf die Ermittlung des besten Evaluationsverfahrens unter Berücksichtigung der intendierten Evaluationsfunktion. Je nach angestrebter Funktion wie z. B. der Optimierung einer Maßnahme oder deren Legitimation, kann der Verfahrenseinsatz differieren. Die Effizienz einer Evaluation beschreibt hingegen das Verhältnis von Input zu Output, welches auch mit der Ermittlung einer Kosten-/Nutzen-Relation beschrieben werden kann. Eine effiziente Evaluation ist dann gegeben, wenn das Ergebnis der Relation positiv ist bzw. den betrieblichen Anforderungen entspricht.[388]

Zusammengefasst ergeben sich damit folgende Anforderungen an Evaluationen von off-the-job Trainingsmaßnahmen:

Tabelle 3: Anforderungen an die Evaluation von Trainings off-the-job.

Methodische Anforderungen	Inhaltliche Anforderungen	Formale Anforderungen
- Glaubwürdigkeit	- Ganzheitlichkeit	- Akzeptanz
- (Übertragbarkeit)	- Partizipationsbezogenheit	- Praktikabilität
- Nachvollziehbarkeit	- Funktionsbezogenheit	- Wirtschaftlichkeit
- Konfirmierbarkeit	- Kompetenzbezogenheit	
	- Transferbezogenheit	

Hinsichtlich der Anforderungen fasst BECKER, M. noch einmal treffend zusammen: „Jede .. [Evaluation] liefert nur dann zuverlässige Ergebnisse, wenn sie den gesamten Prozess der Personalentwicklungsmaßnahme erschließt, an möglichst vielen Erfolgsmaßstäben orientiert ist, im Bewusstsein einer komplexen, kausalen Kette praktiziert wird und die methodischen Grenzen der Messbarkeit nicht überschätzt.“[389]

[387] Eine gute Unterscheidung zwischen Effizienz und Effektivität bietet die englische Begriffsbeschreibung. Effizienz wird hier mit „doing things right“ und Effektivität mit „doing the right things“ beschrieben. Damit zielt die Effizienz auf den Mitteleinsatz ab und die Effektivität auf die auf die Zielerreichung. Vgl. in der deutschen Übersetzung Drucker, P. F. (1971), S. 7 ff.

[388] Die genaue Bestimmung, welches Kosten-/Nutzen-Verhältnis als effizient angesehen wird, hängt von der einzelnen Unternehmung ab.

[389] Becker, M. (2005), S. 201.

4 Darstellung und kritische Diskussion von Evaluationsansätzen

4.1 Vorbemerkungen und Systematisierung der Ansätze

In der Literatur wird eine Vielzahl von Vorschlägen zur Evaluation von Personalentwicklungsmaßnahmen dargestellt und diskutiert. Dabei fällt der hohe Allgemeinheits- und Abstraktheitsgrad auf. Da sich kaum Theorien zur Erklärung und Überprüfung einzelner Effekte von Trainingsmaßnahmen finden lassen, wird somit gemeinhin von Ansätzen oder Modellen der Evaluation gesprochen.[390]

Unterschiedliche Autoren haben die verschiedenen Ansätze versucht zu systematisieren. Wie in Kapitel 2.2.3 beschrieben, teilt EASTERBY-SMITH die einzelnen Evaluationsansätze in verschiedene Dimensionen ein. Auf einer ersten Ebene unterscheidet er in *wissenschaftliche* und *naturalistische* Verfahren.[391] Erstere greifen dabei auf quantitative Methoden zurück, deren Messwerte statistisch analysierbar sind. Letztere verwenden qualitative Methoden und gehen eher beobachtend und beschreibend vor. [392] Auf einer zweiten Ebene wird zwischen *pragmatischer* und *forschungsorientierter* Evaluation unterschieden. Pragmatische Evaluationen versuchen, den Aufwand für Datensammlung und andere zeitaufwändige Aspekte so gering wie möglich zu halten und sind geleitet von praktischen Interessen, welche die Konzeption und Durchführung der Evaluation beeinflussen. Angestrebt werden operationale Entscheidungen. Forschungsorientierte Evaluationen hingegen orientieren sich streng am festgelegten Forschungsdesign, sind theoriegeleitet und unabhängig. Hier werden eher verallgemeinerbare Aussagen angestrebt.[393]

FEIGE hingegen unterteilt in *quantitative* und *qualitative* Ansätze.[394] Dieser Unterteilung folgen auch BRONNER/ SCHRÖDER, THIERAU und DIETERLE, welche sich an der verwendeten Forschungsmethoden und -verfahren orientieren.[395] Durchgesetzt hat sich im Wesentlichen die von THIERAU vorgenommene Unterscheidung in *pädagogisch-psychologische*[396] sowie *ökonomische* Ansätze. Bei ersteren werden vorrangig Veränderungsprozesse bei den Teil-

[390] Vgl. Thierau, H. (1991), S. 59.

[391] Vgl. Kapitel 2.2.3.

[392] Vgl. Häring, K. (2003), S. 46. HÄRING merkt hier kritisch an, dass die Einteilung von EASTERBY-SMITH von einer niedrigen Wertschätzung qualitativer Verfahren zeugt, da diese im Gegensatz zu den quantitativen „wissenschaftlichen" Verfahren im Umkehrschluss als nicht-wissenschaftlich bezeichnet werden. Sie verweist in dem Zusammenhang auf MAYRING, welcher herausstellt, dass die qualitativen Forschungsmethoden den quantitativen gleichzustellen sind. (Vgl. auch Mayring, P. (2002), S. 19).

[393] Vgl. Easterby-Smith, M. (1986), S. 22 ff.

[394] Vgl. Häring, K. (2003), S. 46 f.

[395] Vgl. Thierau, H. (1991), S. 61 ff.; vgl. Dieterle, W. K. M. (1983), S. 87; vgl. Bronner, R./Schröder, W. (1983), S. 51.

[396] Pädagogisch-psychologische Ansätze werden auch als qualitative oder nicht-monetäre Evaluation bezeichnet. Vgl. Dieterle, W. K. M. (1983), S. 87 sowie Wilkening, O. S. (1986), S. 453.

nehmern evaluiert. Dabei wird der gesamte Weiterbildungsprozess ausgehend von der Bedarfsermittlung über Änderungen im Funktionsfeld bis hin zur Tatsache, ob das zur Weiterbildung führende Bedürfnis einer Unternehmung befriedigt wurde, überprüft. Ökonomische Ansätze hingegen stellen monetäre Aspekte in den Vordergrund, die einen Soll-Ist-Abgleich anhand von objektiv messbaren Daten ermöglichen.[397]

Die bisher vorgenommenen Differenzierungen sind jedoch zum Teil sehr grob, oder aber, wie z. B. bei THIERAU, nicht überschneidungsfrei.[398] Gerade bei den pädagogisch-psychologischen Ansätzen lassen sich die einzelnen Ansätze nicht immer klar den einzelnen Unterkategorien (ergebnisorientiert, prozessorientiert, ebenenorientiert, handlungsorientiert)[399] zuordnen. Vor allem die Grenze zwischen prozessorientierten und ebenenorientierten Ansätzen ist fließend. So finden sich bei THIERAU keine genaueren Erläuterungen darüber, wo genau der Unterschied zwischen einzelnen Phasen des Weiterbildungsprozesses (prozessorientiert) und aufeinander aufbauenden Handlungs-, bzw. Reaktionsebenen sein soll (ebenenorientiert). Des Weiteren ist die Trennschärfe zwischen pädagogischen und ökonomischen Ansätzen ist hier nicht immer gegeben, da im Rahmen der betrieblichen Weiterbildung nie nur rein pädagogische Ziele verfolgt werden.[400] THIERAU selbst konstatiert, dass die pädagogisch-psychologischen Ansätze auf die Effektivität einer Maßnahme abzielen. Sie sollen aufzeigen, ob eine Maßnahme wirksam war und ob darüber die angestrebten Kompetenzen vermittelt werden konnten. Kosten fänden in dieser Art der Evaluation keine Berücksichtigung.[401] Dieser Behauptung kann jedoch bei genauerer Analyse der von ihr zugeordneten Ansätze nicht zugestimmt werden.

Gerade die nachfolgend dargestellten Ansätze von KLUSEN, SNYDER/RABEN/FARR, KIRKPATRICK, WARR/BIRD/RACKHAM und HAMBLIN gehen durchaus auch auf die Kostenseite ein.[402] Auch HÄRING kritisiert in dem Zusammenhang die von THIERAU vorgenommene Zuordnung des Ansatzes von KIRKPATRICK zur Kategorie der ebenenorientierten Ansätze. Sie verweist mit Recht darauf, dass der Ansatz eher einen summativ bewertenden als einen formativ steuernden Charakter aufweist. Der Ansatz könnte ihres Erachtens damit auch eher in die ökonomischen Ansätze eingeordnet werden.[403]

---

[397] Vgl. Thierau, H. (1991), S. 59 f.; vgl. ebenso Thierau-Brunner, H./Wottawa, H./Stangel-Meseke, M. (2006), S. 333 ff.

[398] Vgl. Häring, K. (2003), S. 47.

[399] Vgl. Thierau, H. (1991), S. 61 ff.

[400] Vgl. zur Verfolgung von pädagogischen und ökonomischen Zielen die später folgenden Erläuterungen zur Systematisierung der Ansätze.

[401] Vgl. Petersen, T. (2000), Sp. 1477.

[402] Vgl. dazu die nachfolgenden Ausführungen zu den einzelnen Ansätzen.

[403] Vgl. Häring, K. (2003), S. 47.

Aufgrund der vielfältigen Kritik an der Systematisierung erscheint eine neue, weitgreifendere Systematisierung sinnvoll und zwingend notwendig.

Die Analyse der bisher veröffentlichten Literatur zu Evaluationsansätzen macht deutlich, dass im Wesentlichen drei verschiedene Kategorien von Ansätzen existieren; die prozessorientierten Ansätze, die controllingorientierten Ansätze sowie die handlungsorientierten Ansätze. Erstere beziehen sich auf die einzelnen Phasen des in Kapitel zwei beschriebenen Personalentwicklungsprozesses. Zweite fokussieren vorrangig das im Sinne der Arbeit benannte Bildungscontrolling einer Personalentwicklungsmaßnahme und Letztere konzentrieren sich auf die Beteiligten einer Evaluation und deren Handeln. Diese drei Grundausrichtungen von Evaluationen lassen sich, wie Abbildung 6 veranschaulicht, weiter differenzieren. In den folgenden Abschnitten werden die Differenzierungen der einzelnen Kategorien vorgestellt und erläutert sowie ausgewählte Evaluationsansätze zugeordnet:[404]

- *Prozessorientierte Ansätze:* Viele der in der Literatur vorgestellten Evaluationsansätze beziehen sich auf die einzelnen Phasen des Personalentwicklungsprozesses.[405] Dieser wird jedoch nicht immer im gleichen Umfang berücksichtigt. So umfassen einige der nachfolgend dargestellten Ansätze alle Prozessphasen von der Planung einer Maßnahme bis hin zu deren Output (ganzheitliche Ansätze), andere hingegen konzentrieren sich nur auf den Output einer Trainingsmaßnahme (outputfokussierte Ansätze). Auch finden sich in den Ansätzen Unterschiede hinsichtlich der Evaluationsart (formativ oder summativ) oder deren methodischer Ausrichtung (pragmatisch oder analytisch).[406]

- *Controllingorientierte Ansätze:* Hinsichtlich der controllingorientierten Evaluationsansätze lassen sich in der Literatur bereits sinnvolle Systematisierungen finden. Diese werden häufig unter dem Terminus „ökonomische Ansätze“ vorgestellt.[407] Von diesem Terminus wird hier abgewichen, da er suggeriert, dass prozessorientierte Evaluationsansätze keine ökonomische Orientierung verfolgen, welchem, wie oben erläutert, nicht zugestimmt werden kann. Der neutrale Begriff „controllingorientierte Ansätze“ erscheint hier treffender, zumal die Ansätze ihren Ursprung weitestgehend im Controlling haben.[408] Wie bereits in Kapitel 2.2.2 geschildert wurde, ist das Bildungscontrol-

[404] Im Folgenden werden die in der Literatur prominent diskutierten und betrachteten Evaluationsansätze berücksichtigt. Einen Überblick über weitere Ansätze bieten Beywl, W./Schobert, B. (2000), S. 21 ff.

[405] Vgl. dazu Kapitel 2.1.2.

[406] Vgl. zu den ausführlichen Erläuterungen Abschnitt 4.2.

[407] Vgl. Dieterle, W. K. M. (1983), S. 87 sowie Wilkening, O. S. (1986), S. 453; vgl. Thierau, H. (1991), S. 61 ff.

[408] Vgl. Thierau, H. (1991), S. 80. Für das Verständnis des Begriffs Controlling und speziell des Bildungscontrollings vgl. auch Kapitel 2.2.2

ling als Teilbereich des Personalcontrollings zu betrachten. Da sich keine speziellen Informationsinstrumente für den Bereich der Weiterbildung finden lassen, wird in der Literatur, sofern es um das Controlling von Weiterbildungsmaßnahmen geht, auf Instrumente des Personalcontrollings zurückgegriffen.[409] Damit einhergehend werden vor allem Methoden aufgezeigt, die auf der Verwertung quantitativer Daten beruhen.[410] Als wesentliche Informationsinstrumente nennen bspw. KÜPPER und SCHULTE in diesem Zusammenhang die Personalkostenrechnung, die Investitions- und Humanvermögensrechnung sowie Personalkennzahlen.[411] Dementsprechend können controllingorientierte Evaluationsansätze in kostenanalytische-, investitionsorientierte- sowie kennzahlenorientierte Ansätze unterschieden werden.[412]

- *Handlungsorientierte Ansätze:* Die letzte Kategorie von Evaluationsansätzen bilden die handlungsorientierten Ansätze. Als handlungsorientierte Ansätze werden Evaluationsansätze verstanden, die speziell das Handeln der Beteiligten einer Evaluation in allen Phasen fokussieren und Anregungen zur Vorgehensweise bei der Durchführung einer Evaluation (bspw. Datensammlung, Datenauswertung, Berichterstattung etc.) geben.[413]

Nachfolgend werden die Ansätze der genannten Autoren - gegliedert nach den drei Evaluationskategorien - zunächst dargestellt und anschließend dahingehend kritisch analysiert, ob sie den allgemeinen sowie den speziellen Anforderungen an eine Evaluation des Training off-the-job, welche in Kapitel 3.2. aufgezeigt wurden, genügen. Durch die weitere Differenzierung der prozess- und controllingorientierten Ansätze wird zu Beginn dieser Abschnitte zunächst ein Überblick über die einzelnen Kategorien von Ansätzen gegeben, bevor diese dargestellt und kritisiert werden. Die handlungsorientierten Ansätze hingegen lassen sich nicht weiter unterteilen, so dass hier gleich mit der Darstellung begonnen wird.

---

[409] Vgl. Thierau, H. (1991), S. 81.

[410] Die empirische Studie von Metz belegt, dass Unternehmen im Rahmen des Personalcontrollings im Wesentlichen auf quantitative Daten zurückgreifen (Vgl. Metz, F. (1995), S. 188). Vgl. darüber hinaus zur Hervorhebung von Methoden, die auf quantitativen Daten beruhen, bspw. Küpper, H.-U. (2008), S. 78; Wilkening, O. S. (1986), S. 453 ff.; Brandt, J. (1992), S. 101 ff.; Schulte, C. (1989), S. 4 ff.

[411] Vgl. Küpper, H.-U. (2008), S. 78; vgl. Schulte, C. (1989), S. 4 ff.

[412] Vgl. zu der gleichen Einteilung auch Thierau, H. (1991), S. 81 sowie ausführlich Abschnitt 4.3.

[413] Vgl. dazu ausführlich Abschnitt 4.4.

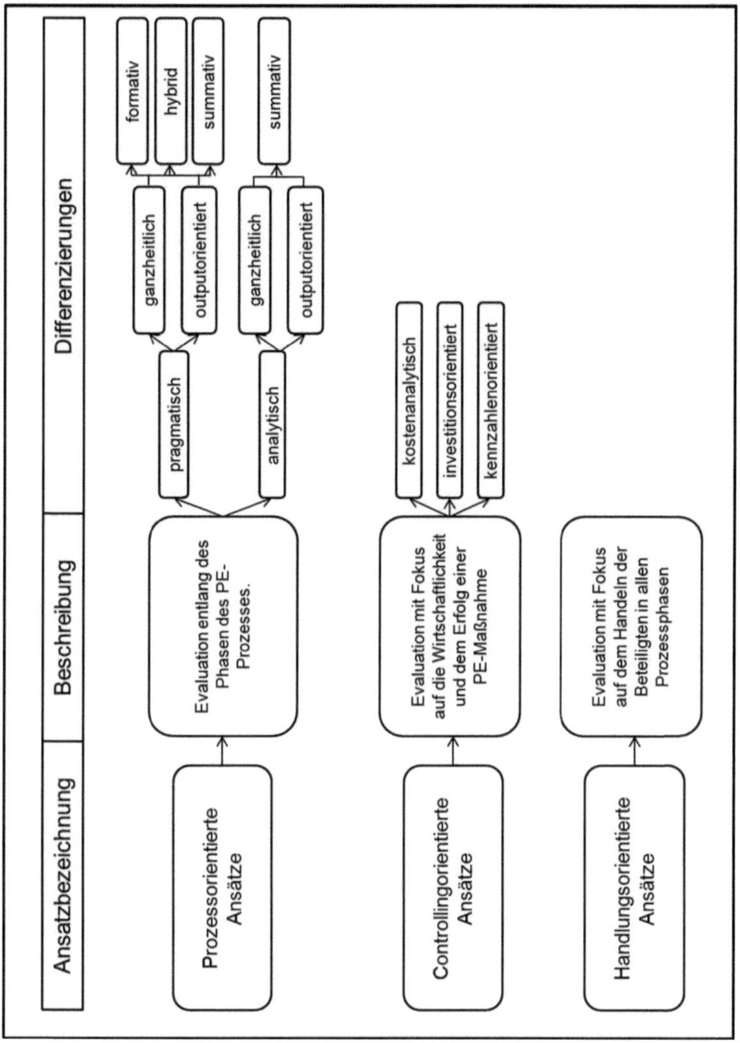

Abbildung 6: Systematisierung vorhandener Evaluationsansätze.

4.2 Prozessorientierte Ansätze

4.2.1 Überblick

Wie oben bereits erläutert und in der folgenden Grafik abgebildet, fokussieren die prozessorientierten Ansätze den Personalentwicklungsprozess, wobei sich Unterschiede hinsichtlich des Umfangs der Evaluation, der Evaluationsart und der einbezogenen Evaluationsmethoden ergeben.

Grundsätzlich lassen sich die prozessorientierten Ansätze danach unterscheiden, ob sie eher eine pragmatische oder eher eine analytische Orientierung aufweisen. Erstere sind geleitet von praktischen Interessen, die damit einhergehen, dass der Zeitaufwand möglichst gering bleibt und die Datensammlung einfach durchgeführt werden kann. Analytische Evaluationen hingegen orientieren sich streng am festgelegten Forschungsdesign, sind theoriegeleitet und unabhängig. Hier werden eher verallgemeinerbare Aussagen angestrebt.[414] In Bezug auf den Umfang der Evaluation lassen sich ganzheitliche und outputfokussierte Ansätze unterscheiden. Mit Blick auf die Evaluationsart lassen sich zum einen streng summative Ansätze erkennen, bei denen die Evaluation am Ende einer einzelnen Phase oder gar am Ende einer Maßnahme stattfindet und deren Ergebnisse keinen Einfluss auf den weiteren Verlauf der Maßnahme haben. Zum anderen gibt es Ansätze, die eine formative Evaluation vorsehen und solche, die sowohl korrigierend und steuernd in den Personalentwicklungsprozess eingreifen als auch gleichzeitig eine finale summative und damit bewertende Evaluation vornehmen.[415] Diese werden nachfolgend als hybride Evaluationen bezeichnet.[416]

Anzumerken ist an dieser Stelle, dass auch bei dieser Systematisierung Überschneidungen möglich sind. Ausschlaggebend für die Einteilung in eine bestimmte Kategorie ist deshalb die vorrangige Vorgehensweise oder Methodik eines Ansatzes.

Die folgende Tabelle 4 veranschaulicht, welche Autoren, die Evaluationsansätze vorstellen, den einzelnen Kategorien zuzuordnen sind. Demnach werden in der Literatur mehrheitlich ganzheitliche Ansätze vorgestellt. Der Großteil ist zudem pragmatisch orientiert. Im weiteren Verlauf des Kapitels sollen die Ansätze der oben genannten Autoren vorgestellt und kritisch diskutiert werden. Zum besseren Verständnis und zur Verdeutlichung der Unterschiede wird

---

[414] Vgl. Easterby-Smith, M. (1986), S. 22 ff., vgl. zum Begriff „analytisch" Bronner, R. (1983), S. 55.

[415] Vgl. dazu die nachfolgend beschriebenen Ansätze von Brinkerhoff, Klusen, Easterby-Smith, Bronner/Schröder, Galvin, Becker, Schindler und Brethower/Rummler. Zur Einordnung der Ansätze vgl. Tabelle 4.

[416] Vgl. Abbildung 6. SCRIVEN unterscheidet lediglich zwischen formativen und summativen Evaluationen. Seines Erachtens ist eine Evaluation, die summativ erfolgt und zu einer Verbesserung von Folgemaßnahmen führt, auch als summative, genauer als reaktiv-summative Evaluationen zu bezeichnen. Für ihn existieren demnach keine hybriden Ansätze. (Vgl. Scriven, M. (1980), S. 15 f.)

auf die Art der Evaluation lediglich im Text eingegangen. Die Diskussion erfolgt im Wesentlichen an den in Kapitel 3.2.3 entwickelten Anforderungen an eine Evaluation.

Darüber hinaus sind einige Ansätze wie z. B. die von KIRKPATRICK oder HAMBLIN, in der Literatur bereits vielfach diskutiert worden. Die generelle Verfahrenskritik, sofern vorhanden, soll deshalb im Einzelfall der anforderungsbezogenen Kritik vorangestellt werden.

Tabelle 4: Einordnung prozessorientierter Evaluationsansätze.

		Umfang der Evaluation	
Methodische Orientierung	**Evaluationsform**	**Ganzheitliche Ansätze**	**Outputfokussierte Ansätze**
Pragmatische Ansätze	*summativ*	Warr/Bird/Rackham; Stufflebeam[417]	Kirkpatrick; Hamblin; Philipps
	hybrid	Brinkerhoff, Klusen; Easterby-Smith; Bronner/Schröder; Galvin; Becker; Schindler	Brethower/Rummler
	formativ	Stufflebeam	
Analytische Ansätze	*summativ*	Snyder/Raben/Farr; Martens; Fitz-Ens; Hoffmann	Weinert; Holton III

4.2.2 Pragmatisch-ganzheitlicheAnsätze

4.2.2.1 Darstellung

Den pragmatisch-ganzheitlichen Ansätzen ist gemein, dass sie sich auf alle Phasen des Personalentwicklungsprozesses beziehen, wobei die praktische Durchführbarkeit im Fokus der Ansätze steht.

Bevor jedoch auf die einzelnen pragmatisch-ganzheitlichen Ansätze eingegangen wird, sollen die Evaluationsphasen[418] der einzelnen Autoren und deren Detaillierungsgrad vorgestellt werden. Einen Überblick bietet die nachfolgende Tabelle 5, welche die einzelnen Autoren und deren Phasenbezeichnung verdeutlicht:

[417] Stufflebeam stellt sowohl einen formative als auch einen summativen Evaluationsansatz vor und wird deshalb zwei Kategorien zugeordnet. Vgl. dazu genauer die Ausführungen in Abschnitt 4.2.2.1.

[418] Wie die nachfolgenden Ausführungen zeigen werden, werden die einzelnen Evaluationsabschnitte von den einzelnen Autoren unterschiedlich benannt. Einige verwenden den Terminus Phasen, andere Ebenen, Stufen oder Schritte. Zur Vereinfachung wird im Folgenden, wenn auf die einzelnen Evaluationsabschnitte eingegangen wird, von Evaluationsphasen gesprochen.

Tabelle 5: Überblick über die Evaluationsphasen pragmatisch-ganzheitlicher Ansätze.

Stuffelbeam (1972)	Klusen (1975)	Warr/Bird/Rackham (1979)	Schindler (1979)
- Context - Input - Process - Product	- Input - Prozess - Ergebnis	- Context - Input - Reaction - Outcome • Immediate • Intermediate • Ultimative	- Kontext - Input - Prozess - Output - Transfer
Bronner/Schröder (1983)	**Galvin (1983)**	**Easterby-Smith (1986)**	**Brinkerhoff (1987)**
- Evaluation der Analyse - Evaluation der Gestaltung und Planung - Evaluation der Durchführung des Trainings - Evaluation des Transfers	- Context - Input - Process - Product	- Context - Administration - Inputs - Process - Outcomes	- Evaluate needs and goals - Evaluate HRD Design - Evaluate Operation - Evaluate Learning - Evaluate usage and endurance - Evaluate payoff
Becker (2006)			
- Input - Prozess - Output - Konzept			

Wie bereits in der Tabelle zur Systematisierung von prozessorientierten Evaluationsansätzen aufgezeigt (vgl. Tabelle 4), unterscheiden sich alle Ansätze in der dritten Ebene danach, ob sie eher eine summative Evaluation vorsehen, das heißt keinerlei Intervention in die Maßnahme an sich erfolgt, ob sie rein formativ oder ob sie eher hybrid orientiert sind, d. h. dass sowohl eine summative Evaluation vorgenommen wird als auch eine formative, d. h. ggf. eine Veränderung der Maßnahme aufgrund vorangegangener Evaluationsergebnisse erfolgt. Zunächst wird der summative Ansatz von WARR/BIRD/RACKHAM vorgestellt.

- WARR, BIRD und RACKHAM (1971) entwickelten den so genannten CIRO-Ansatz speziell für Managment Trainings. Sie betonen dabei die Schwierigkeit der Evaluation von Management Trainings, die darin liegt, dass es weniger detaillierte Stellenbeschreibungen für Manager gibt, als sie auf operativer Ebene vorhanden sind.[419] Entsprechend der Buchstabensemantik beinhaltet dieser Ansatz die Prozessschritte *Context evaluation, Input evaluation, Reaction evaluation* und *Output evaluation*. Basis der Evaluation nach den drei genannten Autoren ist die Festlegung von drei Zielebenen. Die „*ultimate objectives*", beziehen sich auf Missstände innerhalb der Organisation, die behoben werden sollen. Sie beziehen sich demnach auf die Gesamtunternehmung. Die zweite Zielebene umfasst die „*intermediate objectives*". Hier geht es

[419] Vgl. Warr, P./Bird, M./Rackham, N. (1971), S. 32.

um Veränderungen im Arbeitsverhalten eines Mitarbeiters, welche benötigt werden, um die ultimativen Ziele erreichen zu können. Auf der Ebene der *„immediate objectives“* geht es letztlich um das neue Wissen, die neuen Fähigkeiten und Einstellungen, die eine Person erwerben muss, um eine Veränderung des Arbeitsverhaltens vornehmen zu können. Die Messung der Zielerreichung auf den einzelnen Ebenen ist das finale Ziel der Evaluation. Um dies zu erreichen, muss die Evaluation in den oben genannten Phasen erfolgen. Die Evaluation an sich beginnt mit der so genannten *„Context Evaluation“*. Auf dieser ersten Ebene muss der Trainer Informationen über die Probleme in einer Unternehmung, die zum Anstoß einer Weiterbildungsmaßnahme führen, sammeln. Die Kontextevaluation soll dabei Klarheit über die Inhalte auf den oben genannten drei unterschiedlichen Zielebenen bringen.[420] Sind die Probleme bekannt, so muss aus Autorensicht eine *„Input Evaluation“* erfolgen, d. h. es müssen Informationen über die zur Verfügung stehenden Ressourcen eingeholt werden, damit innerhalb der vorgegebenen Restriktionen eine bestmögliche Allokation der Mittel vorgenommen werden kann. Um ein bestmögliches Training zu gewährleisten, muss sich der Evaluator u. a. sicher sein, welche Vorteile unterschiedliche Trainingstechniken bieten, ob diese in Bezug auf die Trainingsgruppe angemessen sind, und welchen Vorteil interne gegenüber externen Trainings bieten. Zudem muss der Zeitrahmen einer Trainingsmaßnahme geklärt werden. Nach der Trainingsmaßnahme selbst muss laut den drei Autoren eine *„Reaction Evaluation“* erfolgen, welche die Reaktion der Teilnehmer auf die Maßnahme erheben soll. Die anschließende *„Outcome Evaluation“* muss auf vier Stufen erfolgen: Zunächst müssen die Trainingsziele geklärt werden, wobei dieses bereits im Rahmen der Kontextevaluation erfolgen sollte. Anschließend müssen mögliche Messkriterien gewählt werden. Die Messung selbst muss als dritte Stufe der Outputevaluation zu einer angemessenen Zeit erfolgen. Die Ergebnisse müssen in einem vierten Schritt ausgewertet werden, um Verbesserungen nachfolgender Trainings durchführen zu können. Den Output an sich unterteilen WARR/BIRD/RACKHAM gemäß der in der Kontextevaluation betrachteten Problemebenen in unmittelbare Ergebnisse (*„immediate outcomes“*), d. h. der Lernerfolge der Teilnehmer, mittelbare Ergebnisse (*„intermediate outcomes“*), d. h. der Anwendungserfolge im Arbeits- und Funktionsfeld und ultimative Ergebnisse (*„ultimative outcomes“*), d. h. der Unternehmensergebnisse in Form einer erhöhten Produktivität oder Effektivität.[421] Wie die Ausführungen zu den Zielebenen zeigen, soll im Wesentlichen belegt werden, welches ultimative Ergebnis eine Maßnahme aufweist. Um dies zu erreichen, muss die Evaluation in den oben genannten Phasen erfolgen. Im Mittelpunkt steht demnach der ökonomische Nutzen einer Maßnahme. In Bezug auf die Funktion

420 Vgl. Warr, P./Bird, M./Rackham, N. (1971), S. 15 f.

421 Vgl. Warr, P./Bird, M./Rackham, N. (1971), S. 15 ff.

der Evaluation kann dem Ansatz demnach eine Legitimationsfunktion zugesprochen werden, was auch die Leitfrage zur Outcome Evaluation belegt, die darauf abzielt zu erfahren, welchen Beweis es für die Erreichung einer Veränderung auf den einzelnen Ebenen gibt.[422] Die Autoren selbst sehen in dem Ansatz vorrangig ein Instrument für den Trainer zur Optimierung zukünftiger Maßnahmen.[423]

Ansätze mit einer hybriden Vorgehensweise präsentieren die im Folgenden dargestellten Autoren:

- Ein dem von WARR/BIRD/RACKHAM ähnelndes Modell wurde von BRINKERHOFF erstellt. Er betont in diesem Zusammenhang, dass Evaluationen einerseits dazu dienen herauszufinden, ob ein Programm effektiv und effizient ist, in dem Sinne, dass die Teilnehmer die entsprechenden Inhalte vermittelt bekommen und erlernen, sie aber vor allem auch dazu dient, den Wert einer Maßnahme für die Gesamtunternehmung herauszustellen. Er formuliert entsprechend: „If HRD does not pay off, it does not result in some benefit to the organization, then it has no worth."[424] Er macht jedoch gleichzeitig deutlich, dass der primäre Nutzen einer Evaluation aus dessen Beitrag zur Verbesserung eines Programms besteht. Der „Wert" einer Maßnahme ist damit nicht der Hauptgrund einer Maßnahme, wenngleich er dazu dient, das Programm zu rechtfertigen.[425] Er stellt ein sechsstufiges Hybridmodell, welches qualitative mit quantitativen Aspekten verknüpft, auf. Die Evaluation findet dem Modell nach auf folgenden Stufen statt: *Stage I: Evaluate needs and goals, Stage II: Evaluate HRD Design, Stage III: Evaluate Operation, Stage IV: Evaluate Lerning, Stage V: Evaluate usage and endurance of learning, Stage VI: Evaluate payoff.* Die gesamte Evaluation findet dabei prozessbegleitend und zyklisch statt. In der ersten Stufe wird nach BRINKERHOFF der Trainingsbedarf ermittelt und eine Entscheidung über die Teilnehmer sowie die Trainingsziele getroffen. Im zweiten Schritt erfolgt die Ausarbeitung des Trainingsdesigns. Anschließend muss im dritten Schritt die Durchführung des Trainings danach evaluiert werden, ob der Ablauf entsprechend der Planungen funktioniert oder ob es Abweichungen gibt. Auf der Ergebnisebene werden im vierten Schritt das Lernergebnis und im fünften Schritt der Anwendungserfolg und dessen Nachhaltigkeit evaluiert. Im sechsten und letzten Schritt findet eine Überprüfung des organisationalen Nutzens einer Maßnahme für die Unternehmung statt.[426]

---

[422] Vgl. Warr, P./Bird, M./Rackham, N. (1971), S. 17.

[423] Vgl. Warr, P./Bird, M./Rackham, N. (1971), S. 21.

[424] Brinkerhoff, R. O. (1987), S. 7.

[425] Vgl. Brinkerhoff, R. O. (1987), S. 7.

[426] Vgl. Brinkerhoff, R. O. (1987), S. 14 ff.

- Einer der bekanntesten Evaluationsansätze geht auf EASTERBY-SMITH zurück. Er betont, dass grundsätzlich drei Zwecke bei einer Evaluation angestrebt werden können, nämlich das Prüfen (in Kapitel 3.1 mit Kontroll- oder Legitimationsfunktion gleichzusetzen), das Lernen (mit Lernfunktion gleichzusetzen) oder auch das Verbessern (mit Optimierungsfunktion gleichzusetzen), wobei er deutlich macht, dass immer nur ein Zweck verfolgt werden kann.[427] Sein unter der Abkürzung *CAIPO* bekannter Ansatz umfasst die Phasen „*Context*", „*Administration*", „*Inputs*", „*Process*" und „*Outcomes*". Auch hier werden im Rahmen der Kontextevaluation zunächst die Intention des Trainings, die Zielsetzung der Beteiligten sowie deren Entwicklungsbedarfe und die Evaluationsfunktion festgestellt, um die Prämissen der Evaluation zu klären. Im nächsten Schritt der „Administration" geht es insbesondere um die Analyse der Trainingsentwicklung inklusive Teilnehmerauswahl, Trainingskonzeption, Wahl der Räume und sonstiger trainingsbezogener Maßnahmen). Im Fokus steht hier, wie die Phasenbezeichnung deutlich macht, eher die Analyse der administrativen Trainingsorganisation. Die inhaltliche, methodische und personelle Beurteilung des Trainings an sich erfolgt in der Phase „Inputs". Die Analyse des Prozesses bezieht sich direkt auf die Trainingsmaßnahme und wird von den Teilnehmern vorgenommen. Hier sollen insbesondere auch Faktoren abgefragt werden, welche nicht im Curriculum geplant wurden und dennoch großen Einfluss auf den Erfolg einer Maßnahme haben, wie bspw. Konflikte innerhalb von Gruppen, Gruppierungen von Teilnehmern, etc.). In Bezug auf das Ergebnis eines Trainings betont EASTERBY-SMITH, dass unterschieden werden muss, ob das Potenzial eines Teilnehmers bewertet werden soll, welches er durch das Training erwirbt, oder die anschließende Implementation des Potenzials. Er unterscheidet in dem Zusammenhang in das Lernen durch das Training und die Entwicklung eines Teilnehmers durch das Training. Ersteres kann sowohl quantitatives wie qualitatives Lernen umfassen, d.h. es können sowohl Fach-, Methoden- und Sozialkompetenzen durch ein Training erlernt werden. In Bezug auf die Entwicklung geht es um die Fähigkeit, aus Erfahrungen zu lernen und um Selbstvertrauen und Selbstwirksamkeit, d. h. darum, ob das erlernte Wissen oder Verhalten auch umgesetzt werden kann. Gerade die Entwicklungsfähigkeit, welche vor allem bei Management-Trainings erwünscht ist, hängt dabei entscheidend von der jeweiligen Unternehmungsorganisation und –kultur ab.[428]

- KLUSEN unterteilt den Evaluationsprozess etwas gröber in lediglich drei Phasen. Er benennt sie mit *Input-Kontrolle*, *Prozess-Kontrolle* und *Ergebnis-Kontrolle*. Aufgabe der Input-Kontrolle ist seines Erachtens die Überprüfung, ob die Lehrziele und -

427 Vgl. Easterby-Smith, M. (1986), S. 13 ff.

428 Vgl. Easterby-Smith, M. (1986), S. 46 ff.

inhalte in Konsens zu den Unternehmungszielen stehen. Anschließend wird überprüft, wie viele finanzielle Ressourcen zur Verfügung stehen, inwiefern bestimmte Lehrmethoden zu den Teilnehmern passen und inwiefern die jeweiligen Referenten qualifiziert sind. In der nachfolgenden Phase der Prozess-Kontrolle betont auch KLUSEN die Notwendigkeit einer formativen Evaluation. So soll der Lernprozess durch stetiges Feedback während einer Maßnahme kontrolliert werden. Kommt es zu Störungen im Lernprozess, besteht infolgedessen die Möglichkeit, eine Maßnahme während ihres Verlaufs anzupassen. Im Mittelpunkt der Prozesskontrolle stehen die Prüfung der Vorbildung der Teilnehmer, die Lernerfolgskontrolle sowie die Kontrolle des Anwendungserfolgs. Nach Beendigung einer Maßnahme müssen im Rahmen der Ergebnis-Kontrolle die Wirkungen der Maßnahme auf das Unternehmensergebnis anhand von Kennzahlen ermittelt werden.[429]

- BRONNER/SCHRÖDER geben in ihren Ausführungen zum Weiterbildungserfolg einen Überblick über verschiedene Phasen einer systematischen Erfolgssteuerung. Wie bereits in Kapitel 2.2.2 deutlich gemacht wurde, ist der Terminus Erfolgssteuerung mit der Evaluation gleichzusetzen, weshalb hier ebenfalls von einem Evaluationsansatz gesprochen werden kann. Sie beschreiben folgende Phasen: *Erfolgssteuerung in der Analyse-Phase*, *Erfolgssteuerung in der Gestaltungs-Phase*, *Erfolgssteuerung in der Trainings-Phase* sowie *Erfolgssteuerung in der Transfer-Phase*. Ihrem Ansatz zufolge sollte die Erfolgssteuerung in der Analyse-Phase Aufschluss darüber geben, inwiefern das Problem überhaupt bzw. richtig wahrgenommen wird. Dazu muss festgestellt werden, welche Ursache einem Problem, welches zu einem Weiterbildungsanlass führt, zugrunde liegt, welches Ausmaß es annimmt und welche Wirkungen sich daraus ergeben. Darüber hinaus muss festgehalten werden, in welcher Situation sich die Beteiligten gerade befinden und welche Strategie zur Problemlösung in dem Zusammenhang adäquat ist. Erst nach Analyse der einzelnen Aspekte kann eine bestmögliche Strategie ausgewählt werden. Bei der Erfolgssteuerung in der Gestaltungs-Phase muss überprüft werden, wie die Lernziele gesetzt wurden und ob diese mit Blick auf das Problem und die Teilnehmer einer Maßnahme passend gewählt wurden. Anschließend wird die gesamte Entwicklung eines Programms auf die Fähigkeit zur Problemlösung hin evaluiert. Darüber hinaus muss überprüft werden, inwiefern einzelne Teilnehmer einer Maßnahme und die Maßnahme an sich vorbereitet wurden. Die Durchführung der Maßnahme wird im nächsten Schritt (Erfolgssteuerung in der Trainings-Phase) evaluiert. Dabei gehen die Autoren davon aus, dass der Lernprozess im Wesentlichen von vier interdependenten Faktoren beeinflusst wird, nämlich dem Programm selbst, den Teilnehmern, dem Trainer und der Situation. Im Rahmen der Erfolgssteuerung in der

[429] Vgl. Klusen (1975), S. 113 ff.

Transfer-Phase sollten laut Bronner und Schröder sowohl der Anwendungserfolg im Funktionsfeld wie auch der monetäre Nutzen des Programms analysiert werden.[430]

- Ebenfalls zu den analytisch-ganzheitlichen Ansätzen gehört der von SCHINDLER. Dieser sieht in einem Evaluationsprozess insgesamt fünf Phasen: *Kontext*, *Input, Prozess, Output* und *Transfer*. Ersteres bezieht sich dabei auf die Umgebung und das Vorfeld einer Evaluation, der Input schließt die Programmplanung mit ein. Die Durchführung einer Maßnahme wird in der so genannten Prozessphase evaluiert. Anschließend erfolgen eine Betrachtung des Ergebnisses im Rahmen der Outputevaluation und die Evaluation der Anwendung in der abschließenden Transferphase. SCHINDLER betont in dem Zusammenhang, dass Evaluationen im Gesamtkontext zu sehen sind. Sie fangen bereits vor einer Maßnahme an und enden erst mit der Bewertung des Transfers.[431]

- Ebenfalls einen ganzheitlichen Evaluationsansatz mit pragmatischer Ausrichtung stellt BECKER, F. G. vor. Er unterscheidet die Phasen *Input-*, *Prozess-*, *Output-* und *Konzeptevaluation*. Erstere bezieht sich auf die Evaluation der im Personalentwicklungsprozess zu Beginn stehenden Phasen der Bedarfs- und der Umweltanalyse sowie der Planung. Anschließend wird im Rahmen der Prozessevaluation der Qualifizierungsprozess an sich analysiert. Abschließend sollen im Rahmen der Outputevaluation die Zufriedenheit der Teilnehmer, der Lernerfolg, der Transfererfolg, daraus resultierende, ggf. veränderte Arbeitsergebnisse sowie der Kosten/Nutzen einer Maßnahme ermittelt werden. Darüber hinaus schlägt BECKER, F. G. eine Konzept-Evaluation in der Art einer Metaevaluation vor, welche die Stimmigkeit zwischen einem Personalentwicklungskonzept und der strategischen Orientierung einer Unternehmung analysiert, sowie zusätzlich ob die Konzeption der Evaluation für die Maßnahme passend gewählt ist.[432]

Rein formative Evaluationsansätze lassen sich bei STUFFLEBEAM und GALVIN finden. Dabei ist zu erwähnen, dass STUFFLEBEAM, wie die nachfolgenden Ausführungen zeigen, sowohl ein Vorgehen für die formative als auch für die summative Evaluation beschreibt. Um Redundanzen zu vermeiden, werden jedoch beide Arten gemeinsam vorgestellt.

- Der Ansatz von STUFFLEBEAM ist als einer der am meisten zitierten formativen Evaluationsansätze zu bezeichnen. STUFFLEBEAM betitelte seinen Evaluationsansatz als *CIPP-Modell* und unterteilt den Prozess dementsprechend in vier Phasen, nämlich *Context*, *Input*, *Process* und *Product*. Er sieht innerhalb seines Modells grundsätzlich zwei Möglichkeiten der Evaluation. Die Möglichkeit der formativen Evaluation und

[430] Vgl. Bronner, R./Schröder, W. (1983), S. 89 ff.

[431] Vgl. Schindler, K. (1979), S. 33 ff.

[432] Vgl. Becker, F. G. (2006), S. 169 ff.; vgl. Becker, F. G. (2005), S. 49 ff.

die Möglichkeit der summativen Evaluation. Die formative Evaluation gestaltet sich wie folgt: In der ersten Phase geht es um die Analyse des Kontextes. Hier soll im Wesentlichen eine Datensammlung zur Ermittlung der Trainingsziele stattfinden. Damit einhergehend müssen die Voraussetzungen des Trainings, Umweltbedürfnisse sowie die antizipierten Probleme ermittelt werden. Im Rahmen der Inputevaluation geht es um die Evaluation der Programmentwicklung. Im Hinblick auf die Lernziele, die mit einer Maßnahme verbunden sind, sollen hier Lehrmaterialien und -methoden bewertet werden, so dass Alternativen gebildet werden können. Auch soll hier geklärt werden, ob externe Hilfe benötigt wird. Der Verlauf einer bestimmten Maßnahme wird im Rahmen der Prozessevaluation bewertet. Die Evaluation wird dabei begleitend durchgeführt, um rechtzeitig in den Prozess eingreifen zu können, falls es zu Fehlverläufen kommt. Abschließend schlägt STUFFLEBEAM eine Produktevaluation vor, im Rahmen welcher die Effizienz einer Maßnahme festgestellt werden soll. Wichtig ist hier seines Erachtens, dass die Ergebnisse mit den Zielen, dem Kontext und dem Prozess in Bezug gesetzt werden.[433] Bei der summativen Evaluation werden im Rahmen der Kontextevaluation reale mit gewünschten Zielen und Möglichkeiten mit Problemen abgeglichen. Der Inputevaluation wird die Aufgabe zugeschrieben, einen Beleg für die Sinnhaftigkeit der gewählten Strategie zu geben und die Gründe für die Wahl im Vergleich zu anderen Alternativen zu verdeutlichen. Die Prozessevaluation besteht im summativen Ansatz lediglich in der Darlegung des aktuellen Prozesses. In der abschließenden Produktevaluation werden die erreichten Ergebnisse belegt und die getroffenen Entscheidungen reflektiert.[434] In einer späteren Veröffentlichung macht STUFFELBEAM zudem deutlich, dass jede Evaluation selbst immer wieder einer Metaevaluation unterzogen werden sollte.[435]

- In enger Anlehnung an STUFFLEBEAM veröffentlichte GALVIN sein *CIPP-Modell*, welches identische Phasen im Vergleich zu STUFFLEBEAM aufweist. Er macht deutlich, dass sein Ansatz als Rahmen zu verstehen ist. Der gesamte Ansatz weist ein formatives Vorgehen auf, wobei sich die Informationssammlung auf den gesamten Weiterbildungsprozess – also von Beginn bis Ende des Trainingsprozesses – erstreckt. Zudem weist GALVIN darauf hin, dass der Ansatz nützlich ist, da er sich auf verschiedenste Arten von Trainingsmaßnahmen übertragen lässt. Da die Inhalte der einzelnen Phasen stark deckungsgleich mit denen von STUFFLEBEAM sind, soll hier nicht näher darauf eingegangen werden. GALVIN betont in Bezug auf das CIPP-Modell, dass es Informationen für vier Arten von Entscheidungen liefert, nämlich Planungsentscheidungen, Strukturierungsentscheidungen, Implementierungsentscheidungen und Recycling-

[433] Vgl. Stufflebeam, D. L. (1972), S. 134 ff.

[434] Vgl. Stufflebeam, D. L./Shinkfield, A. J. (1988), S. 146.

[435] Vgl. Stufflebeam, D. L. (2003), S. 22.

Entscheidungen. Er unterscheidet danach, ob diese ziel- oder mittelbezogen sind und ob sich diese Entscheidungen auf den Planungs- oder Umsetzungsprozess beziehen. Planungsentscheidungen werden laut GALVIN dabei über die Kontextevaluation gewonnen, indem dort über die Analyse des Kontextes einer Trainingsmaßnahme Ziele festgelegt werden. Informationen über die optimale Gestaltung einer Maßnahme werden über die Inputevaluation gewonnen. Über die Prozessevaluation werden die Ausführenden einer Maßnahme über deren Verlauf und eventuelle Fehler informiert und können so rechtzeitig eingreifen. Zuletzt wird über die Produktevaluation ein abschließendes Resümee zu der Maßnahme gezogen, das schließlich zur Entscheidung darüber führt, ob eine Maßnahme fortgeführt wird oder nicht.[436]

4.2.2.2 Kritische Bewertung

Hinsichtlich der *methodischen Anforderungen* wird bei den pragmatisch-ganzheitlichen Ansätzen nur in einem Fall auf die Einhaltung von Gütekriterien eingegangen. Zu nennen ist diesbezüglich der Ansatz von STUFFELBEAM. Er differenziert zwar nicht nach den Kriterien *Glaubwürdigkeit, Nachvollziehbarkeit* und *Konfirmierbarkeit*, bezieht sich aber explizit auf die Einhaltung der Standards des Joint Committee on Standards for Educational Evaluation.[437] Er schlägt vor, dass zur Sicherung der Güte einer Evaluation multiple Beobachter und Informanten eingesetzt werden müssen, die das Evaluationsobjekt aus unterschiedlichen Perspektiven betrachten. Darüber hinaus fordert er einen Abgleich von qualitativen und quantitativen Verfahren.[438] Bei allen anderen pragmatisch-ganzheitlichen Ansätzen wird die Einhaltung von Gütekriterien nicht angesprochen.

Die geringe Beachtung der Gütekriterien spiegelt sich in der genannten Ansatzkategorie auch bei der *inhaltlichen Gestaltung* wider. Grundsätzlich ist allen ganzheitlich-pragmatischen Ansätzen, wie die Bezeichnung impliziert, gemein, dass sie den Personalentwicklungsprozess bei der Evaluation in Gänze betrachten und damit alle Phasen von Kontext- bis Outputevaluation berücksichtigen (*Ganzheitlichkeit*). Auch wenn die Bezeichnungen der einzelnen Evaluationsphasen differieren und der Detaillierungsgrad unterschiedlich ist, können insgesamt vier gemeinsame Hauptphasen benannt werden, denen die meisten Ansätze folgen: die Kontextevaluation, die Inputevaluation, die Prozessevaluation sowie die Outputevaluation, welche sich wiederum in die Unterphasen „Evaluation der Reaktion“, „Evaluation des Transfererfolges“ und „Evaluation des Unternehmungserfolges“ differenzieren lässt. Zusätzlich wird in einigen Fällen auch die Metaevaluation genannt (STUFFELBEAM und BECKER).[439]

---

[436] Vgl. Galvin, J. C. (1983), S. 52 ff.

[437] Vgl. Kapitel 3.1.2.

[438] Vgl. Stufflebeam, D. L. (2003), S. 14.

[439] Vgl. dazu auch Tabelle 5, S. 8.

Interessant ist, dass nur wenige der genannten Evaluationsansätze eine *Partizipation* der Beteiligten vorsehen. Die besondere Wichtigkeit einer Beteiligung bei der Planung einer Evaluation sowie auch bei der Klärung des Informationsbedarfs wird hier ausgeblendet. Dies spiegelt sich auch in der geringen Bedeutung der Gütekriterien bei der Gestaltung der Ansätze wider. Um diese zu sichern, ist eine Beteiligung mehrerer Stakeholder unabdingbar. Die Wichtigkeit des Einbezugs der unterschiedlichen Anspruchsgruppen betonen jedoch nur STUFFELBEAM und BRONNER/SCHRÖDER.[440] Auch die *Funktionsbezogenheit* wird eher stiefmütterlich behandelt. Zwar wird in den meisten Ansätzen indirekt darauf eingegangen, welche Funktionen einer Evaluation zugeschrieben werden können. Eine klare Ausrichtung anhand einer Funktion erfolgt jedoch nur in Einzelfällen. Vielmehr wird in den meisten Fällen eine „Universalanwendbarkeit" des Ansatzes in Bezug auf die einzelnen Funktionen unterstellt. Lediglich EASTERBY-SMITH betont hier deutlich, dass die vorherige Festlegung auf eine vorrangige Funktion maßgebend für die Gestaltung der Evaluation sei.[441] Die Ausrichtung des gesamten Ansatzes auf eine bestimmte Kompetenz erfolgt in keinem der Ansätze (*Kompetenzbezogenheit*). Häufig wird als Evaluationsobjekt eine allgemeine Bezeichnung wie „Management-Training" verwendet, wobei unklar bleibt, was genau sich dahinter verbirgt und welche Art von Kompetenzvermittlung hier angesprochen ist. Allerdings erfolgt in einigen Fällen eine Zuordnung der Evaluationsmethoden (bzw. -instumente) zur Erhebung bestimmte Kompetenzzuwächse. Deutlich wird hier vor allem BRINKERHOFF, der klar benennt, welche Methoden für die Evaluation welcher Maßnahme geeignet sind.[442] Hinsichtlich der *Transferbezogenheit* ist festzustellen, dass die meisten Ansätze bereits durch die Kontextanalyse auf die Transferdeterminanten eingehen. Bezug genommen wird hier zumeist auf die Evaluation der Teilnehmer-Charakteristika, die ein Indiz für die Feststellung eines Trainingsbedarfs sein können. Auch auf die Evaluation des Trainingsprozesses wird in jedem Fall eingegangen. Die Arbeitsumgebung und das Job-Umfeld werden hingegen nicht in allen Ansätzen klar benannt. Überhaupt keine Beachtung im Rahmen der Evaluation findet die Bewertung des Zeitpunktes einer Maßnahme in Abgleich mit der Lebens- und Arbeitssituation des Teilnehmers. Wie aktuelle Studien belegen, hat diese jedoch einen entscheidenden Einfluss auf den Lern- und Transfererfolg einer Maßnahme und sollte deshalb auch in die Evaluation integriert werden.[443]

Hinsichtlich der *formalen Anforderungen* lässt sich erkennen, dass das Kriterium der *Akzeptanz* wenig Berücksichtigung in den pragmatisch-ganzheitlichen Ansätzen findet. Dies korrespondiert mit der geringen Partizipationsbezogenheit der meisten Ansätze. Evaluationen

---

[440] Vgl. Stufflebeam, D. L. (2003), S. 14; vgl. Bronner, R./Schröder, W. (1983), S. 93 f.

[441] Vgl. Easterby-Smith, M. (1986), S. 17.

[442] Vgl. Brinkerhoff, R. O. (1987), S. 60 ff.

[443] Vgl. dazu auch Kapitel 3.2.3.

werden hier durch einen „Außenstehenden" durchgeführt. Die möglichen Konsequenzen bspw. in Form von Widerständen werden hier nicht antizipiert und nicht in den Ansatz integriert. Die *Praktikabilität* indes steht im Fokus der meisten pragmatisch-ganzheitlichen Ansätze. Durch Erprobung der Ansätze in der Praxis stehen bei den meisten Ansätzen qualitative Erhebungsverfahren im Vordergrund. Fast überall wird auch darauf hingewiesen, welche Methoden in welcher Erhebungsphase zum Einsatz kommen können. Im Vordergrund stehen hier im Allgemeinen Fragebögen, Interviews und Beobachtungen sowie auch die Methode der kritischen Ereignisse oder andere Methoden, die kein spezielles Forschungsdesign und auch keine Forschungsumgebung benötigen. Allenfalls am Rande wird auch auf die Möglichkeit des Einsatzes von Kontrollgruppen verwiesen. Die Einordnung in die Kategorie der pragmatischen Ansätze, die bereits oben in Kapitel 4.1 begründet wurde, impliziert eine Gestaltung nach wirtschaftlichen Gesichtspunkten (*Wirtschaftlichkeit*). GALVIN unterstreicht diese Ausrichtung, indem er mit Verweis auf das CIPP-Modell betont, dass dies praktisch, effektiv und kosteneffizient sei.[444] Grundsätzlich ist eine wirtschaftliche Ausrichtung im Rahmen der Ansätze möglich. Ob diese gegeben ist, hängt jedoch entscheidend von den jeweiligen personellen und finanziellen Ressourcen, die im Rahmen einer Evaluation zu Verfügung gestellt werden ab, und kann somit nicht verallgemeinert werden. Damit verbunden muss auch bei der Wahl der jeweiligen, situationsbedingten Evaluationsmethoden auf deren Effektivität und Effizienz geachtet werden.

4.2.3 Pragmatisch-outputorientierte Ansätze

4.2.3.1 Darstellung

Die nachfolgend dargestellten pragmatisch-outputorientierten Ansätze verfolgen, wie auch die oben beschriebenen ganzheitlichen Ansätze, ein pragmatisches Vorgehen. Im Gegensatz zu den vorab geschilderten Ansätzen lehnen sich nachfolgende Ansätze jedoch nicht an den gesamten Personalentwicklungsprozess an, sondern betrachten lediglich die Outputphasen. Die Evaluation beginnt demnach erst nach der Maßnahme. Die Vorbereitung und Prämissen eines Trainings sowie dessen Durchführung finden keine Beachtung. Die Ansätze von KIRKPATRICK, HAMBLIN, PHILLIPS und GINNEKEN sind auf eine summative Evaluation ausgerichtet. Lediglich BRETHOWER/RUMMLER verweisen darauf, dass die Evaluation sowohl formativ wie auch summativ sein kann, wobei erstere detaillierter sein muss.

- Wie bereits in der Einleitung zu dieser Arbeit betont, ist einer der am meisten zur Evaluation herangezogenen Ansätze der von KIRKPATRICK. KIRKPATRICK selbst benennt den Evaluationszweck mit „determination of the effectiveness of a training pro-

[444] Vgl. Galvin, J. C. (1983), S. 52.

gram“[445]. Er unterscheidet insgesamt vier Evaluationsebenen, die sich an die Outputphase im Personalentwicklungsprozess anlehnen. Die einzelnen Ebenen bezeichnet er mit *Reaction*, *Learning*, *Behaviour* und *Results*. Die erste Evaluationsphase bezieht sich, wie die Bezeichnung schon vermuten lässt, auf die Reaktion der Teilnehmer auf die Maßnahme, sprich deren empfundene Zufriedenheit. Erst im nächsten Schritt, dem Learning, wird überprüft, ob auch ein Lernerfolg vorliegt. Die Evaluation des Verhaltens (Behaviour) zielt darauf ab zu überprüfen, ob sich auch das Verhalten der Teilnehmer dahingehend verändert hat, dass sie die erlernten Inhalte einer Maßnahme im Arbeitsalltag umsetzen und integrieren. Im letzten Schritt (Results) sollen die betriebswirtschaftlichen Auswirkungen einer Maßnahme bestimmt werden. Dazu schlägt KIRKPATRICK eine Analyse der Umsätze, Kosten oder der Qualität von Produkten oder Dienstleistungen vor.[446]

- HAMBLIN verbindet seine fünf Evaluationslevel zu einer Ursache-und-Effekt-Kette (cause-and effect-chain). Grundsätzlich beschreibt die Kette, dass eine Trainingsmaßnahme zu Reaktionen bei den Teilnehmern führt, welche wiederum zu einem Lernergebnis führen. Aufgrund des Lernens wird das Arbeitsverhalten verändert, was infolgedessen zu einer Veränderung in der Arbeitsorganisation und schlussendlich zu einer Beeinflussung der ultimativen Ziele führt. Demnach soll die Evaluation nach HAMBLIN auf den Ebenen *Reaktion*, *Lernen*, *Verhalten*, *Organisation* und *Unternehmensziele* stattfinden. Die einzelnen Ebenen stehen damit in einer engen Abhängigkeit zueinander. Jedoch ist die Kette laut HAMBLIN nicht als Fixum zu betrachten. Er räumt ein, dass die Kette jederzeit reißen kann, da zum Beispiel eine positive Reaktion auf ein Seminar nicht unbedingt in einem Lernerfolg bei einem Teilnehmer resultieren muss. Zudem wird jedes Level von äußeren Einflüssen beeinflusst. So hängt die Reaktion eines Teilnehmers auf ein Seminar bspw. auch von der aktuellen Stimmung des Teilnehmers oder aber vom Essen während eines Trainings ab. HAMBLIN betont, dass jedes Level mehrere verschiedene Effekte hervorbringt. Deshalb ist es notwendig vorab festzulegen, welche Effekte gemessen werden sollen (welche Reaktionen werden erwartet?, welche Lernziele sollen erreicht werden?).[447] Er unterstreicht darüber hinaus, dass Aussagen zum Organizational oder Ultimative Level nur getroffen werden können, wenn die vorangegangenen Level ebenfalls Teil der Evaluation waren, da sonst keine Erklärungen für den Erfolg oder Misserfolg einer Maßnahme gegeben

[445] Kirkpatrick, D. L. (1987), S. 295.

[446] Vgl. zu jeder einzelnen der vier Ebenen im Modell Kirkpatrick, D. L. (1959a); Kirkpatrick, D. L. (1959b); Kirkpatrick, D. L. (1960a); Kirkpatrick, D. L. (1960b) sowie umfassend Kirkpatrick, D. L. (1996), S. 295 ff. und Kirkpatrick, D. L. (1987), S. 295 ff.

[447] Vgl. Hamblin, A. C. (1974), S. 14 ff.

werden können.[448] Auch wenn die Erläuterungen zur Evaluation bei HAMBLIN erst beim Level „Reactions" beginnen, verweist HAMBLIN eindeutig darauf, dass die Vor-Trainings-Situation ebenfalls erhoben und damit bekannt sein muss, um später Aussagen bezüglich des Outcomes treffen zu können.[449]

- PHILIPPS greift den Ansatz von KIRKPATRICK auf und erweitert die vier Ebenen um eine Fünfte. In Anlehnung an KIRKPATRICK benennt er seine Evaluationsphasen wie folgt: *reaction and planned action, learning, applied learning on the job, business results* sowie *return on investment.*[450] Er argumentiert, dass sich das vierte Level von KIRKPATRICK im Wesentlichen auf die Geschäftsergebnisse bezieht, welche durch die Teilnehmer erreicht wurden, darüber hinaus sollten s. E. jedoch auf einer nächsten Ebene der monetäre Nutzen einer Maßnahme mit den Kosten verglichen werden. Als geläufigste Relationen nennt er hier die Nutzen-Kosten-Relation (BCR) oder den Return on Investment (ROI). Der Informationswert steigt ihm zufolge mit jeder Evaluationsstufe weiter an. Deshalb erachtet er es auch als zwingend notwendig, dass zur Evaluation einer höheren Stufe auch die Daten der vorangegangenen Stufen erhoben werden müssen, um ein aussagekräftiges Ergebnis zu erhalten.[451] Dabei ist es abhängig vom Zweck der Evaluation, von den Instrumenten, dem Design und den Kosten, welche Datenerhebungsmethode angewandt wird.[452] PHILLIPS weist jedoch darauf hin, dass die Ermittlung eines ROI leichter ist, wenn ein Programm in direktem Zusammenhang mit einem bestimmten Payoff steht.[453]

- BRETHOWER/RUMMLER machen in ihrem Ansatz deutlich, dass ein optimales Trainingssystem aus verschiedenen Komponenten besteht, welche in Form eines adaptiven Regelkreises miteinander verbunden sind, der mehrere Mess- und Kontrollpunkte aufweist. Der Regelkreis selbst besteht ihrer Beschreibung nach aus vier verschiedenen Elementen. Dem *Input* (Trainees), dem *Processing System*, welches die Inputs in Output konvertiert, dem *Output* (weitergebildete Trainees) und dem *Receiving System*, d. h. der Unternehmungseinheit, in welche das Output direkt fließt und welches schlussendlich zur Erreichung eines gesetzten Ziels führt (mission goal). Dabei kommt es zu unterschiedlichen Feedbackprozessen, die Verbesserungspotenzial aufdecken sollen. Zum einen soll überprüft werden, ob der Output des Receiving Systems zu den vor Maßnahmenbeginn gesetzten Kriterien passt. Gleiches geschieht für den Output

[448] Vgl. Hamblin, A. C. (1974), S. 24.

[449] Vgl. Hamblin, A. C. (1974), S. 8.

[450] Vgl. Phillips, J. J. (1996b), S. 43.

[451] Vgl. Phillips, J. J. (1996b), S. 27 ff.

[452] Vgl. Phillips, J. J. (1996b), S. 42 f.

[453] Vgl. Phillips, J. J. (1996b), S. 44.

des Processing Systems. Letztlich gilt es zu überprüfen, ob durch das Processing System ein bestimmter Output oder ein bestimmtes Ziel erreicht werden konnten.[454] Hier wird vor allem die Notwendigkeit der Anpassungsfähigkeit eines Modells durch ständige Feedbackprozesse verdeutlicht. Im Rahmen der Evaluation nehmen sie Bezug auf die vier Ebenen von KIRKPATRICK, d. h. die Evaluation der Reaktion, des Lernerfolgs, des Anwendungserfolgs sowie der Ergebnisse resp. Auswirkungen auf die Unternehmung. Die Evaluation kann nach BRETHOWER/RUMMLER sowohl formativ wie auch summativ durchgeführt werden.[455]

4.2.3.2 Kritische Bewertung

Gerade der Ansatz von KIRKPATRICK wurde in der Literatur umfassend diskutiert. Hauptkritik ist, dass KIRKPATRICKS Modell sehr vage bleibt. Es werden weder nähere Angaben zu den einzelnen Ebenen an sich noch zu den Abhängigkeiten zwischen den einzelnen Ebenen gemacht.[456] Ein kausaler Zusammenhang wird dem Modell jedoch von anderen Autoren wie bspw. HAMBLIN, NOE/SCHMIDT oder BATES unterstellt.[457] ALLIGER/JANAK haben die Annahme einer hierarchischen Ordnung zwischen den einzelnen Ebenen deshalb zum Anlass genommen, um zu überprüfen, ob die einzelnen Ebenen in einem kausalen Zusammenhang stehen und ob diese positiv miteinander korrelieren.[458] Dabei konnten sie keinen kausalen Zusammenhang zwischen der Reaktion und den anderen drei Ebenen *Lernen*, *Verhalten* oder *Ergebnisse* feststellen. So konnte bspw. zwischen der Zufriedenheit eines Teilnehmers und dessen Lernerfolg nur eine Korrelation von 0,07 ausgemacht werden. Ferner konnte festgestellt werden, dass der Lernerfolg nur einen geringen Einfluss auf den Transfererfolg hat (Korrelation 0,13), überraschenderweise jedoch mehr auf den Organisationserfolg (Korrelation 0,40). Eine leicht positive Korrelation konnte ebenfalls zwischen Transfer- und Unternehmungserfolg festgestellt werden (0,19). Insgesamt konstatieren sie jedoch, dass es keinen empirischen Beweis für ein hierarchisches Modell gibt.[459] Darüber hinaus überprüften ALLI-

[454] Vgl. Brethower, K. S./Rummler, G. A. (1979), S. 14 ff.

[455] Vgl. Brethower, K. S./Rummler, G. A. (1979), S. 15.

[456] Vgl. Häring, K. (2003), S. 51.

[457] Vgl. Hamblin, A. C. (1974), S. 15; vgl. Bates, R. (2004), S. 342 ff.; vgl. Noe, R./Schmidt, N. (1986), S. 497. Hier sei erwähnt, dass KIRKPATRICK selbst betont, nie einen kausalen Zusammenhang hervorgehoben zu haben, da er selbst in Bezug auf die vier Ebenen lediglich von einer Taxonomie und nicht von einem Modell spricht. Vgl. Stoel, D. (2003), S. 46.

[458] Insgesamt fanden Alliger/Janak 203 Artikel in einschlägigen Journalen, welche sich mit Ergebnissen der Trainingsevaluation beschäftigten. Allerdings verfügten nur 8 der aufgeführten Artikel über Angaben zu Korrelationen zwischen den einzelnen Leveln. Die Suche wurde entsprechend auf andere Artikel und Bücher ausgeweitet, so dass insgesamt 16 Artikel, welche Korrelationen aufzeigten, ausgemacht wurden. Da der Fokus von Alliger/Janak jedoch auf der betrieblichen Weiterbildung lag, konnten schlussendlich nur 12 Artikel für die Analyse verwendet werden. Alliger, G. M./Janak, E. A. (1989), S. 335 ff.

[459] Vgl. Alliger, G. M./Janak, E. A. (1989), S. 335 ff.; vgl. zu einem ähnlichen Ergebnis Clement, R. W. (1982), S. 181 ff.

GER/JANAK das KIRKPATRICK-Modell hinsichtlich der Annahme, dass jedes nachfolgende Level einen höheren Informationsgehalt liefert als das vorangegangene. Diese These verneinen die Autoren bestimmt. Sie weisen darauf hin, das Trainingsmaßnahmen zuweilen nur als Incentive für die Teilnehmer fungieren oder als Imageverbesserung für die Unternehmung. Hier liefern die Ergebnisse auf der Reaktionsebene die entscheidenden Hinweise für den Erfolg einer Maßnahme.[460]

THIERAU moniert im Hinblick auf den Ansatz von HAMBLIN, dass der Erfolg auf einer vorgelagerten Stufe keinen Aussagegehalt über den Erfolg der darauf folgenden Stufe liefert und damit keine „Kausalkette" unterstellt werden kann. Darüber hinaus merkt sie an, dass der Prozessverlauf nicht explizit berücksichtigt wird und Probleme innerhalb der Maßnahme somit nicht aufgedeckt werden können und Ergebnisse nicht klar zurückführbar sind.[461]
Hinsichtlich der Einhaltung der in Kapitel 3.1.3 vorgestellten Anforderungen lassen sich folgende Feststellungen treffen: Die Einhaltung *methodischer Anforderungen* wird auch hier in den meisten Fällen nicht klar benannt, lediglich indirekt lassen sich Indizien für die Berücksichtigung finden. So fordert KIRKPATRICK die Quantifizierung der Daten und strebt damit indirekt eine gewisse Nachvollziehbarkeit und Objektivierung der Daten an.[462] HAMBLIN betont, dass externe Effekte auf einen Trainingsteilnehmer möglichst eingedämmt werden sollten; wie dies zu geschehen hat, wird allerdings offen gelassen.[463] Lediglich PHILLIPS stellt heraus, dass die Techniken und Methoden der Evaluation glaubwürdig, genau und rational nachvollziehbar sein müssen. Er schränkt jedoch gleichfalls ein, dass dies den Evaluationsprozess kompliziert und lang werden lassen kann, und führt deshalb die Notwendigkeit der Ausgeglichenheit zwischen wissenschaftlichem Vorgehen und praktischer Anwendbarkeit an. Insgesamt spricht auch er sich für eine Quantifizierung der Daten und eine Isolierung der Effekte aus.[464]

Hinsichtlich der *inhaltlichen Anforderungen* ist zunächst festzuhalten, dass die pragmatisch-outputorientierten Ansätze erst nach Beginn der Trainingsmaßnahme mit der Evaluation beginnen. Dem Kriterium der *Ganzheitlichkeit* entsprechen sie damit nicht. Damit ist auch eine stringente Berücksichtigung des Entstehungs-, Verwendungs- und Begründungszusammenhangs nicht möglich. Eine klare Zurückführung der Ergebnisse auf bestimmte Vor-Trainings-Bedingungen ist damit nicht möglich. Lediglich HAMBLIN verweist darauf, dass diese bekannt sein sollten, innerhalb seiner Ursache-Wirkungskette der Evaluation geht er darauf jedoch

[460] Vgl. Alliger, G. M./Janak, E. A. (1989), S. 332 f.

[461] Thierau, H. (1991), S. 99.

[462] Vgl. Kirkpatrick, D. L. (1987), S. 307.

[463] Vgl. Hamblin, A. C. (1974), S. 16.

[464] Vgl. Phillips, J. J./Schirmer, F. C. (2008), S. 19 ff.

nicht weiter ein.[465] Damit ist auch eine *Transferbezogenheit* der Ansätze nicht gegeben. Eine *Partizipation* der Beteiligten sehen alle diese Ansätze nicht vor. Bezüglich der *Funktionsbezogenheit* lässt sich bei den meisten eine Ausrichtung auf eine Legitimation unterstellen. So äußert HAMBLIN, dass eine Evaluation auf die Erreichung finanzieller Unternehmungsziele hin ausgerichtet sein soll. PHILLIPS/SCHIRMER betonen, dass der Beitrag der Personalentwicklung in Bezug auf die Unternehmensziele gemessen werden soll.[466] Die vorgestellten pragmatisch-outputorientierten Ansätze nehmen keinen Bezug auf eine konkrete *Kompetenz*. Es wird vielmehr davon ausgegangen, dass die Ansätze auf alle Trainingsformen übertragbar sind. GALVIN kritisiert diesbezüglich KIRKPATRICK, indem er ihm eine Anwendbarkeit allein auf Trainings von manuellen und technischen Fertigkeiten unterstellt.[467] Diesbezüglich nahmen KIRKPATRICK, D. L./KIRKPATRICK, J. D. eine Modifikation vor, in der sie explizit auf Methoden zur Messung von Verhaltensänderungen eingehen.[468]

In <u>*formaler*</u> Hinsicht wird schon allein durch die mangelnde Partizipation bei der Durchführung der Evaluation auf eine erhöhte *Akzeptanz* des Evaluationsvorgehens verzichtet. Die *Praktikabilität* ist allein schon aufgrund der Forderung nach der Quantifizierung qualitativer Daten sowie der Isolierung von Effekten nicht ohne weiteres gegeben. Auch die *Wirtschaftlichkeit* leidet unter der Anwendung dieser aufwändigen Verfahren.

4.2.4 Analytisch-ganzheitliche Ansätze

4.2.4.1 Darstellung

Während die bisher vorgestellten pragmatischen Ansätze methodisch auf in der Praxis leicht umzusetzende Erhebungsmethoden fokussieren, konzentrieren sich die analytischen Ansätze auf messmethodisch einwandfreie Forschungsdesigns, um eine zuverlässige Aussage über Ursache und Erfolg bzw. Misserfolg einer Maßnahme treffen zu können.[469] Analytische Ansätze haben aufgrund ihrer methodischen Ausrichtung grundsätzlich eine summative Ausrichtung.

Als analytisch-ganzheitlich können folgende Ansätze angesehen werden:

- SNYDER/RABEN/FARR verstehen Evaluationen als ganzheitlichen Prozess, wobei sie den zyklischen Charakter herausstellen. In jeder Phase gibt es ihres Erachtens nach

[465] Vgl. Hamblin, A. C. (1974), S. 27 f.

[466] Vgl. Hamblin, A. C. (1974), S. 9; vgl. Phillips, J. J./Schirmer, F. C. (2008), S. 14.

[467] Vgl. Galvin, J. C. (1983), S. 57.

[468] Vgl. Kirkpatrick, D. L./Kirkpatrick, J. D. (2008), S. 189 f.

[469] Vgl. dazu auch Bronner, R./Schröder, W. (1983), S. 55.

Episoden der Datensammlung, der Datenanalyse und des Feedbacks an die Beteiligten. Die Autorengruppe teilt den Evaluationsprozess in folgende Abschnitte ein: „*Context Evaluation*“, „*Input Evaluation*“, „*Process Evaluation*“, „*Summative Evaluation*“ und „*Prognostic Evaluation*“. Sie verweist darauf, dass im Rahmen der Context-Evaluation Informationen über Politiken, Strategien und Praktiken der Unternehmung durch Fragebögen, Interviews und Beobachtungen gewonnen werden können. Darüber hinaus schlagen sie eine Szenario-Analyse vor, welche zum einen den Status Quo einer Unternehmung sowie realistische und ideale Zukunftsszenarios aufzeigt und anschließend den Beteiligten vorgestellt wird.[470] Die „Input-Evaluation“ dient ,wie auch schon bei anderen Autoren erwähnt, der Bewertung zur Verfügung stehender Ressourcen sowie der aktuellen Strategien, auf deren Basis passende Maßnahmen ausgewählt sowie Ziele formuliert werden. An dieser Stelle schlagen SNYDER/RABEN/FARR eine Entscheidung für ein experimentelles oder quasi-experimentelles Design vor, innerhalb dessen Kriterien und deren Messungen festgelegt werden müssen. Sie verweisen darauf, dass auch hier ein Einverständnis aller Beteiligten von Nöten ist.[471] Die „Process Evaluation“ dient der Analyse der laufenden Maßnahme. Alle Ereignisse und Aktivitäten müssen in dem Zusammenhang zum Zeitpunkt ihres Auftretens schriftlich festgehalten werden. Informationen können bspw. den Programmplänen entnommen werden. Dadurch sollen Fehler im Design offengelegt werden und die Mitarbeiter über den Verlauf des Programms informiert werden können.[472] Die folgende „Summative Evaluation“ soll die Kosten-Nutzen-Relation einer Maßnahme aufdecken, wenngleich die drei Autoren betonen, dass dies sehr subjektiv ist. Abschließend soll die „Prognostic Evaluation“ dazu dienen, Vorhersagen darüber zu treffen, inwiefern das Programm Auswirkungen auf die Mitarbeiter oder die gesamte Unternehmung hat. An dieser Stelle werden von SNYDER/RABEN/FARR jedoch keine Instrumente aufgezeigt. Insgesamt betonen sie jedoch, dass sowohl qualitative wie auch quantitative Daten im Evaluationsprozess benötigt werden. Die zugrunde liegenden Methoden zeigen, dass hier ein analytisches Vorgehen angestrebt wird. [473] Insgesamt steht auch bei dieser Evaluation die Analyse des ökonomischen Nutzens einer Maßnahme im Fokus der Evaluation.

- Ein weiteres Modell, welches mit verschiedenen Test- und Kontrollgruppen arbeitet, wurde von MARTENS entwickelt. Es ist unterteilt in die Abschnitte „*Ausgangspunkt*“ (vor der Maßnahme), „*Lernerfolg*“ (während oder nach der Maßnahme), „*Verhaltens-*

[470] Vgl. Snyder, R. A./Raben, C. S./Farr J. J. (1980), S. 437.

[471] Vgl. Snyder, R. A./Raben, C. S./Farr J. J. (1980), S. 437.

[472] Vgl. Snyder, R. A./Raben, C. S./Farr J. J. (1980), S. 440.

[473] Vgl. Snyder, R. A./Raben, C. S./Farr J. J. (1980), S. 440 ff.

änderung“ (durch Beobachtung am Arbeitsplatz), „*Veränderung der Leistung*“ (nach mehreren Monaten). MARTENS sieht in seinem Evaluationsmodell in jedem Evaluationsabschnitt den Einsatz von Test- und Kontrollgruppen vor. So wird im Rahmen der Evaluation des Ausgangspunktes vorgesehen, dass sowohl bei der Test- als auch bei der Kontrollgruppe zunächst das Wissen, die Einstellungen und das Verhalten vor einer Trainingsmaßnahme erfasst werden. Anschließend durchläuft die Testgruppe die Trainingsmaßnahme, während die Kontrollgruppe keine Behandlung erfährt. Nach Abschluss der Trainingsmaßnahme werden dann die „Lernerfolge“ in Bezug auf Wissen, Einstellungen und Verhalten bei beiden Gruppen erfasst. Dies wird nach mehreren Monaten noch einmal überprüft und mit dem ersten erfassten Lernerfolg verglichen. Abschließend wird bei der Testgruppe die Auswirkung auf die Praxis in Form von Produktivität, Fluktuation etc. erfasst und ebenfalls mit den Ergebnissen der Kontrollgruppe verglichen.[474]

- FITZ-ENS betont die Absurdität der gemeinhin proklamierten Unmöglichkeit einer Zurückführung eines Erfolgsergebnisses auf eine spezifische Trainingsmaßnahme. Er stellt dementsprechend ein eigenes Modell, das „*training valuation system*“ (TVS) vor. Dieses beginnt mit dem ersten Schritt, welcher mit „*Situation*“ tituliert wird. Auf dieser Stufe soll der Pre-Trainings-Status eines Trainees oder einer Trainingsgruppe vom jeweiligen Vorgesetzten bestimmt werden. D. h. es sollen konkrete Aussagen darüber getroffen werden, welchen Wert die Funktionsausübung eines Mitarbeiters im Gesamtprozess der Unternehmung innehat. Dementsprechend wird auch der Mehrgewinn durch eine Trainingsmaßnahme dokumentiert. Der Fokus muss dabei immer auf dem Wert liegen. Im nächsten Schritt kommt es zur sogenannten „*Intervention*“. Diese erfolgt zunächst über die Problemdiagnose und anschließend über die Trainingsbeschreibung. Hier geht es im ersten Schritt darum, die Ursachen für einen Leistungsabfall oder für die Trainingsnotwendigkeit aufzudecken. An dieser Stelle muss geklärt werden, ob das Problem durch eine Trainingsmaßnahme beseitigt werden kann. Darauf aufbauend muss im nächsten Schritt das Training konzipiert werden. Schritt drei wird als „*Impact*“ bezeichnet. Hier muss nach einer durchgeführten Maßnahme festgestellt werden, ob Veränderungen im Arbeitsverhalten und der Arbeitsleistung festzustellen sind. Dazu muss aufgedeckt werden, welche Variablen zu der Veränderung geführt haben können, wie stark der Effekt ist, der von jeder Variable ausgeht, inwiefern sich das Arbeitsverhalten oder die Leistung verändert haben oder warum es zu keiner Veränderung gekommen ist. Im letzten Schritt soll schließlich der „*Value*“, d. h. der Wert einer Maßnahme, bestimmt werden. Dieser äußert sich in veränderter Qualität, Produktivität, veränderten Absätzen etc., d. h. in allem was in monetärer Art und Wei-

[474] Vgl. Martens, J.-U. (1987), S. 89 ff.

se ausgedrückt werden kann.[475] Neu an diesem Ansatz die von Beginn an sehr starke Wertorientierung und die Betonung der Notwendigkeit einer starken Zusammenarbeit zwischen Trainer und Unternehmung.[476]

4.2.4.2 Kritische Bewertung

Wie die Einordnung in die Kategorie der analytischen Ansätze zeigt, sind _methodische Anforderungen_ in Form einer Einhaltung der klassischen testtheoretischen Gütekriterien als Grundlage der analytisch-ganzheitlichen Ansätze zu sehen. SNYDER/RABEN/FARR nehmen klar Bezug auf die Überprüfung der internen und externen Validität und zielen durch ihre Forderung nach einer Evaluation mittels experimentellem oder zumindest quasi-experimentellem Design auch auf die Forderungen nach Reliabilität und Objektivität der Evaluationsergebnisse ab.[477] Sie räumen aber gleichermaßen ein, dass die Schätzung der externen Validität nur sehr subjektiv vorgenommen werden kann.[478]

Inhaltlich ist zu bemerken, dass die Ansätze die Evaluation auf den gesamten Personalentwicklungsprozess anwenden (*Ganzheitlichkeit*). Dabei sehen jedoch nur SNYDER/RABEN/FARR eine *Partizipation* der Beteiligten zumindest in Form von Informationen als notwendig an.[479] Bezüglich der *Funktions-* und *Kompetenzbezogenheit* werden bei den Ansätzen keine eindeutigen Aussagen getroffen. Der *Transferbezug* findet bei den genannten Ansätzen durchgängig durch Beachtung der Teilnehmercharakteristika wie auch der Evaluation der Durchführung der Maßnahme statt. Auf die Arbeitsumgebung beziehen sich jedoch nur SNYDER/RABEN/FARR explizit. Die zeitliche Passung der Maßnahme wird in keinem Fall evaluiert.

Formal gesehen ist nur der Ansatz von SNYDER/RABEN/FARR auf *Akzeptanz* bedacht, indem er eindeutig, wie oben schon beschrieben, die Bedeutung der Information aller Beteiligten hervorhebt. Alle anderen lassen diesen Punkt unberücksichtigt. Hinsichtlich der *Praktikabilität* und *Wirtschaftlichkeit* lassen sich keine positiven Aussagen treffen. Alle Ansätze sind stark quantitativ orientiert und setzen auf experimentelle Designs, welche in der betrieblichen Praxis nicht durchführbar sind. Dies impliziert gleichermaßen eine nicht gegebene Wirtschaftlichkeit der Ansätze, da solche Designs gemeinhin als zu kostenintensiv gelten.[480]

[475] Vgl. Fitz-Ens, J. (1994), S. 57 f.

[476] Vgl. Fitz-Ens, J. (1994), S. 58.

[477] Vgl. Snyder, R. A./Raben, C. S./Farr J. J. (1980), S. 437.

[478] Dies stützt die Einschätzung, dass die Anforderung der Übertragbarkeit nur in Ausnahmefällen als Kriterium für die Evaluation angesetzt werden kann. Keinesfalls kann sie als allgemeine Anforderung gelten (vgl. Kapitel 3.2.3.).

[479] Vgl. Snyder, R. A./Raben, C. S./Farr J. J. (1980), S. 436.

[480] Vgl. dazu auch die Argumentation in Kapitel 3.2.1.

4.2.5 Analytisch-outputorientierte Ansätze

4.2.5.1 Darstellung

In der Literatur finden sich nur wenige Ansätze, die sich lediglich auf die Outputphase im Personalentwicklungsprozess beziehen und welche ein festgelegtes Forschungsdesign vorsehen.

- Ein analytisches und outputfokussiertes Vorgehen schlägt WEINERT vor. Dieser nutzt unterschiedliche experimentelle Forschungsdesigns für die Erklärung des Erfolgs von Trainings. Dazu nutzt er sogenannte Kontrollgruppendesigns, wobei er hier unterschiedliche Vorgehensweisen von einer bis hin zu drei Kontrollgruppen (Solomon-Design) aufzeigt. WEINERT schränkt aufgrund der Komplexität der Designs jedoch im gleichen Zuge deren Anwendbarkeit in Unternehmungen ein und verweist als Ausweg auf quasi-experimentelle Designs.[481]

- Darüber hinaus ist das „HRD Evaluations Research and Measurement Model“ von HOLTON III zu nennen, welches ebenfalls auf experimentellen Designs beruht. HOLTON III berücksichtigt in seinem Modell lediglich die Stufen *Learning*, *Individual Performance* (als weiteren Begriff im Vergleich zu Verhalten) und *Organizational Results*. Die Reaktion wird als Evaluationsstufe ausgeschlossen, da sich keine empirischen Evidenzen für den Zusammenhang von Reaktion und Lernen finden lassen. HOLTON III sieht die Erhebung der Teilnehmerreaktion damit nicht als primäres Erhebungsziel einer Evaluation und betont, dass Reaktionserhebungen lediglich zu anderen Zwecken genutzt werden können.[482] Neben den drei Outcome-Stufen seines Modells berücksichtigt HOLTON III zudem motivationale und umweltbedingte Einflussfaktoren auf den Erfolg einer Maßnahme. Zudem verdeutlicht er, dass auch die individuellen Fähig- und Fertigkeiten (das Können) einen Einfluss ausüben.[483]

4.2.5.2 Kritische Bewertung

In der Literatur existieren keine kritischen Auseinandersetzungen mit den vorgeschlagenen Modellen von WEINERT und HOLTON III. Allerdings trifft durch die analytische Ausrichtung

---

[481] Vgl. Weinert, A. B. (1987), S. 251 ff. Bei quasi-experimentellen Designs werden keine zusätzlichen Kontrollgruppen eingesetzt. Die Kontrolle erfolgt über die Trainingsgruppe selbst, z. B. über die Messung zu unterschiedlichen Zeitpunkten (Zeit-Serien-Design) oder über mehrere Trainingsgruppen, die nacheinander ein Training absolvieren (institutionelle Zyklus-Analyse). Vgl. Weinert, A. B. (1987), S. 254 ff.

[482] Vgl. dazu auch den Nutzen der Reaktionsevaluation als Instrument der Partizipation der Teilnehmer an einer Maßnahme, welcher in Abschnitt 5.2.3 dargelegt wird.

[483] Vgl. Holton, E. F. (1996), S. 9 ff.

der Ansätze auch die Kritik bezüglich der methodischen Grenzen der Evaluation zu.[484] Methodisch setzen die Modelle auf ein klassisches experimentelles Design und legen damit die Einhaltung der klassischen Gütekriterien als Grundanforderung an.

Inhaltlich bezieht sich das Modell nur auf die verschiedenen Outputphasen und lässt damit die Ausgangsgegebenheiten einer Maßnahme außer Betracht. Eine *Ganzheitlichkeit* liegt damit nicht vor. Inwiefern die Ergebnisse der experimentellen Designs damit als aussagekräftig interpretiert werden können, bleibt deshalb fraglich. Ein Einbezug der Beteiligten (*Partizipation*) ist hier nicht vorgesehen, ebenso wenig bezieht sich das Modell auf eine bestimmte Evaluations*funktion* oder gar eine *Kompetenz*. Der *Transferbezug* kann deshalb nicht in Gänze hergestellt werden, da der Bezug zur Kontext- und Inputevaluation fehlt. In Bezug auf die Anforderung wird lediglich im Modell von HOLTON III die Bedeutung der Fähigkeiten und Fertigkeiten des Teilnehmers, dessen Motivation und die Situation berücksichtigt.[485]

Formalen Kriterien kann das Modell von Weinert nicht genügen, stellt es sich doch in der Praxis problematisch dar. Zum einen benötigt der Evaluator ein umfassendes Know-how in Bezug auf die genannten Forschungsdesigns, zum anderen wächst der Evaluierungsaufwand überproportional mit dem Anspruch, welcher an eine Evaluation gestellt wird. Experimentelle Designs sind damit weder *wirtschaftlich* noch *praktikabel*. BRONNER/SCHRÖDER kommen deshalb zu dem Schluss, dass dieses Verfahren in der Praxis nicht umsetzbar ist.[486] Lediglich den quasi-experimentellen Designs kann hier in Anlehnung an WEINERT eine Anwendbarkeit vor dem Hintergrund der Praktikabilität und Wirtschaftlichkeit zugeschrieben werden.[487] Da die Vorgehensweisen keinen Einbezug der Interessensgruppen vorsehen, ist davon auszugehen, dass die *Akzeptanz* nur gering ausfällt.

4.2.6 Kritische Gesamtbetrachtung der prozessorientierten Evaluationsansätze

Insgesamt lässt sich festhalten, dass mit Blick auf den pragmatisch-naturalistisch-orientierten Forschungsansatz dieser Arbeit die analytischen prozessorientierten Ansätze keine weiterführenden Gestaltungsanregungen liefern können. Zwar wird hier der Forderung der Einhaltung von Gütekriterien entsprochen, dies geht jedoch zu Lasten aller anderen aufgestellten Anforderungen. Damit können diesen Ansätzen keine Erkenntnisse in Bezug auf die Evaluation des Training off-the-job entnommen werden.

[484] Vgl. dazu Abschnitt 3.3.4

[485] Vgl. Abschnitt 4.2.5.1.

[486] Vgl. Bronner, R./Schröder, W. (1983), S. 58 f.

[487] Vgl. Weinert, A. B. (1987), S. 254 f.

Insgesamt ist allen prozessorientierten Ansätzen vorzuhalten, dass sie wenig bis gar nicht auf die Partizipation der Prozessbeteiligten eingehen. Somit ist von einer geringen Akzeptanz der Vorgehensweise auszugehen. Des Weiteren wird in Bezug auf den Ansatz keine Unterscheidung hinsichtlich verschiedener Arten des Trainings (Fach-, Methoden-, Sozialkompetenztraining) vorgenommen. Lediglich in der Nennung einzelner Methoden der Evaluation wird auf deren Nutzen für die Erhebung bestimmter Kompetenzen eingegangen, so dass hier eine Differenzierung erfolgt. Ferner wird in keinem Ansatz auf den konkreten Zeitpunkt einer Evaluation verwiesen und hierüber eine Einschätzung getroffen, so dass keine Hinweise auf die adäquate zeitliche Gestaltung einer Evaluation gewonnen werden können. Gerade bei den pragmatischen Ansätzen ist eine geringe Erfüllung der methodischen Anforderungen zu erkennen. Somit ist auch die Einhaltung der qualitativen Gütekriterien hier nicht immer gewährleistet.

Die kritische Diskussion der prozessorientierten Ansätze zeigt jedoch auf der anderen Seite, dass im Hinblick auf die gestellten Anforderungen an Evaluationen vor allem die pragmatisch ausgerichteten Ansätze Anregungen zu Gestaltung von Evaluationen aufzeigen. So ist als positiver Nutzen aus den pragmatisch-ganzheitlichen Ansätzen der Einbezug aller Trainingsphasen vom Kontext bis zum Output zu nennen, so dass hier ein Transferbezug in der Evaluation vorhanden ist. Teilweise ist, wie das *CAIPO*-Modell von EASTERBY-SMITH zeigt, auch ein Funktionsbezug vorhanden. Insgesamt stellen die pragmatischen Ansätze vor allem die Praktikabilität und Wirtschaftlichkeit in den Vordergrund, so dass auch hier Anregungen für die Gestaltung einer Evaluation des Training off-the-job gewonnen werden können. Darüber hinaus zeigen alle pragmatischen Ansätze eine Vielzahl von Methoden der Evaluation auf, auf die jedoch auch aus Platzgründen an dieser Stelle nicht detailliert eingegangen werden kann. Diese werden aufgrund ihrer Sinnhaftigkeit im fünften Kapitel dieser Arbeit aufgegriffen.

Aus den pragmatisch-outputorientierten Ansätzen ist positiv herauszuheben, dass sie die Outputphase einer Evaluation sehr detailliert betrachten. So werden gerade auf der Ebene des Unternehmungserfolgs die Berechnung des Return on Investment angesprochen (von BECKER auch als Return on Development bezeichnet)[488], HAMBLIN macht zudem den Einfluss von äußeren Einflussfaktoren auf den Prozess deutlich, welche im Rahmen der Evaluation Berücksichtigung finden sollten.

Insgesamt erscheint vor allem auch die Differenzierung der Ansätze in die einzelnen Evaluationsebenen als eine gute Strukturierungshilfe für die inhaltlich-methodischen Gestaltungsoptionen der Evaluation des Training off-the-job.

---

[488] Vgl. Becker, F. G. (2005), S. 51.

4.3 Controllingorientierte Ansätze

4.3.1 Überblick

Die im Folgenden dargestellten controllingorientierten Ansätze zielen insbesondere auf die Effizienz einer Maßnahme, d. h. den durch eine Maßnahme induzierten betriebswirtschaftlichen Erfolg ab.[489] Sie unterstützen die generelle Notwendigkeit eines Kostencontrollings und der Budgetierung im Feld der betrieblichen Weiterbildung.[490]

Wie in Abschnitt 4.1 beschrieben, können die controllingorientierten Ansätze in kostenanalytische, investitionsorientierte und kennzahlenorientierte Ansätze unterschieden werden. Die kostenanalytischen Ansätze stellen dabei die anfallenden Kosten und deren Verrechnung in den Vordergrund, die investitionsorientierten Ansätze konzentrieren sich auf die erwarteten Einzahlungen, die mit einer Auszahlung verbunden sind, und die kennzahlenorientierten Ansätze bemühen sich um die Darstellung verschiedener, im Rahmen der Personalentwicklung relevanter Kennzahlen.[491] Im Folgenden werden die einzelnen Ansätze dargestellt und kritisch reflektiert.

4.3.2 Kostenanalytische Ansätze

4.3.2.1 Darstellung

Grundlage der kostenanalytischen Ansätze ist die ursachengerechte Erfassung und Verteilung von Kosten, die im Zusammenhang mit einer Trainingsmaßnahme entstehen.[492] Dieses wird im Rahmen einer Kostenrechnung vollzogen.[493]

Mit der Kostenrechnung sind zwei Zielsetzungen verbunden. Zum einen dient sie als Entscheidungsgrundlage, da die Berechnung der mit einer Maßnahme verbundenen Kosten die Grundlage für betriebliche Dispositionen bildet (entscheidungsorientierte Zukunftsrechnung). Zum anderen dient sie als Kontrollinstrument, indem die ermittelten Plan-Kosten den tatsächlichen Ist-Kosten gegenübergestellt und Abweichungen aufgedeckt und analysiert werden können (kontrollierende Vergangenheitsrechnung).[494]

---

[489] Vgl. Petersen, T. (2000), S. 1477.

[490] Vgl. Bernatzeder, P./Bergmann G. (1997), S. 108.

[491] Vgl. zur gleichen Einteilung vor allem Thierau, H. (1991), S. 81 ff., die die Ansätze als ökonomische Ansätze bezeichnet.

[492] Vgl. Häring, K. (2003), S. 55 f.

[493] Vgl. Schulte, C. (1989), S. 4 f.

[494] Vgl. Wöhe, G./Döring, U. (2000), S. 1103.

In Bezug auf Weiterbildungsmaßnahmen lassen sich zwei Arten von Kosten unterscheiden. VON BARDELEBEN et. al. differenzieren diesbezüglich in unmittelbare und mittelbare Kosten. Unmittelbare Kosten stellen dabei direkt zuordenbare Kosten wie Personal- oder Sachkosten dar. Mittelbare Kosten stellen hingegen kalkulatorische Kosten wie z. B. Lohnfortzahlungen oder Abschreibungen dar.[495]

IMMENROTH nennt als relevante Kostenarten für das Training off-the-job:

- Teilnahmegebühren
- Kosten für Arbeitsmaterialien
- Spesen
- Kosten für die Unterkunft
- Anteilige Verwaltungskosten der Personal- oder Bildungsabteilung
- Kosten für Arbeitsausfall des Teilnehmers
- Opportunitätskosten wegen geringerer Arbeitsleistung des Teilnehmers während der Teilnahme an einem Training.[496]

DIETERLE schlägt ein dreistufiges Vorgehen in Bezug auf die Überprüfung der Kosten einer Trainingsmaßnahme vor:[497]

1. Kostenerfassung: Erfassung aller Kosten nach Art und Höhe (z. B. Lehrgangsgebühren, Fahrtkosten, Spesen, Opportunitätskosten der ausgefallenen Arbeitszeit, Verwaltungskosten etc.).

2. Kostenverrechnung: Verrechnung aller direkten und indirekten Kosten über den so genannten Betriebsabrechnungsbogen auf die entsprechenden Kostenstellen.[498] BANK schlägt als Lösung einen Kostenrahmen vor, mit dessen Hilfe die einzelnen anfallenden Kosten über den Betriebsabrechnungsbogen auf die einzelnen Kostenträger verteilt werden können. Dieser kann darüber hinaus als Verhandlungsgrundlage für Budgetverhandlungen dienen.[499]

3. Budgetierung: Im Rahmen der Budgetierung wird zunächst das gesamte Weiterbildungsaufkommen für das Geschäftsjahr ermittelt, um so abschließend detaillierte Maßnahmen- und Kostenpläne aufstellen zu können.

---

[495] Vgl. Bardeleben von, R./Böll G./Kühn H. (1986), S. 38 ff.

[496] Vgl. Immenroth, T. (2000), S. 20; vgl. ebenso Ebert, G. (1995), S. 148 f.

[497] Vgl. im Folgenden und ausführlich Dieterle, W. K. M. (1983), S. 103 ff.

[498] Über die Kostenstellenrechnung wird aufgedeckt, wo (d. h. an welchen Kostenstellen) Kosten entstanden sind. Sie bildet die Basis für eine Zuordnung der Kosten auf die einzelnen Kostenträger, d. h. einer einzelnen Produkteinheit. Vgl. Kloock, J./Sieben, G./Schildbach, T. (1999), S. 109 ff.

[499] Vgl. Bank, V. (1997), S. 228.

4.3.2.2 Kritische Bewertung

Ein Hauptproblem einer kostenanalytischen Vorgehensweise im Rahmen der Evaluation besteht in der Ermittlung der anfallenden Kosten. Während die direkt mit einer Maßnahme verbundenen Kosten relativ einfach zugeordnet werden können, ergeben sich häufig Probleme bei der Berechnung so genannter Opportunitätskosten.[500] Als Ausweg werden in der Praxis zumeist nur direkte Kosten herangezogen, z. B. die Teilnehmergebühren. Wichtig in Bezug auf die kostenmäßige Erfassung von Personalentwicklungsmaßnahmen sind jedoch auch die indirekten Kosten. So ist es schwierig, Kosten zu erfassen, die durch das Lernen im sozialen Austausch entstehen wie durch das Lernen durch den informellen Austausch von Informationen.[501] THIERAU merkt des Weiteren kritisch an, dass aufgrund der besonderen Probleme bei der Quantifizierung von Weiterbildungsgrößen ein Großteil der kostenanalytischen Instrumente und Verfahren nicht anwendbar ist. [502] WEIß macht in dem Zusammenhang darauf aufmerksam, dass in der Literatur keine klare Systematik und Abgrenzung der Weiterbildungskosten existieren.[503] Und auch WUNDERER/SAILER monieren: „Der wesentliche Nachteil liegt in der Kompliziertheit der notwendigen Verfahren zur Kostenschätzung, deren Aufwändigkeit durch die derzeit erreichbare Exaktheit und Aussagekraft der Ergebnisse kaum zu rechtfertigen ist.“[504] SCHULTE sieht überdies als wesentlichen Mangel dieser Verfahren deren einseitige Fokussierung auf die Kosten eines Mitarbeiters.[505]

Betrachtet man die kostenanalytischen Ansätze aus Sicht der generellen Anforderungen an Evaluationen von off-the-job Trainings so wird deutlich, dass hier kein Messvorgang vorgenommen wird. Messen an sich setzt voraus, dass bestimmte Ausprägungen der Eigenschaften eines Objekts beobachtet werden können.[506] Dies wird im Fall der kostenanalytischen Verfahren nicht vollzogen. Hier geht es vielmehr um die Analyse bestehenden Zahlenmaterials. Somit wird deutlich, dass den *methodischen Anforderungen* im Rahmen dieser Ansätze keine Bedeutung zukommt.

[500] Vgl. Häring, K. (2003), S. 55 f.

[501] Vgl. Rosenstiel, L. v. (2003), S. 173.

[502] Vgl. Thierau, H. (1991), S. 95 f.

[503] Vgl. Weiß, R. (1996), S. 140.

[504] Vgl. Wunderer, R./Sailer, M. (1987), S. 323.

[505] Vgl. Schulte, C. (1989), S. 5.

[506] Orth definiert Messen im Allgemeinen wie folgt: „Messen ist die Bestimmung der Ausprägung einer Eigenschaft eines Dinges.“ (Vgl. Orth, B. (1974), S. 13.) Und weiterhin: „Voraussetzung für das Messen ist das Vorhandensein eines empirischen Relativs als einer Menge empirisch beobachtbarer Dinge, die aufgrund unterschiedlicher Ausprägungen einer ihnen gemeinsamen Eigenschaft in beobachtbarer Relation zueinander stehen.“ (Orth, B. (1974), S. 18.)

Aufgrund der controllingorientierten Perspektive kann auch *inhaltlich* kein Bezug zu den Anforderungen an die Evaluation festgestellt werden. Weder wird hier der Personalentwicklungsprozess betrachtet, noch wird irgendeine Form der *Partizipation* angesprochen oder eine Fokussierung auf eine bestimmte *Kompetenz* erkennbar. Allenfalls kann hier von der Berücksichtigung spezieller Kosten in Bezug auf das Training off-the-job gesprochen werden. Der *Transferbezug* wird ebenfalls nicht hergestellt. Es lässt sich bestenfalls unterstellen, dass aufgrund der kostenorientierten Ausrichtung der Ansätze eine Legitimation der Maßnahme als *Funktion* der Evaluation gesehen wird.

Aufgrund der mangelnden Beachtung der an der Evaluation oder an der Maßnahme beteiligten Personen ist diese Form von Evaluation nicht explizit auf die *Akzeptanz* des Personenkreises ausgerichtet. Und auch die *Praktikabilität* und *Wirtschaftlichkeit* ist, wie die vorangegangene grundsätzliche Kritik zeigt, nicht gegeben. Damit sind auch die *formalen Anforderungen* nicht erfüllt.

Insgesamt lässt sich festhalten, dass sich die kostenanalytischen Ansätze im Wesentlichen auf die ursachengemäße Zurechnung der Kosten konzentrieren und als Basis für Budgetverhandlungen dienen.[507] Sie dienen damit eher als Planungs- bzw. Entscheidungsgrundlage, erfüllen aber keine andere der oben genannten Anforderungen.

4.3.3 Investitionsorientierte Ansätze

4.3.3.1 Darstellung

Im Gegensatz zu den kostenanalytischen Ansätzen sehen die investitionstheoretischen Ansätze Weiterbildungsaufwendungen nicht als reine Kosten, sondern als Investitionen in das Humankapital an. Grundsätzlich kann nach diesem Verständnis Weiterbildungsmaßnahmen ein ausgabenorientierter Investitionsbegriff zugrunde gelegt werden, welcher auch die Zuordnung von Ausgaben für betriebliche Weiterbildung als Investitionen zu verstehen gibt.[508] Immaterielle Investitionen weisen drei Merkmale auf, die sich durch ihren hohen Allgemeinheitsgrad ebenso auf Personalentwicklungsmaßnahmen übertragen lassen. Demnach sind Investitionen erstens Auszahlungen, die zukünftig zu Einnahmen oder zur Verringerung der Ausgaben führen. Dies impliziert, dass mit Investitionen zweitens Erfolgserwartungen verbunden werden und drittens ein so genanntes Investitionsobjekt vorhanden sein muss.[509]

---

507 Vgl. Thierau, H. (1991), S. 86.

508 Vgl. Dieterle, W. K. M. (1983), S. 87 f. Der ausgabenorientierte Investitionsbegriff umfasst alle nicht liquiden Vermögensteile, worunter auch immaterielle Werte zu fassen sind. In Abgrenzung dazu existieren noch der bilanzorientierte Investitionsbegriff und der kombinative Investitionsbegriff. Ersterer zielt auf die Anschaffung der Vermögensgüter auf der Aktivseite der Bilanz ab, zweiter orientiert sich an den investitionsbezogenen Aufgaben einerseits und den erzielten Vermögenswerten andererseits. (Vgl. ebenda).

509 Vgl. Häring, K. (2003), S. 58.

Investitionstheoretische Evaluationsansätze übertragen die Investitionsrechenverfahren des Sachvermögens auf immaterielle Wertgegenstände, in dem Fall die Weiterbildung, um so die Vorteilhaftigkeit eines Investitionsobjekts überprüfen zu können.[510] Da Investitionsrechnungen im Vorfeld einer Investition durchgeführt werden, müssen in dem Zusammenhang Einzahlungen, Auszahlungen, Investitionsdauer, der Liquidationserlös und der Zinssatz prognostiziert werden.[511]

In der Literatur werden im Wesentlichen zwei verschiedene Arten von Investitionsrechenverfahren unterschieden: Statische Investitionsrechnungen und dynamische Investitionsrechnungen.[512] Statische Verfahren zielen darauf ab, Investitionsentscheidungen zu optimieren, indem die Investitionsdauer und die Höhe und Zeitpunkte aller Ein- und Auszahlungen einer Investition innerhalb einer Periode vorhergesagt werden. Sie beruhen im Wesentlichen auf Kosten- oder Gewinnvergleichsrechnungen bzw. Rentabilitäts- oder Amortisationsrechnungen.[513] Dynamische Verfahren verfolgen das gleiche Ziel wie die statischen Verfahren, beziehen sich jedoch nicht nur auf eine Periode, sondern auf den gesamten Investitionszeitraum. Zu nennen sind hier die Kapitalwert- oder Annuitätenmethode, die Horizontalwertmethode, die Methode des internen Zinsfußes und die dynamische Amortisationsrechnung.[514]

Die oben genannten Investitionsrechnungsverfahren sind als deterministische Verfahren zu bezeichnen, welche von der Prognostizierbarkeit finanzieller Konsequenzen ausgehen. Da in der Praxis sichere Vorhersagen nur schwer zu treffen sind, gibt es verschiedene Investitionsrechnungen, welche sich speziell auf den Fall der unsicheren Erwartungen beziehen. Zu nennen sind hier Korrekturverfahren, Sensitivitätsanalysen, Risikoanalysen, Entscheidungsbaumverfahren sowie portfoliotheoretische Ansätze.[515]

In Bezug auf die Evaluation von Weiterbildungsmaßnahmen lassen sich verschiedene statische und dynamische Investitionsverfahren auf Weiterbildungsmaßnahmen übertragen. Zu nennen sind hier:[516]

---

[510] Vgl. Thierau, H. (1991), S. 86 f.

[511] Vgl. Wöhe, G./Döring, U. (2000), S. 626.

[512] Vgl. Wöhe, G./Döring, U. (2000), S. 628 ff.

[513] Vgl. zur ausführlichen Erläuterung der statischen Investitionsrechenverfahren Poggensee, K. (2011), S. 53 ff.; vgl. ebenso Götze, U. (2008), S. 50 ff.

[514] Vgl. zur ausführlichen Erläuterung dynamischer Investitionsrechenverfahren Poggensee, K. (2011), S. 124 ff.; vgl. ebenso Götze, U. (2008), S. 66 ff.

[515] Vgl. zur ausführlichen Erläuterung von Korrekturverfahren, Sensitivitätsanalysen, Risikoanalysen, dem Entscheidungsbaumverfahren sowie den Portfolioansätzen Götze, U. (2008), S. 343 ff.; vgl. Poggensee, K. (2011), S. 299 ff. sowie allgemein Wöhe, G./Döring, U. (2000), S. 659 ff.

[516] Vgl. Dieterle, W. K. M. (1983), S. 89 ff.

- Rentabilitätsrechnungen
- Kostenvergleichsrechnungen
- Kosten-Nutzen-Analysen
- Humankapitalorientierte Ansätze
- Human Ressource Accounting

Die *Rentabilität* einer Investition wird gemeinhin mittels der Relation von Gewinn zu eingesetztem Kapital ermittelt.[517] In Bezug auf Weiterbildungsinvestitionen lassen sich je nach Definition von Gewinn und Kapitel unterschiedliche Rentabilitätsmessgrößen ermitteln. Eine Möglichkeit stellt die so genannte Weiterbildungsrate (WR) dar, die von MEYER vorgeschlagen wird. Als Gewinngröße nennt er die weiterbildungsinduzierten Kosteneinsparungen (KoE), als Kapitalgröße das eingesetzte Kapital in Form der Kosten der Weiterbildungsinvestition (Ka), so dass er zu folgender Relation kommt.[518]

Formel 1: Weiterbildungsrate.

Quelle: Meyer, P. (1974), S. 144.

$$WR = \frac{KoE \times 100}{Ka}$$

Darüber hinaus besteht die Möglichkeit der Berechnung einer lernpsychologischen Weiterbildungsrendite. Auf Seiten des Ertrags wird hier die Verhaltensänderung eingesetzt, das Kapital stellt der Energieverbrauch der Beteiligten dar. Allerdings macht MEYER hier keine weiteren Angaben zur Messung und Operationalisierung der genannten Größen.[519]

Der in der Finanzwirtschaft verwendete Return on Investment (ROI), welcher das Verhältnis von Gewinn zu Kapitaleinsatz aufzeigt, wird auch im Rahmen der Evaluation von Trainings angesprochen. Allgemein lässt sich der ROI bei Trainingsmaßnahmen wie die folgende Formel 2 zeigt, als Verhältnis von Netto-Programmnutzen zu Programmkosten darstellen. Der Netto-Programmnutzen ergibt sich dabei aus dem Gesamtnutzen eines Trainings abzüglich der damit verbundenen Gesamtkosten.[520]

---

[517] Vgl. Meyer, P. (1974), S. 144.

[518] Meyer benutzt anstatt des Begriffs Weiterbildungsrate den der Ausbildungsrate (AR). Vgl. Meyer, P. (1974), S. 144.

[519] Vgl. Meyer, P. (1974), S. 144.

[520] Vgl. Phillips (2003), S. 21; vgl. auch Formel 2.

Formel 2: Return on Investment.

Quelle: Phillips, J. J./Schirmer, F. C. (2008), S. 21.

$$ROI = (Netto - Programmnutzen)/Programmkosten \times 100$$

PHILLIPS stellt in dem Zusammenhang ein komplettes Prozessmodell der Evaluation, welches auf den ROI ausgerichtet ist vor. Die Planung, Datenerfassung sowie die Datenanalyse werden dabei komplett auf die Ermittlung des ROI ausgerichtet. Um dies zu erreichen, wird im Rahmen der Datenanalyse eine Isolierung der Effekte vorgenommen und diese anschließend finanziell bewertet, wobei von einer Umwandlung immaterieller Werte in monetäre Werte abgesehen wird, um eine höhere Glaubwürdigkeit zu sichern.[521]

Eine andere Möglichkeit stellt die Ermittlung des Return on Qualification Investment dar (ROQI), welcher insbesondere die Opportunitätskosten mit berücksichtigt, die gerade im Rahmen des Training off-the-job bedingt durch den Arbeitsausfall einen großen Kostenfaktor darstellen.[522] Der ROQI stellt die Differenz aus der Summe aller Qualifizierungsinvestitionen zu den Kosten, die bei einer unterlassenen Qualifizierung entstehen würden, dar.[523]

Formel 3: Return on Qualification Investment.

Quelle: Meirich, A. J. (2002), S. 54.

$$ROQI = \sum_{t=1}^{n}[((OK_{int} + OK_{ext}) \times TQ) - Q_i]$$

mit:

OK_{int} = interne Opportunitätskosten: Aufwendungen, die der Unternehmung intern im Falle einer unterlassenen Trainingsmaßnahmen entstehen (Personalbeschaffung, Einarbeitung, etc.);

OK_{ext} = externe Opportunitätskosten: Aufwendungen, die der Unternehmung extern im Falle einer unterlassenen Trainingsmaßnahmen entstehen (geringere Kundenzufriedenheit, entgangene Folgeaufträge, etc.);

TQ = Transferquote: Zielerreichungsgrad des Trainings;

Q_i = Gesamtinvestition der Qualifizierung (direkte und indirekte Kosten);

t = betrachteter Zeitraum.

EICHENBERGER (1992) schlägt als Erfolgskriterien für die Bestimmung der Effekte von Weiterbildungsmaßnahmen die drei miteinander korrespondierenden Kriterien der Effizienz, Ef-

[521] Phillips, J. J./Schirmer, F. C (2008), S. 30 ff.

[522] Vgl. Bethke, F. S. (2003), S. 66, vgl. Immenroth, T. (2000), S. 20.

[523] Vgl. Meirich, A. J. (2002), S. 54 f; vgl. auch Formel 3.

fektivität und Rentabilität vor. Als Bezugsgrößen in dem Zusammenhang nennt er die Ermittlung der Input-Kosten-Effizienz als Verhältnis zwischen der Summe der Bildungseinheiten (im Sinne von Trainingseinheiten) und der Gesamtheit der Inputgrößen. Danach ist eine Maßnahme effizient, wenn mit möglichst wenig Input möglichst viele Trainingseinheiten realisiert werden können, wobei hier keine Aussagen über den ökonomischen Nutzen einer Maßnahme getroffen werden können. Im Rahmen der Throughput-Maßnahmen-Effektivität wird die Summe aller Effekte (Nutzen einer Maßnahme) der Gesamtheit der Bildungseinheiten (im Sinne von Mannjahren, -tagen oder -stunden der zugrundeliegenden Bildungsarbeit) gegenüber gestellt. Aus dem Verhältnis von Effizienz- und Effektivitätsbeurteilung lässt sich schließlich die Output/Bildungs-Rentabilität ableiten (Vgl. Formel 4). Sie stellt den in Geld ausgedrückten Erfolg der Effekte von Weiterbildungsarbeit in einer Unternehmung dar.[524]

Formel 4: Effizienz, Effektivität und Rentabilität von Weiterbildungsmaßnahmen.

Quelle: Vgl. Eichenberger, P. (1992), S. 83 ff.

$$Effizienz = \frac{\sum Bildungseinheiten}{\sum Input}$$

$$Effektivität = \frac{\sum Nutzenoutput}{\sum Bildungseinheiten}$$

$$Rentabilität = \frac{\sum Nutzenoutput}{\sum Input}$$

Als weiteres investitionsorientiertes Verfahren sind *Kostenvergleichsrechnungen* zu nennen. Hier geht es um die Gegenüberstellung von Kosten alternativer Investitionen in einem Kostenvergleichsbogen. Durch den Vergleich der Kosten in Bezug auf einzelne Kostenarten und Weiterbildungsmaßnahmen bestehen folgende Analysemöglichkeiten:[525]

- Die Kosten einzelner Trainingsmaßnahmen bezogen auf einen Teilnehmer können ermittelt werden.
- Es können Kostenstrukturanalysen bezogen auf die Kostenarten durchgeführt werden.
- Es können Kostendegressionen bei steigender Teilnehmerzahl aufgezeigt werden.

---

[524] Vgl. Eichenberger, P. (1992), S. 83 ff. Effizienz wird hier als das Erreichen eines festgelegten Ziels unter Einsatz eines Minimums an Ressourcen bei einer gegebenen Kombination von Leistungsfaktoren gesehen. Die Effizienz einer Maßnahme ist dabei unabhängig von der späteren Leistung eines Mitarbeiters. So kann der Prozess an sich effizient sein, aber keine höhere Leistung bei einem Teilnehmer hervorrufen. Effektivität beschreibt den Zielerreichungsgrad im Sinne einer Ziel-Ergebnis-Relation. Eine Maßnahme ist dann effektiv, wenn das Ziel erreicht wurde (vgl. dazu auch Metz, F. (1995), S. 65.) Die Rentabilität ist als Wirtschaftlichkeitsmaß zu interpretieren. Hier geht es um den Umgang mit ökonomischen Ressourcen, also den finanziellen Mitteln.

[525] Vgl. Dieterle, W. K. M. (1983), S. 95.

Allerdings setzt die Kostenvergleichsrechnung voraus, dass zum einen die Investitionen zu gleich hohen Erträgen führen und zum anderen weitere Einflussfaktoren bei der Auswahl der Investitionsalternativen vernachlässigbar sind.[526]

Rentabilitätsrechnungen bezogen auf Weiterbildungsmaßnahmen geschehen in enger Anlehnung an *Kosten-Nutzen-Analysen*, welche einen Vergleich des Inputs mit dem Output vornehmen. Grundgedanke dabei ist, dass die Aufwendungen einer Weiterbildungsmaßnahme als immaterielle Investition zu bewerten sind, aus der künftige Erlöse generiert werden können (z. B. durch mehr Umsatz als Folge von erhöhter Arbeitsproduktivität). Die Kosten-Nutzen-Analyse stellt demnach alle direkten und indirekten Kosten einer Maßnahme dem erwarteten, in monetären Größen auszudrückenden Nutzen gegenüber.[527] Als Inputgrößen können die Kosten der Weiterbildung (messbar) sowie die verbrauchte „Energie" seitens der Beteiligten, z. B. Vorgesetzte, Weiterbildungsteilnehmer (nicht messbar) gesehen werden. Als Outputgrößen können messbare Größen (Produktionssteigerung, Senkung der Materialkosten u. a.), nicht-messbare, aber objektiv schätzbare Größen (z. B. geringere Unterhaltskosten, erhöhte Flexibilität der Produktion) und nur subjektiv schätzbare Größen (verbesserte Anpassungsfähigkeit der Organisation u. a.) herangezogen werden.[528]

Als Nutzenindikatoren können sowohl *harte* als auch *weiche* Daten gelten. FITZ-ENS/PHILLIPS geben hier einen umfangreichen Katalog an. So fallen unter die harten Nutzenfaktoren Produktivitätskennzahlen (produzierte Einheiten, Absatz, erstellte Rechnungen, etc.), zeitbezogene Kennzahlen (Rüstzeiten, Planungszeiten, Fehlzeiten, etc.) sowie die Qualität (Fehlproduktion, Nacharbeiten, Abweichungen vom Standard, etc.). Weiche Daten ergeben sich aus subjektiven Einschätzungen und können sich auf Arbeitsgewohnheiten, das Arbeitsklima, die Arbeitseinstellung, die Kundenzufriedenheit, die Initiative der Mitarbeiter sowie deren Förderung und Entwicklung beziehen.[529]

EICHENBERGER schlägt überdies unterschiedliche Modelle der Kosten-Nutzen-Analyse für spezifische Fragestellungen der Evaluation vor. Mittels spezifischer Methoden soll so eine

---

[526] Vgl. Dieterle, W. K. M. (1983), S. 95.

[527] Vgl. Schwuchow, K. (1992), S. 133.

[528] Vgl. Thierau, H. (1991), S. 88. Eichenberger (1992) schlägt für die Bestimmung der Inputgrößen das Aufstellen einer Kostenzuweisungs-Matrix vor, in welcher verschiedene Kostenarten (Personalkosten, Opportunitätskosten, Spesen, Materialkosten, Ausrüstungs- und Infrastrukturkosten) den einzelnen Phasen der Personalentwicklung auf Basis von Umlageschlüsseln zugeordnet werden, wobei hier als Kosten einmal liquiditätswirksame Ausgaben, Verrechnungspreise und Opportunitätskosten angesetzt werden können. Hinsichtlich des Outputs sollte jeder Effekt in nicht weiter teilbare Teilgrößen zerlegt werden, die dann geschätzt und in ökonomischen Nutzen umgewandelt werden. Hier bieten sich als Methoden die Pauschalschätzung, die Multifaktorenanalyse, Kausalanalysen sowie analytisch-hierarchische Prozesse an. Vgl. Eichenberger, P. (1992), S. 174 ff.

[529] Vgl. ausführlich zu den Nutzen-Indikatoren Fitz-Ens, J./Phillips, J. J. (2003), S. 38 ff.

systematische Übersicht über entstehende Kosten oder erwarteten Nutzen aufgezeigt werden, um Interventionsmöglichkeiten zu bieten, die die Effizienz einer Maßnahme erhöhen. So schlägt er auf der einen Seite zur Ermittlung von Kostensenkungspotenzialen im Inputbereich das so genannte Effizienzmodell der Ressourcenallokation[530] sowie Lebenszyklusmodelle[531] vor. Auf der anderen Seite, der Erhöhung des Outputs bzw. der Nutzenpotenziale einer Maßnahme schlägt er Nutzenflussmodelle[532] sowie Produktivitätsmodelle[533] vor.

Einen weiteren Ansatz bilden *humankapitalorientierte Verfahren*, mittels derer versucht wird, den Kapitalwert eines Mitarbeiters zu bestimmen.[534] Bezogen auf die Evaluation von Personalentwicklungsmaßnahmen stellen sie die Wirkung einer Trainingsmaßnahme auf die Grenzproduktivität der Arbeit den Kosten einer Maßnahme gegenüber. BECKER entwickelte in dem Zusammenhang das Entscheidungsmodell des gewinnmaximalen Weiterbildungsbudgets.[535] Bei Nicht-Stattfinden von Trainingsmaßnahmen würde demnach nur der Lohn bzw. das Gehalt gezahlt, welcher der Grenzproduktivität der Arbeit entspricht. Aus der Annahme heraus ergibt sich, wie Formel 5 zeigt, als allgemeine Gleichgewichtsbedingung, dass

Formel 5: Gleichgewichtsbedingung.

Quelle: Becker, G. S. (1970), S. 134.

$$MP_o + G = W_o + K$$

und somit ist das gewinnmaximierende Entscheidungskriterium (Formel 6): [536]

Formel 6: Gewinnmaximales Weiterbildungsbudget.

Quelle: Becker, G. S. (1970), S. 134.

$$K = (MP_o - W_o) + G$$

[530] Das Effizienzmodell der Ressourcenallokation hat eine systematische Zuordnung von Kosten zu Kostenstellen zum Inhalt. Ressourcen werden in einzelnen Kostenarten zusammengefasst und einem Mitarbeiter oder einer Phase im Personalentwicklungsprozess zugeordnet. Vgl. ausführlich Eichenberger, P. (1992), S. 183 ff.

[531] Mittels Lebenszyklusmodell soll eine ausgewogene Verteilung der Ressourcen in den einzelnen Personalentwicklungsphasen sichergestellt werden. Vgl. ausführlich Eichenberger, P. (1992), S. 185.

[532] Nutzenflussmodelle geben die Folgewirkungen einer Trainingsmaßnahme unter Berücksichtigung der Zielsetzung und Verwendung von Informationen über Verhaltensänderungen wieder. Vgl. Eichenberger, P. (1992), S. 185.

[533] Produktivitätsmodelle zeigen die Effizienz, Effektivität und Rentabilität einzelner Maßnahmen auf. Vgl. Eichenberger, P. (1992), S. 185.

[534] Vgl. Martin, A. (2006), S. 23.

[535] Vgl. Becker, G. S. (1970), S. 133 ff.

[536] Vgl. Becker, G. S. (1970), S. 134 f.

mit: K = direkte Kosten, MP_o = Tatsächlicher Grenzertrag in der Weiterbildungsperiode ($MP \geq 0$), W_o = Arbeitsentgelt in der Weiterbildungsperiode, G = Barwert der Differenz zwischen künftigen Grenzerträgen und Löhnen.

Erweiterungen hat das Modell von BECKER, G. S. hinsichtlich unvollkommener Arbeitsmärkte, Beachtung von Fluktuationen, Einbezug von Lernkurven und Einbezug des Kapitalwertmodells zur Bewertung der Vorteilhaftigkeit verschiedener Weiterbildungsmethoden erfahren.[537]

Die Basis der humankapitalorientierten Ansätze bilden die Ansätze der *Humanvermögensrechnung (Human Ressource Accounting)*. Damit soll der ökonomische Wert eines Mitarbeiters innerhalb einer Unternehmung berücksichtigt werden, welcher im herkömmlichen Rechnungswesen bisher nicht erfasst ist.[538] Allgemein werden im Rahmen des Human Resource Accountings alle Kosten, welche der Unternehmung in Verbindung mit Anwerbung, Auswahl, Einstellung und Aus- und Weiterbildung entstehen, berücksichtigt.[539] Humankapital stellt dabei einen Aktivposten dar, dessen Wert mittels der Wiederbeschaffungswertmethode oder der Leistungswert-/Ertragswertmethode ermittelt werden kann.[540] Der dahinterstehende Investitionsgedanke in Bezug auf den Faktor Personal würde jedoch voraussetzen, dass der Wert des Personals bilanziert wird, was im traditionellen Rechnungswesen nicht der Fall ist. Somit können Kosten der Weiterbildung, die den Wert des Personals erhöhen würden, auch nicht in der Bilanz auftauchen und damit nicht aktiviert werden.[541]

4.3.3.2 Kritische Bewertung

Eine bedeutsame Schwierigkeit ergibt sich bei den investitionsorientierten Ansätzen aus der Schwierigkeit, Kausalitäten aufdecken und in Verbindung mit verschiedenen Messgrößen in Unternehmungen bringen zu können. Die künftigen Einzahlungen oder Wertsteigerungen eines „weitergebildeten" Mitarbeiters schätzen und in monetäre Werte umwandeln zu können, stellt sich dabei als äußerst schwierig dar.[542] Gerade die Umwandlung weicher Daten wird als zweifelhaft angesehen.[543] Aufgrund der multiplen externen Einflüsse auf Trainingsmaßnahmen wird zudem häufig die Möglichkeit einer Isolation von Trainingseffekten generell infra-

---

[537] Vgl. Dieterle, W. K. M. (1983), S. 98.

[538] Vgl. Rühle, A. (1998), S. 250.

[539] Vgl. Schulte, C. (1989), S. 5 f.

[540] Vgl. dazu ausführlich Eichenberger, P. (1992), S. 195 ff.

[541] Vgl. Gerlich, P. (1999), S. 28.

[542] Vgl. Häring, K. (2003), S. 59; vgl. Schwuchow, K. (1992), S. 133, vgl. darüber hinaus den Abschnitt zu methodischen Problemen in Kapitel 3.3.4.

[543] Vgl. Viol, P. (2002), S. 47; vgl. Phillips, J. J./Phillips, P. P./Stone, R. D. (2001), S. 198; vgl. Aschendorf, M. (1997), S. 42.

ge gestellt.[544] Zudem stellt insbesondere die Ermittlung des Nutzens eines Trainings eine erhebliche Schwierigkeit dar. Zwar existieren zur Nutzenschätzung verschiedene Verfahren, z. B. aus dem Feld der präskriptiven Entscheidungstheorie, deren Anwendung jedoch schon allein dadurch erschwert ist, als dass genaue Vorstellungen darüber existieren müssen, wie groß der Nutzen sein muss, um als erfolgreich gewertet werden zu können.[545]

Laut DIETERLE muss für eine investitionsorientierte Einschätzung auch die Nutzungsdauer einer Investition bestimmt werden, da diese den Kapitalwert einer Investition maßgeblich beeinflusst. Gerade bei Weiterbildungsmaßnahmen lässt sich jedoch schwer abschätzen, wann die Wertsteigerung deutlich wird, da sie eine multiperiodische Investition darstellt.[546] Zudem können externe Einflussfaktoren auf Weiterbildungsmaßnahmen nicht ausgeschlossen werden, wie es z. B. die Kostenvergleichsrechnung erfordern würde.[547] MEYER fügt hinzu, dass immaterielle Investitionen in die Weiterbildung die Besonderheit haben, dass sie sich u. U. im Zeitverlauf nicht abnutzen (wie es bei Sachanlagen der Fall ist), sondern vermehren. Dies geschieht insbesondere dann, wenn eine Weiterbildungsmaßnahme den Teilnehmer zur Weiterentwicklung motiviert. Hierdurch werden methodische Probleme offensichtlich.[548]

Hinsichtlich des ROI gibt PHILLIPS darüber hinaus vor allem den hohen Zeit- und Kostenaufwand zu bedenken. Soll dieser systematisch gemäß seines Modells ermittelt werden, müssen seiner Ansicht nach Kosten in Höhe von fünf bis zehn Prozent der Gesamtkosten des Projekts aus dafür veranschlagt werden, was die Wirtschaftlichkeit erheblich negativ beeinflusst.[549]

Auch die humankapitalorientierten Verfahren weisen große Schwächen hinsichtlich ihrer Anwendbarkeit in Bezug auf die Evaluation von Weiterbildungsmaßnahmen auf. So besteht neben den Quantifizierungsproblemen hier das Problem der Ungewissheit in Bezug auf zukünftige Ein- und Auszahlungen, der Nicht-Berücksichtigung nicht-monetärer Wirkungen von Weiterbildungsmaßnahmen sowie des unterstellten Zielmonismus‘ der Gewinnmaximierung.[550] Insgesamt wird die Anwendung humankapitalorientierter Verfahren als zu teuer angesehen, zudem wird ihnen mangelnde Validität und Glaubwürdigkeit angelastet. Außerdem kann die Behandlung von Mitarbeitern als Rentabilitätsobjekte zu einem Vertrauensverlust mit nachfolgend geringerer Leistungsbereitschaft und Loyalität führen.[551]

---

[544] Vgl. Li, J./Wang, G. (2003), S. 21; vgl. Brinkerhoff, R./Dressler, D. (2002), S. 16.

[545] Vgl. Bortz, J./Döring, N. (2006), S. 118 ff.

[546] Vgl. Niehoff, K./Werth, M./Deller, J. (2006), S. 58.

[547] Vgl. Dieterle, W. K. M. (1983), S. 91 ff.

[548] Vgl. Meyer, P. (1974), S. 141.

[549] Vgl. Phillips, J. J. (2005), Nr. 7.

[550] Vgl. Dieterle, W. K. M. (1983), S. 98 f.

[551] Vgl. Brandl, J./Welpe, I. (2006), S. 547 f.

Eine weitere Schwierigkeit wird gerade durch die Ansätze der Humanvermögensrechnung deutlich. Diese interpretieren, wie oben erläutert, Weiterbildung als Investition in das „Sachvermögen", welches folglich abgeschrieben werden könnte. THIERAU äußert diesbezüglich ethisch-moalische Bedenken und sieht die Gefahr, dass *„der Mitarbeiter zum Objekt degradiert wird, was zu negativen psychologischen Konsequenzen führt.*"[552] Grundsätzlich wird den Ansätzen des Human Resource Accountings schon allein aufgrund ihrer Unvereinbarkeit mit den herkömmlichen Prinzipien des Rechnungswesens[553] und den Anforderungen, die an die Datenbasis gestellt werden, kein Nutzen für die Evaluation von Trainingsmaßnahmen beigemessen.[554] EICHENBERGER zweifelt überdies den Nutzen dieser Methode für die Evaluation von Trainingsmaßnahmen an, da hier lediglich der Wert eines Mitarbeiters erfasst wird, Rückschlüsse auf die Trainingsmaßnahme aber nicht gezogen werden können.[555] Zudem wird die Leistungsbereitschaft einer Person durch die Humanvermögensrechnung nicht erfasst.[556] Darüber hinaus ist die methodische Kompetenz der im Wesentlichen mit der Evaluation betrauten Personalentwickler oder Mitarbeiter aus der Bildungsabteilung in Bezug auf den Umgang mit abstrakten Zahlenwerten als kritisch zu sehen.[557] BECKER, M. sieht andererseits einen Nutzen der Humanvermögensrechnung insbesondere für die Signalisierung der Qualität des Humanvermögensstocks an Stakeholder einer Unternehmung und als Rechtfertigung bei Budgetverhandlungen.[558] Allerdings gibt SCHOLZ zu Bedenken, dass Investitionen in Humankapitel anders als in Anlagevermögen nicht mit einem dauerhaften Verfügungsrecht verbunden sind, da Mitarbeiter die Unternehmung wieder verlassen können.[559]

Insgesamt kann festgehalten werden, dass die investitionsorientierten Ansätze insofern eine Weiterentwicklung darstellen, als dass sie Personalentwicklungsmaßnahmen als Investitionsgut betrachten und nicht nur als Kostenfaktor. [560] Das Ergebnis der kritischen anforderungsbezogenen Analyse ist jedoch mit den kostenanalytischen Ansätzen gleichzusetzen. Weder *methodische* noch *inhaltliche* noch *formale* Anforderungen werden hier erfüllt.[561]

---

552 Thierau, H. (1991), S. 96 f.

553 Das traditionelle Rechnungswesen bietet nur wenig Informations- und Entscheidungsgrundlagen hinsichtlich der Ressource „Mensch". Vgl. Gerlich, P. (1999), S. 27. Laut auf § 248 Absatz 2 HGB hervor, dass die Aktivierung immaterieller, nicht entgeltlich erworbener Vermögengegenstände laut Handelsgesetzbuch verboten ist. Vgl. Handelsgesetzbuch (2012).

554 Vgl. Schwuchow, K. (1992), S. 135.

555 Vgl. Eichenberger, P. (1992), S. 203.

556 Vgl. Rühle, A. (1998), S. 255.

557 Vgl. Eichenberger, P. (1992), S. 203.

558 Vgl. Becker, M. (2005), S. 310 f.

559 Vgl. Scholz, C. (2000), S. 678.

560 Thierau, H. (1991), S. 96.

561 Vgl. zur ausführlichen Erörterung auch Kapitel 4.3.2.2.

4.3.4 Kennzahlenorientierte Ansätze

4.3.4.1 Darstellung

Systematisierungen und Quantifizierungen von Daten aus dem Personalbereich können über so genannte Kennzahlen erhoben werden. SCHULTE definiert Kennzahlen als *„absolute Zahlen oder Verhältniszahlen, die über einen quantitativ erfassbaren Tatbestand in konzentrierter Form informieren."*[562]

Kennzahlenorientierte Ansätze stellen eine Art Symbiose der kosten- und investitionsanalytischen Ansätze dar. Durch die Bildung von Kennziffern mit speziellem Bezug zum Bildungssystem einer Unternehmung können bestimmte Informationen verdeutlicht und in Zusammenhang gebracht werden.[563] THIERAU (1991) formuliert den Sinn von Kennzahlensystemen wie folgt: *„Kennzahlen haben die Funktion, die schwer überschaubare Menge der im Unternehmen anfallenden Informationen in wenige aussagekräftige Größen zusammen[zu]fassen."*[564] SCHULTE weist Kennzahlen eine Nützlichkeit für eine qualifizierte Selektion von Daten, der Erkennung von Relationen, der Abbildung von Ursache-Wirkungs-Zusammenhängen, für Hinweise auf den konkreten Systemzustand und als Führungsinstrument für eine zielorientierte Aufgabenabwicklung zu.[565]

Wie Abbildung 7 veranschaulicht, zeigt SCHULTE hinsichtlich der Weiterbildung in Unternehmungen ein mögliches Kennzahlensystem für Weiterbildungsinhalte, Teilnehmer, Träger und Methoden, Kosten der Weiterbildung und den Weiterbildungserfolg auf.[566]

---

562 Schulte, C. (1989), S. 3. Ähnlich auch Küpper, H.-U. (2008), S. 389.

563 Vgl. Häring, K. (2003), S. 60.

564 Thierau, H. (1991), S. 91.

565 Schulte, C. (1989), S. 3.

566 Vgl. Schulte, C. (1995), S. 270.

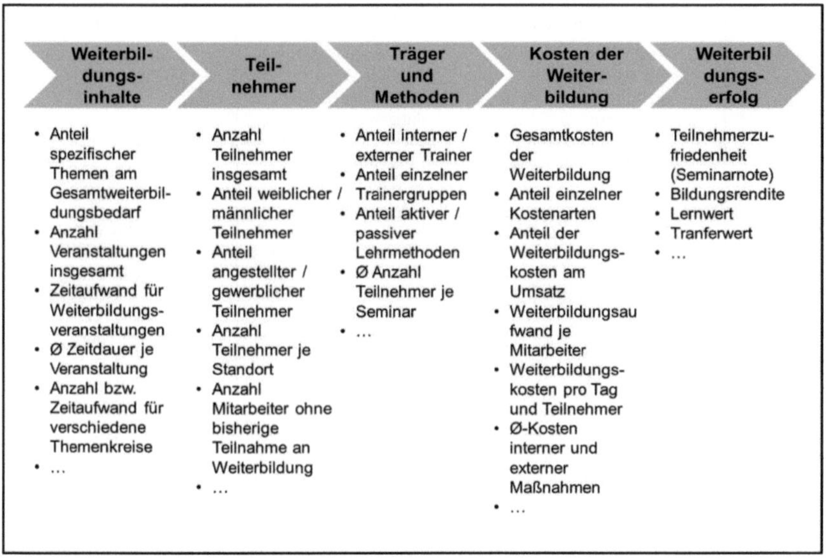

Abbildung 7: Kennzahlensystem für das Weiterbildungscontrolling.

Quelle: Schulte, C. (1995), S. 270.

COENENBERG sieht die Möglichkeiten einer rein quantitativen Betrachtung des Weiterbildungserfolgs als schwierig an. Er schlägt eine Verbindung qualitativer wie quantitativer Größen mit Hilfe der Balanced Scorecard vor.[567] Diese stellt ein Informationssystem dar, welches auf die ausgewogene Betrachtung der finanziellen, der Kunden-, inneren Prozess- und der Lern- und Entwicklungsperspektive setzt. Die aus der Vision einer Unternehmung deduzierte Strategie wird in operativ messbare Ziele, Kennzahlen und Maßnahmen umgewandelt. Sie stellt damit das Bindeglied zwischen Strategiefindung und -implementierung dar, wobei nicht nur vergangene Daten herangezogen werden, sondern auch zukünftige Entwicklungen erfasst werden.[568] Ein Beispiel für eine Balanced Scorecard im Weiterbildungsbereich stellt, wie Abbildung 8 zeigt, KOSUB vor:[569]

---

[567] Vgl. Coenenberg, A. G. (1995), S. 2083.

[568] Vgl. Werner, H. (2000), S. 455; vgl. Kaplan, R. S./Norton, D. P. (1996), S. 76; vgl. Bischof, J./Speckbacher, G. (2001), S. 3.

[569] Vgl. Kosub, B. (2000), S. 27; vgl. für weitere Anregungen auch Becker, M. (2005), S. 331 ff.

	Strategische Ziele	Messgrößen	Maßnahmen
Finanzen	- Kosten für die Administration deutlich niedriger als bei Wettbewerbern - Kosten für externe Seminare reduzieren	- Administrationskosten weniger als 30 Prozent der Gesamtfortbildungskosten - Mehr als 5 Prozent Einsparungen zum Vorjahr bei gleichen Leistungen	- Automatisches Einbuchungssystem - Kooperationen aufbauen und Mengenvorteile nutzen
Kunden	- Stärkere Referentenbindung - Kundenservice erhöhen	- Echte Fluktuation von Referenten < 10 Prozent - Kundenzufriedenheitsindex mehr als 2,0	- Referententag durchführen, regelmäßige Information - Hotline einführen, Kundenbefragung
Interne Geschäftsprozesse	- Anteil interner Referenten erhöhen - Fortbildungsprozesse effizienter gestalten	- Anteil interner Referenten > 40 Prozent - 10 Prozent weniger Fortbildungsausgaben	- Anreizsystem entwickeln, Train-the-Trainer - Prozessanalyse und -optimierung
Lernen und Entwicklung	- Beratungs-/Verhandlungskompetenz der Mitarbeiter im Bereich Fortbildung erhöhen - Höherqualifizierung der Mitarbeiter fördern	- Mehr als 80 Prozent der Mitarbeiter sind entsprechend geschult - Mehr als 5 Prozent der Mitarbeiter nehmen höher qualifizierte Aufgabe wahr	- Beratungs- und Verhandlungstraining durchführen - Integration in Zielvereinbarungssystem, Fortbildung bereitstellen

Abbildung 8: Balanced Scorecard in der Weiterbildung.

Quelle: Kosub, B. (2000), S. 27.

4.3.4.2 Kritische Bewertung

Generell lässt sich auch bei den kennzahlenorientierten Ansätzen kritisieren, dass für eine Vielzahl von Bereichen keine aussagekräftigen Kennzahlen generiert werden können, da das Feststellen von kausalen Zusammenhängen im Bereich der Weiterbildung schwierig ist. Auch tritt hier wiederum die Schwierigkeit der Quantifizierbarkeit bestimmter weiterbildungsrelevanter Größen auf.[570] EICHENBERGER (1992) verweist darauf, dass durch die Quantifizierung nur bestimmte Teilaspekte von Objekten berücksichtigt werden können.[571] Der Aufwand und damit auch die Kosten für ein umfassendes Kennzahlensystem im Rahmen der Evaluation von Personalentwicklungsmaßnahmen sind demnach relativ hoch.[572]

Gerade im Personalwesen und damit auch im Rahmen des Einsatzes von Kennzahlen bei der Evaluation von Weiterbildungsmaßnahmen sind Kennzahlen als kritisch und vor allem nur sehr begrenzt praktikabel zu sehen. So betont SCHERM (1992) mit Verweis auf die Problematik nicht quantifizierbarer Einflussgrößen und nicht zu belegender Ursache-Wirkungs-

[570] Vgl. Schulte, C. (1989), S. 6.

[571] Vgl. Eichenberger, P. (1992), S. 98.

[572] Vgl. Thierau, H. (1991), S. 97.

Zusammenhänge, dass eine direkte Zurechnung des Unternehmungserfolges auf eine konkrete personalwirtschaftliche und damit auch auf eine Trainingsmaßnahme nicht möglich ist. Er sieht die Verwendung von Kennzahlen in dem Zusammenhang als willkürlich an. Gerade im Hinblick auf eine möglicherweise zu ermittelnde Weiterbildungsrendite betont er, dass Kennzahlen hier Beziehungen zwischen Input- und Outputgrößen herstellen, ohne dass eine eindeutige Kausalbeziehung vorliegt. Somit bergen Kennzahlen in dem Zusammenhang die Gefahr, dass falsche Schlussfolgerungen gezogen werden. SCHERM (1992) rät deshalb von der Verwendung von Kennzahlen in diesem Kontext ab.[573]

In Bezug auf die Balanced Scorecard beschreibt KAPLAN als Voraussetzungen für deren Einsatz das Vorhandensein einer eigenen Strategie, die vollständige Abdeckung der Wertekette sowie die Existenz und Entwickelbarkeit von Kennzahlen.[574] ACKERMANN (2000) kommt deshalb zum Schluss, dass der Einsatz einer Balanced Scorecard nur bei Personalabteilungen, die als Profit- oder Cost-Center organisiert sind, sinnvoll ist.[575]

Hinsichtlich der anforderungsbezogenen Kritik ist folgendes festzuhalten: *Methodische Kriterien* finden auch hier keine Berücksichtigung. Vielmehr ist zu betonen, dass aufgrund der Quantifizierungs- und Kausalitätsprobleme die Einhaltung methodischer Kriterien nicht gewährleistet ist.[576]

Inhaltlich wird keinesfalls der *ganze* Personalentwicklungsprozess betrachtet, vielmehr geht es hier um den Output einer Maßnahme. Den kennzahlenorientierten Ansätzen kann zumindest ein informativer Charakter zugesprochen werden, so dass sie in Teilen als *Partizipationsbezogen* gelten können. Ein klarer *Funktionsbezug* ist indes nicht erkennbar. Unterstellt werden kann hier lediglich der Versuch eines Zusammenhangs mit der Legitimations- oder Entscheidungsfunktion. Eine Fokussierung auf eine bestimmte *Kompetenz* findet bei den Ansätzen nicht statt. Hinsichtlich des *Transferbezugs* ist festzustellen, dass zumindest im Rahmen der Anwendung einer Balanced Scorecard ein Bezug zu den internen Prozessen hergestellt wird, so dass auch das Arbeitsfeld berücksichtigt wird.

Formal gesehen kann zumindest über eine regelmäßige Information der Beteiligten eine gewisse *Akzeptanz* hervorgerufen werden. Die *Praktikabilität* ist schon allein aufgrund der Quantifizierungsprobleme von Weiterbildungsgrößen eingeschränkt. Der große Aufwand für die Erstellung eines Kennzahlensystems hat negative Auswirkungen auf die *Wirtschaftlichkeit.*

---

[573] Vgl. Scherm, E. (1992), S. 524.

[574] Vgl. Kaplan, R. S./Norton, D. P. (1997), S. 290 f.

[575] Vgl. Ackermann, K. (2000), S. 60 f.

[576] Vgl. Scherm, E. (1992), S. 524.

4.3.5 Kritische Gesamtbetrachtung der controllingorientierten Ansätze

Wie die vorangegangenen Abschnitte zur Kritik an den unterschiedlichen controllingsorientierten Ansätzen zeigen, können diese die hier gestellten Anforderungen an eine pragmatisch orientierte Evaluation nicht erfüllen. In dem hier vorliegenden Bildungscontrollingverständnis[577] zeigen sich vor allem die methodischen Probleme in Bezug auf die Beschränkung auf quantitative Daten. Diese lassen sich nicht vermeiden und führen so zu nur begrenzt aussagefähigen Ergebnissen der Evaluation. Zudem gelten gerade für die Investitionsorientierten Verfahren, dass sich die Annahmen, unter denen Investitionsrechnungen mit Daten aus dem klassischen Rechnungswesen durchgeführt werden, nur schwer oder gar nicht auf die Weiterbildung übertragen lassen. Mit Blick auf die Kennzahlensysteme ist zudem zu bezweifeln, dass bspw. das Unternehmungsergebnis mit einer einzelnen Trainingsmaßnahme in Verbindung gebracht werden kann. Der Nutzen der genannten Verfahren ist damit relativ gering zu bewerten.

Zwar entsprechen auch kostenanalytische Verfahren nicht den gestellten Anforderungen, sie sind jedoch im Sinne einer Planungs- und Entscheidungshilfe als nützlich zu bewerten. So geht es insbesondere im Rahmen der Inputevaluation um die Entscheidung, ob eine Trainingsmaßnahme überhaupt durchgeführt wird[578] oder nicht oder auch im Rahmen der Evaluationsplanung darum, ob diese überhaupt wirtschaftlich ist.[579]
Eine Übersicht über die entstehenden Kosten und eine eventuelle Nutzenabschätzung können hier eine hilfreiche Ergänzung darstellen.

Grundsätzlich ist jedoch festzuhalten, dass von einer alleinigen Evaluation mittels Controllingorientierter Verfahren abgeraten werden sollte. Auch die Studie von HÄRING belegt in dem Zusammenhang, dass ein wertorientiertes Controlling in den Unternehmungen als nicht umsetzbar gilt und daher auch nicht weiter verfolgt wird. Zudem gelangt sie zu dem Ergebnis, dass auch viele Großunternehmungen keine systematische Kostenerfassung vorweisen können und somit der Einsatz controllingorientierter Verfahren nicht umsetzbar ist.[580]Als Ergänzung innerhalb anderer Vorgehensweisen sind gerade die kostenanalytischen Verfahren jedoch als nützlich anzusehen.

[577] Vgl. Kapitel 2.2.2.

[578] Vgl. dazu die pragmatisch-ganzheitlichen Ansätze in Abschnitt 4.2.2.1 sowie die später beschriebene inhaltlich-methodische Gestaltung der Inputevaluation in Kapitel 5.4.2.

[579] Vgl. dazu die Evaluationsstrategien in Kapitel 5.2.3.

[580] Vgl. Häring, K. (2003), S. 255.

4.4 Handlungsorientierte Ansätze

4.4.1 Darstellung

THIERAU-BRUNNER/WOTTAWA/STANGEL-MESEKE kritisieren den hohen Allgemeinheits- und Abstraktheitsgrad der prozessorientierten Evaluationsansätze und sehen in den handlungsorientierten Ansätzen eine Weiterentwicklung, da diese die Betroffenen in den Evaluationsprozess mit einbeziehen, was wiederum die Akzeptanz der Evaluation erhöht.[581] Handlungsorientierte Ansätze greifen die Aspekte der prozessbezogenen Ansätze auf, stellen aber vor allem die Interaktion und Kommunikation der Beteiligten als Basis einer Evaluation in den Vordergrund. Aus der Mitwirkung an allen Evaluationsschritten resultiert eine höhere Akzeptanz der Evaluation. Evaluation wird dabei als Intervention betrachtet, was zu einer Verwischung der Grenzen von Maßnahme und Evaluation führt.[582] Die Einbindung der Betroffenen beginnt bei der Bestimmung der Evaluationsziele und der -kriterien und erstreckt sich über die inhaltliche und organisatorische Planung der Evaluation. Die Ziele und die Kriterien müssen dabei miteinander in Einklang gebracht werden können. Während des gesamten Evaluationsprozesses werden die Betroffenen kontinuierlich über den Stand der Evaluationsstudie informiert, so dass Revisionen ständig möglich sind.[583] Handlungsorientierte Ansätze sind in der Literatur vor allem bei GOGOLL/GRÄBER, TEICHGRÄBER, WILL/BLICKHAN und THIERAU zu finden.

- GOGOLL/GRÄBER beschreiben einen dreistufigen Prozess, welcher eine *Vorbereitungsphase*, eine *Durchführungsphase* und eine *Nachbereitungsphase* umfasst. Innerhalb der Vorbereitung geht es um die Klärung des Projektauftrags mit den Beteiligten, die Auswahl der Trainingsgruppe, die Sammlung und Auswertung von Daten zur Trainingsvorbereitung und zum Trainingsdesign sowie die anschließende Konzeption des Trainings. Nach der Durchführung werden die Teilnehmer in unterschiedliche Gruppen aufgeteilt, für die unterschiedliche Transfermaßnahmen bereitgestellt werden. Die Gruppen werden anschließend zum Transfererfolg befragt und miteinander verglichen, um so Aussagen über die geeignetere Transferunterstützung treffen zu können.[584]

- WILL/BLICKHAN betonen, dass die Evaluation eine Maßnahme beeinflusst, sobald die Beteiligten von der Evaluation erfahren. So verändert die Tatsache, dass eine Maßnahme evaluiert wird, die Wahrnehmung, die Akzeptanz und das Verhalten der Teilnehmer, Trainer, Mitarbeiter der Bildungs- oder Personalentwicklungsabteilung, Kol-

[581] Vgl. Thierau-Brunner, H./Wottawa, H./Stangel-Meseke, M. (2006), S. 335 f.

[582] Vgl. Thierau, H. (1991), S. 75 ff.

[583] Vgl. Thierau-Brunner, H./Wottawa, H./Stangel-Meseke, M. (2006), S. 336.

[584] Vgl. Gogoll, W. D./Gräber H. -J. (1981), S. 16.

legen und Vorgesetzten. Sie plädieren deshalb dafür, bei praxisorientierten Evaluationen kleinerer Maßnahmen diese Wirkungen gezielt zu nutzen, um formativ in die zu evaluierende Maßnahme einzugreifen. Es geht dabei um die gezielte Rückspiegelung der Evaluationsergebnisse unter Nutzung der daraus resultierenden Wirkungen auf die Maßnahme. Erkenntnisse zu den Wirkungen können über eine so genannte Wirkmatrix gewonnen werden.[585] Die Evaluation kann dabei als Steuerungsinstrument eines Trainings eingesetzt werden. Dafür gilt es zu bestimmen, welche Informationsempfänger gewählt werden und welche Informationen jede einzelne Gruppe von Beteiligten zur Verfügung gestellt bekommt, da nicht jede Information für jeden von Bedeutung ist. Zudem muss geklärt werden, wer die Beteiligten informiert, in welcher Art und Weise sie über den Evaluationsablauf und die Evaluationsergebnisse informiert werden und zu welchem Zeitpunkt dies geschieht sowie in welcher Häufigkeit. WILL/BLICKHAN betonen, dass eine intervenierende Evaluation bei pragmatischen Evaluationen von Nutzen sein kann, wenn das Ziel die Optimierung ist.[586]

- TEICHGRÄBER stellt ein fünfstufiges Modell einer handlungsorientierten, formativen Evaluation vor. Die Evaluation beginnt demnach mit der „*Analyse der Ausgangssituation*" beginnen, wobei hier geklärt wird, wer an der Evaluation in welcher Form beteiligt ist und welche Probleme und Ursachen einem Weiterbildungsbedarf zugrunde liegen. Im nächsten Schritt des Modells wird die „*Evaluationsplanung*" angesprochen, welche die Finanzierung des Evaluationsvorhabens, die zeitliche Planung sowie die Handlungsspielräume festlegt. Im Fokus des dritten Handlungsschrittes stehen die „*Evaluations- und Innovationsvorbereitungen*". Hier gilt es zu klären, inwiefern Seminarkonzeptionen optimiert werden müssen, d. h. eine Analyse darüber zu erstellen, an welchen Stellen bisher Probleme aufgetreten sind, welche Ziele verfolgt werden, welche organisatorischen Rahmenbedingungen vorliegen und welche Methoden gewählt werden müssen. Zudem sollte ein Austausch mit den Teilnehmern eine Maßnahme stattfinden, in welchem die Seminarkonzeption diskutiert wird. Ferner müssen Evaluationsziele festgelegt und passende Evaluationsmethoden gewählt werden. Im vierten Schritt wird die „*Evaluations- und Innovationsvorbereitung*" betrachtet. Diese umfasst die spezifische Realisationsplanung für eine Maßnahme, die Durchführung derselben und derer formativer Evaluation sowie die Überarbeitung der Maßnahme. In der abschließenden „*Gesamtevaluation des Projektes*" sollen Lernergebnisse analysiert und die eingesetzten Methoden abschließend bewertet werden. Außerdem soll überprüft werden, welche Veränderungen des Programms sich durch die Evaluation ergeben haben.[587]

---

[585] Vgl. dazu genauer Will, H./Blickhan, C. (1987), S. 47 f.

[586] Vgl. Will, H./Blickhan, C. (1987), S. 43 ff.

[587] Vgl. Teichgräber, R. (1987), S. 151 ff.

- THIERAU stellt ein generalisierbares, entscheidungsorientiertes Rahmenkonzept zur Evaluation vor, welches auf den Grundprinzipien der handlungsorientierten Ansätze beruht und aus Sicht des Evaluators entwickelt ist. Als Basis zieht sie hierfür den Ansatz von STUFFLEBEAM heran. Der Evaluator kann dabei sowohl ein extern beauftragter Experte wie auch ein Mitarbeiter der Unternehmung sein, welcher in Eigeninitiative oder aber durch einen gezielten Auftrag eine Evaluation betrieblicher Weiterbildungsmaßnahmen durchführt.[588]

Ihr Ansatz umfasst folgende acht Schritte:

1. „Bestimmung des Evaluationsschwerpunktes
2. Situationsanalyse
3. Konsensfähige Bestimmung der Evaluationsziele und der Bewertungskriterien
4. Daten- und Informationssammlung
5. Daten- und Informationsauswertung
6. Informations- und Berichterstattung
7. Evaluationsmanagement
8. Meta-Evaluation.“[589]

Im Rahmen der *Bestimmung des Evaluationsschwerpunktes* muss zunächst festgelegt werden, welches Entscheidungsproblem vorliegt, wer der oder die Entscheidungsträger im Weiterbildungsprozess sind, welche Zielgruppe evaluiert werden und unter welchen Rahmenbedingungen eine Evaluation stattfinden soll. Die Entscheidungsprobleme orientieren sich dabei an den Funktionen der Maßnahme, z. B. ob eine Legitimation angestrebt wird, ob eine Optimierung stattfinden soll, eine Lernerfolgskontrolle etc. Als Entscheidungsträger kommen sowohl die Unternehmungsleitung, der Trainer oder aber auch die Personalabteilung in Betracht, je nachdem, in wessen Auftrag evaluiert wird. Die Entscheidungsträger können zugleich Evaluationsobjekt und damit die Zielgruppe der Evaluation sein. Daneben können auch die Teilnehmer einer Weiterbildungsmaßnahme Ziel einer Evaluation sein, ebenso wie deren Vorgesetzte und andere betroffene Personenkreise. Des Weiteren muss geklärt werden, welche Rahmenbedingen vorliegen, etwa der Zeitraum, innerhalb dessen eine Evaluation stattfinden soll, die zeitlichen, finanziellen sowie personellen Ressourcen, die für die Evaluation benötigt werden, rechtliche Bestimmungen sowie Restriktionen im Hinblick auf die Informations- und Datenquellen.[590]

---

[588] Vgl. Thierau, H. (1991), S. 103 ff.

[589] Thierau, H. (1991), S. 110.

[590] Vgl. Thierau, H. (1991), S. 111 ff.

Der *Situationsanalyse* liegt die Annahme zugrunde, dass für den Transfererfolg einer Weiterbildungsmaßnahme deren situative Einbettung in den organisationalen Alltag von elementarer Bedeutung ist. D. h. es muss innerhalb der Organisation auch die Möglichkeit bestehen, in einer Weiterbildungsmaßnahme erlernte Fähigkeiten anwenden zu können. Dazu muss darauf geachtet werden, dass diese mit den Unternehmungszielen vereinbar sind und in die Unternehmungsorganisation, -politik und die -kultur integriert werden können. Als Informationsquellen nennt THIERAU hier unter anderem Geschäftsberichte, die Historie der Unternehmung, Leitbilder und Führungsgrundsätze.[591]

Im dritten Schritt erfolgt die Festlegung der *Evaluationsziele* und *-kriterien*. Erstere werden zusammen mit dem Auftraggeber bzw. dem Entscheidungsträger festgelegt. Die Schwierigkeit für den Evaluator besteht darin, dass häufig nur offizielle Ziele mitgeteilt werden, darüber hinaus aber auch noch nicht kommunizierte Ziele existieren. Zudem können durch die Vielzahl unterschiedlicher von einer Evaluation betroffenen Zielgruppen, Zielantinomien entstehen. THIERAU schlägt diesbezüglich vor, nach Festlegung der Evaluationsobjekte, Zielhierarchien zu bilden. Darauf aufbauend sollen Bewertungskriterien sowie Gewichtungen derselben festgelegt werden. Als Evaluationsobjekt können entweder eine gesamte Maßnahme oder aber einzelne Aspekte wie Teilnehmer, Lehr- und Lernmethoden u. a. gewählt werden. Wichtig im Rahmen der Ziel- und Kriterienfestlegung sind zudem Prognose und Kontrolle der Evaluationsfolgen sowie die Konfliktlösung mit den Betroffenen einer Evaluation.[592]

Anschließend muss festgelegt werden, auf welche Art und Weise *Informationen* und *Daten gewonnen* werden sollen. Dazu müssen ein geeignetes Evaluationsmodell gewählt werden, mögliche Datenquellen bestimmt, Instrumente ausgewählt, Stichproben festgelegt und ein Design aufgestellt werden. Anschließend müssen der genaue Ablauf der Erhebung festgelegt und die an der Evaluation beteiligten Personen bestimmt werden. Den Unternehmungen stehen dabei die unterschiedlichen pädagogisch-psychologischen sowie ökonomischen Ansätze zur Verfügung. Eine Vielzahl von Instrumenten kann bei der Gewinnung der Daten und Informationen herangezogen werden. [593] Die *Datenauswertung* kann anhand psychologischer oder sozialwissenschaftlicher Methoden erfolgen.[594]

[591] Vgl. Thierau, H. (1991), S. 113 ff.

[592] Vgl. Thierau, H. (1991), S. 115 ff.

[593] Vgl. für einen Überblick Thierau, H. (1991), S. 120.

[594] Vgl. Thierau, H. (1991), S. 122.

Hinsichtlich der *Informations- und Berichterstattung* muss festgelegt werden, wann und in welcher Form die Betroffenen informiert werden. Zudem muss der Bericht Möglichkeiten zur Intervention oder Optimierung des vorab analysierten Entscheidungsproblems enthalten. Nach Ableitung der Handlungsalternativen muss der Evaluator zudem eine Entscheidung für eine Handlungsalternative treffen.[595]

Im siebten Schritt erfolgt die *Durchführung,* verbunden mit einer kontinuierlichen Kontrolle der Evaluation. Dies erfolgt anhand eines konkreten Evaluationsplans, welcher die vorab thematisierten Aspekte zum Inhalt hat.[596]

Abschließend erfolgt die *Meta-Evaluation*, d. h. die Evaluation der durchgeführten Evaluation. Geprüft wird in dem Zusammenhang, ob mit der durchgeführten Evaluationsstudie die relevanten Informationen ermittelt werden konnten, sowie die Bewertung des Evaluationsplans und der Umsetzung. Des Weiteren werden die Resultate und Konsequenzen der Evaluation evaluiert.[597]

4.4.2 Kritische Bewertung

THIERAU selbst moniert in Bezug auf ihren eigenen Evaluationsplan, dass dieser zu allgemein gehalten sei und damit zu wenig praktische Hilfestellung enthalte. Sie schlägt vor, die einzelnen Entscheidungsprobleme genauer zu berücksichtigen und konkretere Hinweise zu geben.[598] Insgesamt sieht sie den Vorteil der handlungsorientierten Ansätze in der kombinierten Betrachtung der einzelnen Ebenen der Handlungssteuerung sowie der Phasen des Personalentwicklungsprozesses. Da hier die Evaluation aber als integrativer Teil der Weiterbildungsmaßnahme gesehen wird, sieht sie die Gefahr, dass selbige allein durch das Stattfinden der Evaluation beeinflusst wird (Hawthorne Effekt). Auch kann das Problem entstehen, dass die Evaluation als Durchsetzungsmittel fungiert und somit ihre Entscheidungsfunktion verliert. Ferner fordert diese Art der Evaluation ihrer Ansicht nach eine hohe persönliche, fachliche und soziale Kompetenz des Evaluators.[599]

THIERAU hat das von ihr vorgeschlagene Rahmenmodell zur Evaluation einer empirischen Überprüfung unterzogen. Sie merkt hinsichtlich der Praktikabilität kritisch an, dass der recht komplexe Evaluationsplan aufgrund zeitlicher Restriktionen nicht auf jeden Evaluationsgegenstand übertragbar ist. Sie schlägt vor, im Falle eines engen Zeitrahmens eine Konzentrati-

[595] Vgl. Thierau, H. (1991), S. 122.

[596] Vgl. Thierau, H. (1991), S. 123.

[597] Vgl. Thierau, H. (1991), S. 123 f.

[598] Vgl. Thierau, H. (1991), S. 233.

[599] Vgl. Thierau, H. (1991), S. 100.

on auf die Kernpunkte des Modells vorzunehmen, wobei unklar bleibt, was genau die Kernpunkte bei einer formativen Evaluation wie dieser sind. Weiterhin bemängelt sie selbst den hohen Allgemeinheitsgrad des Modells, wodurch konkrete Hilfestellungen hinsichtlich der zu wählenden Methoden in konkreten Situationen ausbleiben. Darüber hinaus passt sich das Modell nicht an Situationsveränderungen an, wie zum Beispiel einer Veränderung der Evaluationsziele. Außerdem ist Voraussetzung für die Durchführbarkeit des Evaluationsplans eine hohe Kooperationsbereitschaft zwischen der Unternehmung und dem jeweiligen Evaluator.[600]

TEICHGRÄBER sieht als eine kritische Grenze die Involvierung aller Beteiligten, welche vor allem in den zeitlichen Restriktionen begründet liegt.[601]

Bezogen auf die in Kapitel 3.2.3 vorgestellten Anforderungen lässt sich folgendes festhalten: Die *methodischen Anforderungen* finden in den handlungsorientierten Ansätzen keine explizite Berücksichtigung. Es lässt sich lediglich unterstellen, dass aufgrund der hohen Fokussierung auf eine regelmäßige Information der Beteiligten zumindest die *Glaubwürdigkeit* und *Nachvollziehbarkeit* der Informationen gesichert werden sollen. Hinweise auf eine angestrebte *Konfirmierbarkeit* der Daten lassen sich nicht finden.

In Bezug auf die *inhaltlichen Anforderungen* ist weitestgehend von einer *ganzheitlichen* Betrachtung des Personalentwicklungsprozesses auszugehen. Teichgräber betont hier, dass der Evaluationsprozess bei der Klärung der Ausgangssituation anfängt und mit der Erfassung der Veränderungen aufhört. THIERAU macht diesbezüglich deutlich, dass grundsätzlich die einzelnen Phasen des Personalentwicklungsprozesses berücksichtigt werden sollen, wobei sie hier Fokussierungsmöglichkeiten einräumt. WILL/BLICKHAN machen hier keine weiteren Aussagen.[602] Ein wesentliches Merkmal der handlungsorientierten Ansätze ist der *Partizipationsbezug*, welcher den Schwerpunkt der Ansätze darstellt und dementsprechend in allen Ansätzen gegeben ist. Aus *funktionaler* Sichtweise setzen diese formativ geprägten Ansätze auf die Entscheidungsfunktion, wobei hier keine klare Festlegung auf eine optimierende oder legitimierende Evaluation erfolgt. Ein klarer *Kompetenzbezug* ist indes nicht zu erkennen. Auch auf die Sicherung des *Transfers* und dessen explizite Evaluation wird nicht eingegangen.

Formal gesehen setzen die handlungsorientierten Ansätze durch stetige Beteiligung der Interessensgruppen und deren fortlaufende Information über den Evaluationsprozess auf eine hohe *Akzeptanz*. Hinsichtlich der *Praktikabilität* und *Wirtschaftlichkeit* moniert vor allem THIERAU den zeitlichen und finanziellen Aufwand dieser Vorgehensweise. Hinsichtlich der Evaluationsmethoden werden diverse qualitative Verfahren angesprochen. Viele der vorgeschlage-

---

[600] Vgl. Thierau, H. (1991), S. 233 f.

[601] Vgl. Teichgräber, R. (1987), S. 163.

[602] Vgl. Abschnitt 4.4.

nen Methoden erfordern eine hohe Methodenkompetenz, von der nicht zwingend ausgegangen werden kann. Da jedoch Wahlmöglichkeiten in den unterschiedlichen Phasen aufgezeigt werden, ist aus Sicht der Evaluationsinstrumente eine Praktikabilität gegeben.

4.4.3 Kritische Gesamtbetrachtung der handlungsorientierten Ansätze

Die handlungsorientierten Ansätze ergänzen, was den prozessorientierten fehlt. Sie fokussieren auf die Beteiligung der in den Trainings- und Evaluationsprozess involvierten Personen. Hier liegt nach Angaben von TEICHGRÄBER jedoch genau die Hürde der handlungsorientierten Ansätze. Eine Einbeziehung aller Beteiligten wird als nicht möglich gesehen.

Ebenso wie auch die davor diskutierten Ansätze aus den anderen Kategorien sind die handlungsorientierten Ansätze sehr allgemein gehalten. Konkrete situationsspezifische Gestaltungsmöglichkeiten werden nicht aufgezeigt. So ist ein klarer Funktions-, Kompetenz- und Transferbezug ist nicht zu erkennen. Formal gesehen sind aufgrund der Komplexität der Ansätze die Praktikabilität und Wirtschaftlichkeit eher gering, so dass sich hier wenig Anregungen für die Gestaltung von Evaluationen ableiten lassen.

Dafür bieten die handlungsorientierten Ansätze Anregungen zur Einhaltung der methodischen Anforderungen. Durch das beschriebene Vorgehen werden insbesondere die Glaubwürdigkeit und Nachvollziehbarkeit der Informationen sichergestellt. Darüber hinaus geben sie durch ihren Aufbau Hinweise auf die Konzeption eines möglichen Evaluationsablaufs. Daneben können auch die generellen Überlegungen in Bezug auf eine mögliche Partizipation der Beteiligten Hinweise für die Gestaltung einer Evaluation für Trainings off-the-job geben.

Zudem wird im Hinblick auf die Evaluationsmethoden und -instrumente von den Autoren der handlungsorientierten Ansätze eine Vielzahl genannt. Viele davon, sofern sie dem hier verstandenen Evaluationsverständnis entsprechen und die methodischen Grenzen berücksichtigt werden, können als Möglichkeiten in den Entscheidungsrahmen integriert werden.[603] So können die genannten positiven Aspekte der handlungsorientierten Ansätze Anregungen für den in Kapitel fünf erläuterten Entscheidungsrahmen aufzeigen.

4.5 Implikationen für den Entscheidungsrahmen

Aus der Darstellung und kritischen Diskussion unterschiedlicher Evaluationsansätze in den vorangegangenen Abschnitten des vierten Kapitels lassen sich folgende Implikationen für den Entscheidungsrahmen ableiten:

---

[603] Vgl. dazu Kapitel 5.4.

- Anregungen für die ganzheitliche Gestaltung von Evaluationen bieten alle ganzheitlichen, prozessorientierten Ansätze wie auch die handlungsorientierten Ansätze.

- Aus den pragmatisch-ganzheitlichen Ansätzen lässt sich die Unterteilung in unterschiedliche Evaluationsebenen ableiten. So kann grundsätzlich in die Kontext-, Input-, Prozess-, Output- und Metaevaluation unterschieden werden. Die Outputevaluation kann des Weiteren in die Reaktion, den Lernerfolg, den Transfererfolg und den Unternehmungserfolg differenziert werden. Dies kann als Strukturierungshilfe für die Erläuterung inhaltlicher und methodischer Gestaltungsoptionen im Entscheidungsrahmen dienen.

- Die handlungsorientierten Ansätze beschreiben zudem Möglichkeiten der Partizipation der Prozessbeteiligten, welches die Basis für die Erfüllung der inhaltlichen Anforderung nach Partizipation und der formalen Anforderung nach Akzeptanz ist.

- Zudem geben die handlungsorientierten Ansätze Hinweise zur Evaluationsgestaltung, welche den methodischen Anforderungen Rechnung tragen.

- Der Forderung nach Praktikabilität und Wirtschaftlichkeit wird in den pragmatischen, prozessorientierten Ansätzen Rechnung getragen. Gerade die innerhalb der Ansätze von den Autoren genannte Evaluationsmethoden entsprechen diesen Anforderungen. Sie können als methodische Gestaltungselemente in den Entscheidungsrahmen integriert werden.

- Teilweise wird innerhalb der genannten Methoden ein Bezug zur Anwendbarkeit im Hinblick auf die Evaluation von Trainings mit bestimmtem Kompetenzbezug gegeben. Dies wird an entsprechender Stelle im Entscheidungsrahmen verdeutlicht.[604]

- Der Ansatz von EASTERBY-SMITH zeigt Gestaltungsmöglichkeiten in Bezug auf verschiedene Evaluationsfunktionen auf. Diese können ebenfalls als Leitfaden im Entscheidungsrahmen genutzt werden.[605]

- Kostenanalytische Ansätze können im Rahmen der Festlegung der Evaluationsstrategie und im Rahmen der Inputevaluation als Entscheidungsinstrument eingesetzt werden.

- Anregungen für die prozessuale Gestaltung einer Evaluation lassen sich aus den handlungsorientierten Ansätzen ableiten.

---

[604] Vgl. dazu insbesondere Brinkerhoff, R. O. (1987), S. 62 ff.

[605] Vgl. Easterby-Smith, M. (1986), S. 13 ff.

- Auf Basis der geführten kritischen Diskussion aus den controllingorientierten Ansätzen werden die Gedanken aus den investitionsorientierten und kennzahlenorientierten Ansätzen im Entscheidungsrahmen nicht weiter verfolgt.

- Die Diskussion um analytische Ansätze zeigt, dass ein rein quantitatives Evaluationsdesign bei pragmatisch ausgerichteten Evaluationen und auch vor dem Hintergrund der in Kapitel drei diskutierten methodischen Probleme nicht sinnvoll erscheint. Quantitative Erhebungsdesigns, insbesondere das experimentelle Design, werden deshalb im Entscheidungsrahmen nicht aufgegriffen.

Somit lassen sich aus der kritischen Analyse der in der Literatur vorhandenen Ansätze vielfältige Ansatzpunkte für die Gestaltung einer Evaluation des Training off-the-job extrahieren.

5 Entscheidungsrahmen für die Evaluation des Training off-the-job

5.1 Vorüberlegungen

Die nachfolgenden Ausführungen dienen dem Aufzeigen eines Entscheidungsrahmens speziell für die Evaluation von Trainings off-the-job. Der Entscheidungsrahmen ist dabei nicht als vorschreibender Rahmen zu interpretieren, vielmehr zeigt er die unterschiedlichen Möglichkeiten der Evaluation von arbeitsplatzungebundenen Trainingsmaßnahmen auf. Es werden verschiedene, in Bezug auf die Evaluation relevante Aspekte erörtert, die einen Handlungsspielraum für die praktische Handhabung von Evaluationen aufzeigen. Dieses Vorgehen impliziert jedoch den Verzicht auf eine detaillierte Ausarbeitung einzelner Bestandteile, da dies die konkrete Übertragung auf den evaluationsspezifischen Kontext in der Praxis erschweren würde.[606] Als Erkenntnisse fließen gemäß der in Kapitel 1.2 erläuterten Methodologie in den Entscheidungsrahmen theoretisch fundierte Informationen, empirisch überprüfte Ergebnisse, aber auch Plausibilitätsüberlegungen ein.[607]

Der Entscheidungsrahmen besteht aus *vier wesentlichen Gestaltungselementen.* Dieses sind zunächst die „grundlegenden Elemente“, nachfolgend die „strukturellen Elemente“, als Kernpunkt die „inhaltlich-methodischen Elemente“ sowie die „prozessualen Elemente“. Ausgangspunkt des Entscheidungsrahmens bilden die *„grundlegenden Elemente“*. Diese beinhalten Überlegungen zum Evaluationsgegenstand, zur Evaluationsfunktion, zur Evaluationsstrategie sowie zu den zur Verfügung stehenden Ressourcen und anderen Einschränkungen. Im Anschluss werden *„strukturelle Gestaltungselemente“* aufgezeigt. Hier gilt es zu beachten, wer im Rahmen der Evaluation beteiligt ist, wie die Evaluation organisatorisch eingebettet ist, zu welchen Zeitpunkten, in welchen Zeiträumen und in welchem Umfang eine Evaluation stattfindet und wie mit den Informationen aus der Evaluation umgegangen wird. Den Kern des Entscheidungsrahmens bilden die *„inhaltlich-methodischen Gestaltungselemente“*. Hier werden zunächst mögliche Evaluationsinhalte in den einzelnen Evaluationsphasen aufgezeigt und anschließend die methodischen Erhebungsmöglichkeiten in Bezug auf die Inhalte. Die Inhalte und Methoden der Evaluation werden dabei maßgeblich von der Evaluationsfunktion bestimmt. BRONNER/HIRSCHE erläutern in dem Zusammenhang, dass erst ein mehrdimensionaler Bezugsrahmen ein umfassendes Verständnis für die Evaluations-Methodik ermöglicht.

Der Entscheidungsrahmen für die inhaltlich-methodische Gestaltung besteht demnach, wie in Abbildung 9 zu sehen ist, aus den drei Konstruktionsdimensionen „Funktionen der Evaluation“, „Phasen der Evaluation“ sowie „Bezugsfelder der Evaluation“.[608] Letztere beziehen sich

[606] Vgl. Grochla, E. (1978), S. 62 ff.

[607] Vgl. Kapitel 1.2 sowie Grochla, E. (1978), S. 72.

[608] Vgl. Bronner, R./Hische, V. (1995), S. 49 f.

auf den konkreten Evaluationsgegenstand.[609] Der Zusammenhang zwischen den einzelnen Konstruktionsdimensionen und den Evaluationsmethoden wird insbesondere in Abschnitt 5.4 noch einmal gesondert hervorgehoben.

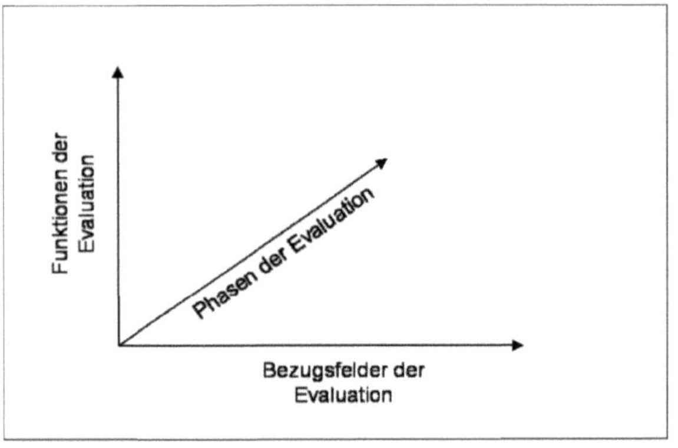

Abbildung 9: Konstruktionsdimensionen der Evaluation.

Quelle: Bronner, R./Hirsche, V. (1995), S. 49.

Anschließend werden die vorgestellten Elemente im Rahmen der *„prozessualen Gestaltungselemente"* in einem Prozess zusammengeführt, so dass ein konkretes Vorgehen im Rahmen der Evaluation des Training off-the-job verdeutlicht wird.

Alle *Gestaltungselemente* sind interdependent miteinander verknüpft. Das heißt, dass gemäß eines systemischen Verständnisses Veränderungen eines Elements Auswirkungen auf andere Elemente hat.[610] Ziel ist es nicht, eine Aussage darüber zu treffen, welche Wirkungszusammenhänge absolut gesehen richtig sind, sondern Aussagen über Wirkungszusammenhänge in verschiedenen Kontexten zu treffen.[611] Die Interdependenzen der Wirkungen werden im Rahmen der einzelnen Elemente aufgegriffen, können jedoch aufgrund der Komplexität nicht vollständig und abschließend erörtert werden. Der Entscheidungsrahmen wird schließlich einer *„kritischen Reflexion"* unterzogen.

Der Entscheidungsrahmen berücksichtigt die in Kapitel 3.3 vorgestellten *Anforderungen an die Evaluation des Training off-the-job*. Die Anforderungen gehen an verschiedenen Stellen in den Entscheidungsrahmen ein und sichern somit ein systematisches, wissenschaftlich nachvollziehbares Vorgehen im Rahmen der Evaluation.

[609] Vgl. Abschnitt 5.2.

[610] Vgl. zum systemischen Gedanken im Rahmen der Evaluation Stolla, C./Schotkowsky, R. (2008), S. 45 ff. sowie generell zum Systembegriff Wolf, J. (2011), S. 157 f.

[611] Vgl. Hill, W./Fehlbaum, R./Ulrich, P. (1974), S. 435.

Die *methodischen Anforderungen* werden im Entscheidungsrahmen an folgenden Stellen der Gestaltungselemente berücksichtigt: Die *Glaubwürdigkeit* und die *Nachvollziehbarkeit* von Informationen werden entscheidend von den Beteiligten und der Informationsverteilung beeinflusst.[612] Sie hängen zudem von den eingesetzten Evaluationsmethoden ab.[613] Die Konfirmierbarkeit basiert hauptsächlich auf der methodischen Gestaltung und der Informationsverteilung.[614]

Bezüglich der *inhaltlichen Anforderungen* ist zunächst festzuhalten, dass sich die *Ganzheitlichkeit* besonders auf die inhaltliche Gestaltung in Abschnitt 5.4 und dort speziell auf die Einhaltung aller genannten Phasen bezieht. Der Forderung nach *Partizipationsbezogenheit* wird innerhalb der inhaltlich-methodischen Gestaltung sowie durch den Einbezug von Beteiligten und der Informationsverteilung nachgekommen.[615] Auf die *Funktionsbezogenheit* wird explizit in Abschnitt 5.2.2 „Funktionen der Evaluation des Training off-the-job" sowie in der inhaltlich-methodischen Gestaltung in Abschnitt 5.4 Bezug genommen. In dem Abschnitt erfolgt auch der Bezug zur *Kompetenzbezogenheit* und *Transferbezogenheit,* wie sie bereits im Rahmen der oben genannten Konstruktionsdimension „Bezugsfelder der Evaluation" nach BRONNER/SCHRÖDER angesprochen wurden.

Hinsichtlich der *formalen Anforderungen* ist die *Akzeptanz* abhängig von den Beteiligten der Evaluation, der organisationalen Einbettung, der Informationsverteilung sowie der inhaltlichen und insbesondere methodischen Gestaltung.[616] Die *Praktikabilität* hängt insbesondere von den Evaluationsstrategien, den Beteiligten und den inhaltlich-methodischen Gestaltungselementen ab.[617] Die *Wirtschaftlichkeit* wird insbesondere durch die Ressourcenausstattung der Unternehmung sowie die Evaluationszeitpunkte, -räume und den -umfang determiniert sowie letztlich von der inhaltlich-methodischen Ausgestaltung der Evaluation.[618]

5.2 Grundlegende Elemente

5.2.1 Facetten des Evaluationsgegenstands

Die Bestimmung des Evaluationsgegenstands ist als Ausgangspunkt der Evaluation zu sehen.[619] Der Evaluationsgegenstand wird in der Literatur nur teilweise umrissen. So wird zwar

[612] Vgl. Abschnitt 5.3.1 und 5.3.4.

[613] Vgl. die Abschnitte zur methodischen Gestaltung in Abschnitt 5.4.

[614] Vgl. a. a. O.

[615] Vgl. Abschnitt 5.4 sowie 5.3.1 und 5.3.4.

[616] Vgl. die Abschnitte 5.3.1, 5.3.2, 5.3.4 sowie 5.4.

[617] Vgl. die Abschnitte 5.2.3, 5.3.1 und 5.4.

[618] Vgl. die Abschnitte 5.2.4, 5.3.3 und 5.4.

[619] Vgl. Beywl, W. (1999), S. 25.

betont, dass sich Evaluationen auf Programme oder Trainings beziehen,[620] welche Aspekte hier Berücksichtigung finden sollten, wird jedoch nicht explizit verdeutlicht. Die Form des Trainings und dessen Rahmenbedingungen stellen jedoch den Ausgangspunkt der Evaluation dar. Zu unterscheiden ist hier, ob eine deterministische oder katalytische Weiterbildungsstrategie zugrunde liegt, welche Kompetenzen mit Hilfe des Trainings erworben, erweitert oder aktualisiert werden sollen, welche zeitliche und räumliche Struktur das Training aufweist und wie häufig es angeboten wird.[621]

Im Hinblick auf die zuerst angesprochene *Weiterbildungsstrategie* gilt es zu klären, ob das initiierte Training auf einer deterministischen oder katalytischen Weiterbildungsstrategie basiert. Während bei erster konkrete Lern- und Anwendungsziele a priori definiert werden können, ist bei der katalytischen Weiterbildungsstrategie die konkrete Anwendungsmöglichkeit der Lerninhalte noch nicht abzusehen. Vielmehr geht es hier um die Vermittlung genereller Kompetenzen, die für die strategische Entwicklung einer Unternehmung von Bedeutung sind. Dies impliziert aber auch, dass das erworbene Wissen bzw. die erworbenen Kompetenzen nicht unmittelbar angewendet werden können.[622] Ein katalytischer Weiterbildungsfokus wird von EASTERBY-SMITH auch im Gegensatz zum Lernen der Teilnehmer mit deren allgemeiner Entwicklungsfähigkeit beschrieben,[623] KRAIGER/FORD/SALAS fassen dies als affektives, speziell motivationales Lernen zusammen.[624]

Des Weiteren ist der *Inhalt der Weiterbildungsmaßnahme* zu klären und zwar dahingehend, ob mit der Maßnahme Veränderungen der Fach-, Methoden- oder Sozialkompetenzen intendiert sind.[625]

Für die konkrete Durchführung der Evaluation ist es zudem wichtig, unter welchen *zeitlichen Rahmenbedingungen* ein Training durchgeführt wird. Zu unterscheiden sind hier Maßnahmen, die an einem Tag (entweder komplett oder einzelne Stunden) zusammenhängend stattfindet, Maßnahmen, die über mehrere Tage zusammenhängend stattfinden (Blockveranstaltungen) oder als dritte Möglichkeit Maßnahmen, die an mehreren Tagen zeitlich verteilt stattfinden, so dass zwischen den einzelnen Seminarterminen einzelne Tage, Wochen oder gar Monate liegen (fragmentierte Veranstaltungen). Die Beachtung der zeitlichen Rahmenbedingungen hat dabei vor allem Auswirkungen auf die Zeitpunkte und -räume der Evaluation.[626]

---

[620] Vgl. bspw. Neuberger, O. (1994), S. 276 sowie Easterby-Smith, M. (1986), S. 35.

[621] Vgl. auch Berthel, J./Becker, F. G. (2010), S. 498.

[622] Vgl. Bronner, R./Schröder, W. (1983), S. 30 ff.

[623] Vgl. Easterby-Smith, M. (1986), S. 53 f.

[624] Vgl. Kraiger, K./Ford, J. K./Salas, E. (1993), S. 320 ff.

[625] Vgl. zur Wichtigkeit in Bezug auf die Evaluation Kapitel 3.4.2.

[626] Vgl. dazu genauer Abschnitt 5.3.3.

Zudem spielt gerade die *räumliche Struktur* bei off-the-job Trainingsmaßnahmen eine wichtige Rolle, welche, wie in Kapitel 2.1.2 erläutert wurde, entweder intern in eigenen Räumen der Unternehmung oder extern bei Seminaranbietern oder in angemieteten Räumen stattfinden können. Die räumliche Struktur spielt gerade im Hinblick auf die Inputevaluation eine wichtige Rolle.[627]

Von Bedeutung ist ferner die *Häufigkeit einer Veranstaltung*. Zu berücksichtigen ist in dem Zusammenhang, ob eine Veranstaltung nur einmal angeboten und keine Wiederholung angestrebt wird oder ob Maßnahmen wiederkehrend angeboten werden. Bei einmaligen Veranstaltungen stellt sich die Frage, ob Mittel zur Evaluation frei gegeben werden. Bei strategisch wichtigen Maßnahmen erscheint es sinnvoll zu überlegen, ob in dem Fall eine formative Evaluation zum Zwecke der Optimierung angedacht wird, um das Gelingen dieser Veranstaltung sicher zu stellen.[628]

5.2.2 Funktionen der Evaluation von off-the-job-trainings

Wie bereits in Abschnitt 3.2 aufgezeigt wurde, können Evaluationen mehrere Funktionen aufweisen. Um Evaluationen aussagekräftig und damit nutzbringend gestalten zu können, ist die Fokussierung auf eine Funktion notwendig, da die Spezifizierung einer Funktion Einfluss auf die inhaltliche und methodische Gestaltung ausübt.[629] Schon allein deshalb betonen mehrere Autoren die Notwendigkeit einer Konzentration auf eine verfolgte Hauptfunktion bei der Evaluation von Trainingsmaßnahmen.[630] WEIS formuliert hierzu treffend: „Die Allzweckevaluierung ist ein Mythos“[631]. Dies impliziert zugleich, dass eine Evaluationsstudie niemals alle Fragen, die sich den einzelnen Beteiligten in dem Prozess stellen, zu beantworten vermag.[632]

EASTERBY-SMITH schlägt drei Möglichkeiten vor, wie die hauptsächliche Funktion einer Evaluation herausgefunden werden kann. Dabei schlägt er eine Orientierung an den verschiedenen Interessenten bzw. Auftraggebern einer Evaluation vor. Eine Möglichkeit besteht demnach darin, das *Eigeninteresse der Unternehmung* an einer Evaluation herauszufinden. Dabei geht es darum herauszufinden, was für einen genauen Wert bzw. welche Bedeutung einer Weiterbildungsmaßnahme hat und was genau im Rahmen der Evaluation analysiert werden soll. Ein zweiter Weg besteht darin, sich an dem *Interesse der Haupt-Beteiligten einer Evalu-*

[627] Vgl. dazu genauer Abschnitt 5.4.3.

[628] Vgl. Warr, P./Bird, M./Rackham, N. (1971), S. 83; vgl. auch Abschnitt 5.3.3.

[629] Vgl. zur Notwendigkeit der Fokussierung auf eine Funktion auch Easterby-Smith, M. (1986), S. 17.

[630] Vgl. Kapitel 3.2.2.

[631] Weiss, C. H. (1974), S. 36.

[632] Vgl. Weiss, C. H. (1974), S. 36.

ation zu orientieren und herauszufinden, welche Funktion sie verfolgen.[633] Liegt kein bestimmtes Eigeninteresse des Unternehmens oder der Beteiligten einer Evaluation vor kann eine Funktionsbestimmung der Evaluation auch anhand der *Interessen des Evaluators* erfolgen. Diese Vorgehensweise erfolgt oft dann, wenn die Evaluation durch den Trainer oder die Teilnehmer einer Evaluation vorgenommen wird.[634]

Die jeweilige Evaluationsfunktion determiniert die konkrete Vorgehensweise und das Evaluationsdesign. In Abschnitt 3.1.1.2 wurden zwei zentrale Evaluationsfunktionen hervorgehoben unter denen sich viele der anderen in der Literatur genannten subsummieren lassen.[635] Diese sind die *Optimierungsfunktion* und die *Legitimationsfunktion*.[636] Sie dienen als Leitfunktionen für den Entscheidungsrahmen und werden in den jeweiligen funktionsrelevanten Abschnitten berücksichtigt.

Evaluationen mit einer Hauptfokussierung auf die Optimierung einer Trainingsmaßnahme werden hier als *formative* Evaluationen thematisiert. Durch stetige Rückmeldung der Evaluationsergebnisse an die konzeptionell beteiligten oder durchführenden Personen einer Weiterbildungsmaßnahme ermöglicht diese Form der Evaluation eine zeitnahe Anpassung der Konzeption oder Durchführung hinsichtlich einer transfersteuernden Gestaltung. Der Umgang mit Informationen ist hier als Kernelement der Evaluation zu sehen.[637]

Evaluationen mit Konzentration auf die Legitimation einer Maßnahme erfolgen summativ zumeist am Ende des Personalentwicklungsprozesses. Sie dienen der nachträglichen Rechtfertigung der Maßnahmen oder Begründung für deren Erfolg, deren Fortführung oder Einstellung. Die Ergebnisse einer summativen Evaluation können auch zu formativen Zwecken in Bezug auf nachfolgende Trainings genutzt werden.[638]

STUFFLEBEAM macht in seinen Ausführungen deutlich, dass die formative Evaluation starke Überschneidungen zur Weiterbildungsplanung aufweist, während die summative Evaluation eher auf die Bewertung der getroffenen Entscheidungen abzielt.[639]

---

[633] Vgl. Easterby-Smith, M. (1986), S. 17 ff.; vgl. Zu den unterschiedlichen Interessen der Beteiligten auch Abschnitt 5.3.1.

[634] Vgl. Easterby-Smith, M. (1986), S. 22.

[635] Vgl. zu den unterschiedlichen in der Literatur genannten Funktionen der Evaluation Abschnitt 3.2.1.

[636] Vgl. Abschnitt 3.1.1.2.

[637] Vgl. dazu Kapitel 2.2.3.

[638] Vgl. dazu Kapitel 2.2.3.

[639] Vgl. Stufflebeam, D. L. (1972), S. 134 ff.; vgl. Stufflebeam, D. L./Shinkfield, A. J. (1988), S. 164.

Formative und summative Evaluationen unterscheiden sich auch hinsichtlich der möglichen Evaluationsmethoden. Erstere grenzen sich von summativen durch eine stärkere Involvierung der Beteiligten, Feedbackschleifen bezüglich der Informationen sowie in der Rolle und im Selbstverständnis des Evaluators ab, welcher hier aktiv Einfluss auf die Gestaltung eines Trainings ausübt. Eine spezielle Begrenzung erfahren formative Evaluationen dadurch, dass die Evaluationsdaten zunächst ausgewertet werden müssen. Geschieht dies nicht schnell genug, so können diese nicht in die aktuell evaluierte Maßnahme einfließen. Sie können jedoch denn für spätere Maßnahmen gleicher Art dienen.[640]

Bei Evaluationen mit einer Legitimationsfunktion, sprich summativen Evaluationen, muss beachtet werden, dass das Endergebnis in vorab gesetzte Kriterien eingeordnet, gewichtet und bewertet werden muss.[641] Die Bestimmung geeigneter Kriterien, unabhängig davon, ob sie quantitativ oder qualitativ formuliert werden, stellt eine besondere Herausforderung summativer Evaluationen dar.[642]

5.2.3 Evaluationsstrategien und -fokus

Unternehmungen können grundsätzlich unterschiedliche Evaluationsstrategien verfolgen. Denkbar sind die „Keine-Evaluation-Strategie", die „Nur-Reaktions-Strategie", die „Basis-Evaluations-Strategie", die „Fortgeschrittene-Evaluations-Strategie" und die „Professionelle-Evaluations-Strategie": [643]

- Die „*Keine-Evaluation-Strategie*" ist keine klassische Evaluationsstrategie, da sie Evaluationen ausschließt. Dennoch kann es Zeiten geben in denen dieses Vorgehen angemessen erscheinen kann, da nicht zu evaluieren auch gleichzeitig bedeutet keine Kosten zu verursachen oder zeitliche Ressourcen zu binden.[644] Allerdings können so auch keine Informationen über Trainings gewonnen werden, weshalb diese Strategie im Folgenden keine weitere Berücksichtigung findet.

- Die „*Nur-Reaktions-Strategie*" bezieht sich auf Evaluationen, die lediglich die Reaktion der Teilnehmer nach einer Maßnahme erheben. Hier sind keine Vergleiche zwischen der Vorher- und Nachher-Situation möglich, und auch der Einsatz von Kontrollgruppen ist hier unmöglich. Reine Reaktions-Evaluationen haben den Vorteil, dass sie wenig kosten- und zeitaufwändig sind und zudem bei den Teilnehmern einer

[640] Vgl. Will, H./Winteler, A./Krapp, A. (1987), S. 21.

[641] Vgl. Will, H./Winteler, A./Krapp, A. (1987), S. 21.

[642] Vgl. zu den Schwierigkeiten der Bestimmung von Kriterien Kapitel 3.3.4.

[643] Vgl. Tannenbaum, S. I./Woods, S. B. (1992), S. 67 ff.

[644] Vgl. Tannenbaum, S. I./Woods, S. B. (1992), S. 67.

Maßnahme akzeptiert sind, da ihnen so das Gefühl vermittelt wird, einen Beitrag zu der Maßnahme leisten zu können. Auch wenn diese Form der Evaluation in der Praxis häufig angewandt wird, ist das Vorgehen, wie auch in der Anforderungsdiskussion in Kapitel 3.4.2 deutlich wird, wenig effektiv. So sagt eine positive Bewertung eines Trainings nichts über den Lern- oder Anwendungserfolg eines Teilnehmers aus. Mitunter stehen Zufriedenheit und Lern- oder Anwendungserfolg sich sogar konträr gegenüber. Die Konzentration auf lediglich ein Kriterium wird in der Literatur vielfach bemängelt, da so die unterschiedlichen Elemente des Trainingsprozesses nicht abgebildet werden können.[645]

- Die „*Basis-Evaluations-Strategie*" umfasst die Evaluation der Reaktion und des unmittelbaren Lernerfolgs[646] eines Teilnehmers. Auch wenn diese Evaluation vordergründig Aussagen darüber zulässt, inwiefern die Teilnehmer am Ende eines Trainings ein bestimmtes Wissen oder Verhalten zeigen, kann durch die fehlende Erhebung des Vor-Trainings-Zustands keine Aussage darüber getroffen werden, ob das Wissen oder Verhalten durch das Training induziert worden ist oder durch andere Erfahrungen erlernt wurde.[647]

- Die „*Fortgeschrittenen-Evaluations-Strategie*" umfasst die Evaluation bis hin zur Messung des Unternehmungserfolgs auf Basis multipler Kriterien. Die Strategie, welche auf quasi-experimentellen Designs beruhen kann, ist umfangreicher als die vorabgenannten Strategie, aber gleichzeitig nicht so komplex wie eine professionelle Evaluationsstrategie. Sie hat damit den Vorteil, dass sie in der Praxis besser umsetzbar ist und nicht so aufdringlich erscheint. Dennoch kann diese Form der Evaluation in Unternehmungen, die Evaluationen als Beeinträchtigung empfinden, weniger akzeptiert sein als die oben genannten Strategien.[648]

- Die von TANNENBAUM/WOODS als „*Professionelle Evaluation*" beschriebene Strategie setzt ein experimentelles Design unter Verwendung von Kontrollgruppen voraus. Hier ist allerdings die Voraussetzung, dass die untrainierten Personen (Kontrollgruppe) und die trainierten Personen (Versuchsgruppe) untereinander keinen Kontakt haben, damit sie sich nicht gegenseitig beeinflussen können. In Unternehmungen ist dieses Vorgehen nicht umsetzbar, da ein Kontakt der Gruppen untereinander nicht ausgeschlossen werden kann und die Akzeptanz für die Bildung einer Kontrollgruppe nicht besteht.[649]

[645] Vgl. Tannenbaum, S. I./Woods, S. B. (1992), S. 67 f. sowie die Diskussion in Kapitel 3.4.2 speziell zur Anforderung der Ganzheitlichkeit.

[646] Zur Unterscheidung zwischen unmittelbarem Lernerfolg und nachhaltigem Lernerfolg vgl. Kapitel 5.4.5.2.1

[647] Vgl. Tannenbaum, S. I./Woods, S. B. (1992), S. 68.

[648] Vgl. Tannenbaum, S. I./Woods, S. B. (1992), S. 68 f.

[649] Vgl. Tannenbaum, S. I./Woods, S. B. (1992), S. 69 f.

Grundsätzlich haben Unternehmungen die Möglichkeit, zwischen den einzelnen Evaluationsstrategien zu wählen. Die Wahl für eine Strategie beruht auf Überlegungen darüber, welche Informationen gewonnen werden sollen. Bei Trainings, die rein als Incentive für einen Teilnehmer dienen, reicht die „Nur-Reaktions-Strategie“ oder die „Basis-Strategie“ aus. Sollen Informationen über den Lern-, Anwendungs- und sogar den Unternehmungserfolg gewonnen werden, sind fortgeschrittene oder professionelle Evaluationen notwendig, wobei letztere mit Blick auf die gestellten Anforderungen an Evaluationen in Unternehmungen als nicht umsetzbar gelten.[650] Die professionelle Evaluation findet deshalb im Folgenden keine weitere Berücksichtigung.

Welche Evaluationsstrategie bevorzugt wird, hängt zudem davon ab, welches *Veränderungspotenzial* hinsichtlich eines Trainings besteht, von welcher *Bedeutung* ein Training für eine Unternehmung ist, welches *Ausmaß* ein Training aufweist, zu welchem *Zweck* das Training durchgeführt wird, welche *Organisationskultur*[651] vorherrscht, welche *Evaluationskompetenzen* innerhalb der Unternehmung vorhanden sind, wie viele *finanzielle Ressourcen* zur Verfügung stehen sowie von den *zeitlichen Restriktionen* bezüglich des Vorliegens von Informationen über ein Training.[652]

- In Bezug auf das Veränderungspotenzial sollte überlegt werden, ob überhaupt die Möglichkeit besteht, ein Training zu verändern oder fortzuführen. Ist eine Fortsetzung des Trainings von vornherein nicht vorgesehen, macht es ökonomisch keinen Sinn, Ressourcen für die Evaluation zu verschwenden. Die „Nicht-Evaluations-Strategie“ ist hier zu bevorzugen.

- Zudem ist zu beachten, dass nicht alle Trainingsmaßnahmen in Unternehmungen von gleicher Bedeutung sind. Einige sind strategisch wichtig, so dass Aussagen über den Erfolg dieser Maßnahmen eine höhere Priorität zugesprochen werden kann als anderen Trainings. Je nachdem, welche Bedeutung dem Training zugesprochenen wird, kann der Umfang der Evaluation angepasst werden.

- Eine weitere Entscheidungsgrundlage bietet auch das Ausmaß eines Trainings, d. h. die Häufigkeit des Stattfindens eines bestimmten Trainings in Verbindung mit der Anzahl der Personen, die dieses Training besuchen. Trainings, die wiederkehrend bei einer Vielzahl von Personen durchgeführt werden und somit hohe Kosten produzieren

[650] In Abschnitt 5.4 dieses Kapitels werden Möglichkeiten aufgezeigt, die unterschiedlichen Phasen eines Trainingsprozesses zu evaluieren.

[651] Der Terminus Organisation wird hier in einem institutionellen Verständnis benutzt und ist deshalb synonym zum Terminus Unternehmung zu sehen. Vgl. Becker, F. G./Werning, E. (2011), S. 23.

[652] Vgl. sofern nicht anders gekennzeichnet zu den Ausführungen in den nachfolgenden Abschnitten Tannenbaum, S. I./Woods, S. B. (1992), S. 70 ff.

bei einer gleichzeitig hohen Nutzenerwartung, erfordern ein systematisches Vorgehen bei der Evaluation, wodurch hier das Verfolgen einer „Fortgeschrittenen-Evaluations-Strategie" sinnvoll erscheint.

- Des Weiteren ist der Zweck des Trainings zu berücksichtigen, d. h. welche Kompetenzen mittels eines Trainings verbessert werden sollen. Je nach Ausrichtung müssen, wie Abschnitt 5.4 verdeutlicht, hier die Evaluationsmethoden angepasst werden.

- Welche Form der Evaluation durchgeführt wird und welche Evaluationsmethoden verwendet werden, ist zudem abhängig von der Unternehmungskultur und den damit verbundenen Werten und Normen. In Unternehmungen, in denen die zahlenmäßige Rechtfertigung von Kosten einen hohen Stellenwert aufweist, können Evaluationen, die rein auf qualitativen Informationen beruhen, als ineffizient angesehen werden. Andere Unternehmungen hingegen präferieren eine weniger zahlenlastige und mehr interpretative Vorgehensweise, wodurch auch hier die Methoden der Evaluation individuell an die jeweilige Unternehmung angepasst werden müssen.

- Darüber hinaus sollte hinterfragt werden, welche Kompetenzen in Bezug auf komplexe Evaluationsdesigns in Unternehmungen vorhanden sind. Gerade professionelle Designs erfordern ein hohes Expertenwissen bei der Gestaltung. Die vorliegenden Kompetenzen hinsichtlich der Evaluation beeinflussen somit entweder die Evaluationsstrategie oder die Wahl des Evaluierenden.[653]

- Eine wesentliche Entscheidungsgrundlage bilden die Kosten des Trainings und der Evaluation. Grundsätzlich gilt laut TANNENBAUM/WOODS die Faustregel, dass Evaluationen nicht mehr kosten sollten als die Entwicklung und Durchführung eines Trainings. Zu beachten ist, dass darüber hinaus politische Gründe für oder gegen die Durchführung einer umfangreichen Evaluation sprechen können. So werden sehr teure Trainings für Spitzenmanager häufig nur in Form von Reaktionsmessungen evaluiert, da im Falle eines negativen Evaluationsergebnisses der Verantwortliche für das Training mit Konsequenzen rechnen muss.

- Letztlich beeinflussen auch die zeitlichen Vorgaben, innerhalb derer Evaluationsergebnisse vorliegen müssen, den Aufbau und die Durchführung der Evaluation. Die Evaluation muss entsprechend so konzipiert sein, dass die benötigten Informationen innerhalb des gesetzten Zeitfensters vorliegen.

[653] Vgl. dazu Abschnitt 5.3.1.2.

Darüber hinaus können unterschiedliche Fokusse der Evaluation bestimmt werden. So kann sich die Evaluation auf ein Training generell oder auf einzelne Aspekte desselben konzentrieren (z. B. den Trainer, den Inhalt, den Zeitpunkt, einzelne Methoden etc.).[654] WOTTAWA/THIERAU sprechen hier auch von Macro-Evaluation (komplexe Einheiten) und Micro-Evaluaution (Evaluation von Details).[655] Entsprechend des Fokus' sind die Funktion und später auch die inhaltlich-methodische Gestaltung der Evaluation zu wählen.[656]

5.2.4 Ressourcen und Zugang

Die Durchführung und der Umfang einer Evaluation hängen nicht nur von der zugrundeliegenden Funktion und dem Evaluationsgegenstand, sondern entscheidend auch von den *finanziellen* wie auch *personellen* und *zeitlichen* Ressourcen, die für die Evaluation zur Verfügung stehen, ab. Darüber hinaus ist entscheidend, inwiefern der Evaluator *Zugang* zu einzelnen Personen oder Ansatzpunkten der Evaluation (bspw. Räume oder auch Einbezug in verschiedene Evaluationsphasen) bekommt. [657]

Die *personellen Ressourcen* spielen hinsichtlich der Anzahl der zur Verfügung stehenden Personen sowie deren Kompetenzen in Bezug auf die Durchführung von Evaluationen eine entscheidende Rolle. Von deren Kenntnis und Erfahrung im Bereich von Evaluationen hängt es ab, welche Methoden zum Einsatz kommen und welche Stakeholder in die Evaluation miteinbezogen werden.[658] Die Studie von HÄRING bestätigt, dass der personelle Engpass in vielen Bildungsabteilungen einer der Gründe für das Nicht-Evaluieren von Personalentwicklungsmaßnahmen ist. So kommt sie zu dem Ergebnis, dass gerade für die Führungskräftequalifizierung auch bei Großunternehmungen häufig nur zwei bis fünf Personen zuständig sind. Demnach fehlt die Zeit, sich mit umfangreichen Evaluationskonzepten und -methoden zu befassen. Neben der zeitlichen und personellen Ausstattung führt HÄRING zudem die Ausbildung der Bildungsverantwortlichen als Grund für eine geringe Evaluationstätigkeit an. So argumentiert sie, dass vielfach Personen mit Trainererfahrung in Bildungsabteilungen arbeiten, die ihrerseits ihre Stärken eher in der Konzeption von Trainings haben und dementsprechend darauf den Fokus ihrer Arbeit legen.[659]

---

[654] Vgl. Neuberger, O. (1994), S. 276.

[655] Vgl. Wottawa, H./Thierau, H. (1990), S. 28.

[656] Vgl. dazu die Abschnitte 5.2.2 und 5.4.

[657] Vgl. Weiss, C. H. (1974), S. 53.

[658] Vgl. dazu auch Abschnitt 5.3.1.2.

[659] Vgl. Häring, K. (2003), S. 247 f.

Die *finanziellen* Bedingungen bestimmen, wie lange, wie viel und in welcher Form der Evaluator untersuchen kann. Um *personelle* und *zeitliche* Restriktionen zu umgehen, können Evaluationen auch extern vergeben werden.[660] Die Auslagerung der Evaluationsaktivitäten ist jedoch kostenintensiv und führt deshalb in der Praxis häufig dazu, dass auf eine professionelle Evaluation verzichtet wird.[661]

Wie in Abschnitt 5.3.1 beschrieben wird, sind an der Evaluation mehrere Personen beteiligt. Unter anderem können auch Vorgesetzte mit einbezogen werden. Hier ist jedoch einschränkend zu berücksichtigen, dass auch diese in ihren *zeitlichen* Kapazitäten begrenzt sind, so dass hier nur einschränkend eine Unterstützung bei Evaluationsaktivitäten verlangt werden kann. Diese Einschränkung ist insbesondere bei der Methodenwahl zu berücksichtigen.[662]

Des Weiteren ist der Umfang der Evaluation auch davon abhängig, inwiefern der Evaluator *Zugang* zu allen evaluationsrelevanten Bereichen bekommt. Hier stellt sich beispielsweise die Frage, ob ein externer Evaluator auch in die Konzeption einer Veranstaltung mit einbezogen wird und somit Zugang zu allen Kontextfaktoren einer Maßnahme bekommt. Diese Überlegungen wirken damit stark auf die Wahl des Evaluators, die organisationale Einbettung sowie auf die inhaltliche Gestaltung der Evaluation.[663]

Die Wahl der Evaluationsfunktion beeinflusst die dafür notwendigen Ressourcen entscheidend. So sind gerade Evaluationen mit Optimierungsfunktion, also mit einem formativen Vorgehen, mit einem relativ hohen Evaluationsaufwand verbunden, da alle Phasen des Trainingsprozesses analysiert, bewertet und gegebenenfalls angepasst werden müssen. Hier muss ein großer Handlungsspielraum hinsichtlich der zeitlichen und finanziellen Ressourcen vorliegen, um solche durchführen zu können.[664]

Zu bedenken ist immer, dass eine systematische und ganzheitliche Evaluation mit einem hohen Aufwand einhergeht. Je mehr Aussagekraft eine Evaluation aufweisen soll, desto höher ist der Evaluationsaufwand.[665]

THIERAU gibt auf Basis ihrer praktischen Erfahrung bei der Erprobung ihres Evaluationsansatzes zu bedenken, dass die Evaluationsinstrumente zur Einschätzung der Ressourcen und auch

---

[660] Vgl. dazu auch Abschnitt 5.3.1.2.

[661] Vgl. Häring, K. (2003), S. 249.

[662] Vgl. Häring, K. (2003), S. 249 f.

[663] Genauere Erläuterungen dazu erfolgen in den Abschnitten 5.3.1.2, 5.3.2 sowie 5.4.

[664] Vgl. Thierau, H. (1991), S. 118.

[665] Vgl. Thierau, H. (1991), S. 246.

zur Benennung der möglichen Einschränkungen, das genaue Evaluationsvorgehen und auch die Evaluationsinstrumente bekannt sein müssen. Gegebenenfalls müssen später Anpassungen und Veränderungen vorgenommen werden, die dann jedoch die Aussagekraft der Evaluationsstudie schmälern können.[666] Sind die grundlegenden Elemente der Evaluation geklärt, gilt es nun, die strukturellen Gestaltungselemente der Evaluation konzeptionell zu erfassen.

5.3 Strukturelle Gestaltungselemente

5.3.1 Beteiligte einer Evaluation

5.3.1.1 Stakeholder

Evaluationen betreffen in der Regel mehrere Anspruchsgruppen in Unternehmungen. Diese werden auch als so genannte *Stakeholder* bezeichnet. Der Begriff Stakeholder in Bezug auf Evaluationen umfasst alle Personen, die von der Evaluation direkt oder indirekt betroffen oder in irgendeiner Weise beteiligt oder aber an den Ergebnissen interessiert sind.[667] So gibt es Personen oder Gruppen, die die Evaluation in Auftrag geben, die an der Organisation einer Maßnahme beteiligt sind, weitere, die als Datenlieferant fungieren oder aber an den Ergebnissen der Evaluation interessiert sind. Evaluationen können demnach nicht von einer Person alleine durchgeführt werden, sondern beinhalten eine Beteiligung unterschiedlicher Personen bzw. Personengruppen.[668] Die Partizipation verschiedener Interessensgruppen und die damit verbundene Perspektivenvielfalt stellen eine wichtige Erfolgsvoraussetzung für die Evaluation des Training off-the-job dar.[669]

Dabei ist darauf zu achten, dass alle Stakeholder unterschiedliche Interessen verfolgen können.[670] Interessensgruppen im Rahmen einer Evaluation können sein:

- die Teilnehmer selbst, die durch eine Maßnahme ihre persönlichen Kompetenzen aktualisieren oder erweitern wollen,
- die Trainer, die ihre Arbeit verbessern oder rechtfertigen wollen,
- die Personalentwicklungs- oder Weiterbildungsabteilung, die ebenso ihre Arbeit verbessern oder aber legitimieren will,
- die Vorgesetzten, die auf die Aktualisierung oder Erweiterung der Kompetenzen ihrer Mitarbeiter angewiesen sind,

---

[666] Vgl. Thierau, H. (1991), S. 230 f.

[667] Vgl. Meyer, W. (2010a), S. 253.

[668] Vgl. Warr, P./Bird, M./Rackham, N. (1971), S. 83.

[669] Vgl. Oram, M. (1999), S. 33 ff.

[670] Vgl. Neuberger, O. (1994), S. 276.

- sowie die Unternehmungsleitung, die die Maßnahmen als Mittel zur Erreichung der Unternehmungsziele sieht.[671]

Der *Einbezug der Teilnehmer* in den Evaluationsprozess ist eine wesentliche Komponente, wie auch schon innerhalb der Anforderungen „Partizipation“ und „Akzeptanz“ ausgeführt wurde.[672] So können die Teilnehmer häufig selbst gut einschätzen, welche Kompetenzen ihnen fehlen und wo sie sich weiterentwickeln müssen.[673] Auch haben sie bestimmte Erwartungen oder Befürchtungen in Bezug auf eine Maßnahme, die gleich zu Beginn geklärt werden sollten.[674] Zudem sind sie diejenigen, die direkt von dem Qualifizierungsprozess betroffen sind und einen aktiven Transfer in ihr Funktionsfeld gestalten sollen.[675]

Der *Einbezug der Trainer* und der in der Unternehmung für das Training *verantwortlichen Personen* in die Evaluation ist unerlässlich, weil sie die Weiterbildungsmaßnahmen realisieren. Sie sind daher an den Ergebnissen zu beteiligen. Zugleich bilden sie jedoch auch eine wichtige Informationsquelle. Häufig werden sie als Vertrauenspersonen von den Mitarbeitern angesehen, was dazu führt, dass sie eher persönliche Informationen über Bedarfe und notwendige Maßnahmen von potenziellen Teilnehmern aus der Unternehmung erhalten. Darüber hinaus sind sie als Fachleute in ihrem Bereich anzusehen, die aus ihrer Erfahrung oder fachlichen Kenntnis heraus Entwicklungsprogramme anregen können.[676]

Eine wichtige Rolle im Trainings- und Evaluationsprozess nehmen die *Vorgesetzten* der Maßnahmenteilnehmer bzw. generell *Führungskräfte* ein. Die Weiterentwicklung von Mitarbeitern kann als eine wesentliche Führungsaufgabe gesehen werden. Führungskräfte müssen antizipieren können, welche Kompetenzen ihrer Mitarbeiter für die Erreichung der Unternehmungs- bzw. Abteilungsziele aufweisen müssen. Einhergehend sind sie für die Initiierung von Anpassung- oder Erweiterungsprozessen der vorhandenen Qualifikationen verantwortlich.[677] Ihre Partizipation ist damit vor allem im Rahmen der Bedarfsanalyse unerlässlich. Darüber hinaus spielen sie eine gravierende Rolle bei der Übertragung des Gelernten an den Arbeitsplatz.[678] Sie sind wesentlich daran beteiligt, ob den Teilnehmern einer Maßnahme die entsprechenden Anwendungsmöglichkeiten geboten werden.[679]

---

[671] Vgl. Riedel, M. (1992), S. 34 f.

[672] Vgl. Kapitel 3.4.2.

[673] Vgl. Kießling-Sonntag, J. (2003), S. 205.

[674] Vgl. Teichgräber, R. (1987), S. 165.

[675] Vgl. dazu auch die Ausführungen zur Evaluation des Lernerfolgs (5.4.5.2.1) und des Transfererfolgs (5.4.5.3)

[676] Vgl. Kießling-Sonntag, J. (2003), S. 204.

[677] Vgl. Bronner, R./Schröder, W. (1983), S. 93.

[678] Vgl. dazu auch Abschnitt 5.3.2.

[679] Vgl. Kießling-Sonntag, J. (2003), S. 203 f.

Letztendlich müssen Evaluationen auch die Interessen der *Unternehmungsleitung* berücksichtigen. Gerade diese Institution legt die Strategie und die Ziele innerhalb einer Unternehmung fest. Weiterbildungsmaßnahmen, die von Unternehmungen initiiert werden, dienen im Wesentlichen der Erreichung der Unternehmungsziele. Somit müssen gerade die Erwartungen der Unternehmungsleitung auch bei der Evaluation von Trainingsmaßnahmen berücksichtigt werden. Dies ist vor allem bei strategisch wichtigen Entwicklungsprogrammen (Führungskräfteentwicklung, Maßnahmen in Zusammenhang mit Veränderungsprogrammen, strategisch wichtige und zukunftsorientierte Maßnahmen) von Bedeutung.[680] Die Unternehmungsleitung ist jedoch auch als Interessensgruppe an Evaluationen zu sehen, denn hier werden die Gelder, die im Rahmen einer Evaluation genutzt werden können, freigegeben. Die Unternehmungsleitung ist demnach generell an einer Legitimierung der Mittelverwendung interessiert.[681]

In der Idealvorstellung sollten alle beteiligten Personengruppen in den Evaluationsprozess miteinbezogen werden. TEICHGRÄBER betont jedoch an dieser Stelle, dass hier eine kritische Grenze der Evaluation liegt.[682] Gerade aus Zeit- und Kostengründen ist eine umfassende Beteiligung nicht möglich, vielmehr werden die Interessen einzelner Gruppen von anderen vertreten (z. B. die Interessen des Top-Managements von der Personalentwicklungsabteilung).[683] Je nach Maßnahme und deren strategischer Bedeutung[684] ist demnach genau zu überlegen, wer in den Evaluationsprozess einbezogen wird. Die Ausführungen machen jedoch deutlich, dass alle fünf Interessensgruppen indirekt immer beteiligt sind. HAMBLIN schlägt deshalb vor, dass hinsichtlich der Evaluationsstrategie nach dem kleinsten gemeinsamen Nenner unter allen Beteiligten gesucht werden sollte.[685]

5.3.1.2 Wahl des Evaluators

Grundsätzlich können Evaluationen sowohl von unternehmungsinternen wie -externen Personen durchgeführt werden. Die Wahl des Evaluators will dabei gut überlegt sein.

Der Vorteil von *internen Evaluatoren* (bspw. Personalentwickler, Weiterbildungsverantwortliche, Mitarbeiter der internen Revision) liegt demnach in deren Zugehörigkeit zur Unternehmung. Interne Evaluatoren sind meistens mit den Prozessen rund um eine Maßnahme besser vertraut und kennen die Hintergründe besser. Auch stehen sie in einer engeren Beziehung zu

---

680 Vgl. Kießling-Sonntag, J. (2003), S. 202 f.

681 Vgl. Neuberger, O. (1994), S. 273 ff.

682 Vgl. Teichgräber, R. (1987), S. 163.

683 Riedel, M. (1992), S. 34 f.

684 Vgl. Abschnitt 5.2.

685 Vgl. Hamblin (1974), S. 34.

den Beteiligten. Durch ihre Mitgliedschaft in der Unternehmung können sie die Ergebnisse der Evaluation besser in die Unternehmung hineintragen. Gerade hier könnten jedoch auch die Nachteile eines internen Evaluators liegen. Zum einen besteht ein Abhängigkeitsverhältnis zur Unternehmung und in Teilen auch zu den Beteiligten einer Evaluation. Zum anderen ist auch nicht auszuschließen, dass die Profilierung der eigenen Person und des Aufgabenbereichs die Evaluationsergebnisse beeinflusst. Schwierigkeiten bestehen vor allem auch, wenn die Leitung einer Trainingsmaßnahme nicht genügend Vertrauen in die Evaluationskompetenz des internen Evaluators besitzt oder die mangelnde Kompetenz zu einer inhaltlich und methodisch nicht adäquaten Evaluation führt.[686]

Bei einem *externen Evaluator* liegt demgegenüber eine gewisse Unabhängigkeit vor. Er ist nicht an die Unternehmung gebunden und die Evaluationsergebnisse haben keine Rückwirkungen auf seine Arbeit. Deshalb kann er erst einmal unvoreingenommen an das Evaluationsprojekt heran gehen.[687] Durch das „Nicht-eingebunden-sein“ in das Beziehungsgefüge einer Unternehmung verfügt er zudem über eine höhere Neutralität und ggf. auch Objektivität bei der Evaluation. Zudem verfügt er meistens über eine breitere Erfahrung in Bezug auf verschiedene Evaluationsprojekte und weist häufig mehr Fach- bzw. Methodenkompetenz bei Evaluationen auf. Dies führt zu einer größeren Glaubwürdigkeit. Bisweilen kann das Prestige eines externen Evaluators auch dazu führen, dass die Ergebnisse innerhalb der Unternehmung mehr Beachtung finden als bei einer internen Person.[688] Nachteilig für den externen Evaluator ist jedoch, dass er keine gewachsene Verbindung zu den Beteiligten in einer Unternehmung besitzt. Damit könnte es sein, dass er zum Teil auch auf Widerstände stößt, gerade dann, wenn bei den Betroffenen Unklarheit über die Ziele der Evaluation herrscht, oder ihnen kein Mitspracherecht hinsichtlich der Zielsetzung, Durchführung oder Auswertung eingeräumt wird. Hier könnte dann eine Kontrolle oder Überwachung durch den Außenstehenden vermutet werden.[689] Auch ist nicht auszuschließen, dass ein externer Evaluator an der Sicherung von Folgeaufträgen interessiert ist, was wiederum Einfluss auf die Evaluationsergebnisse haben kann.

WEISS fasst bezüglich der Wahl des Evaluators zusammen: „Wer auch immer die Evaluierung durchführt, das Evaluierungspersonal ist irgendwo in der Hierarchie der Organisation angesiedelt. Der Evaluierende ist entweder einer höhergestellten Person in der Programmorganisation selbst unterstellt oder einer in der aufsichtsführenden oder geldgebenden Institution.“[690]

[686] Vgl. Weiss, C. H. (1974), S. 42 f.

[687] Vgl. Scriven, M. (1980), S. 17.

[688] Vgl. Weiss, C. H. (1974), S. 42 f.

[689] Vgl. Will, H./Winteler, A./Krapp, A. (1987), S. 23.

[690] Weiss, C. H. (1974), S. 44.

Die Wahl für einen internen oder externen Evaluator ist darüber hinaus abhängig von der Evaluationsfunktion. Geht es eher um die Optimierung von Weiterbildungsmaßnahmen, so liegt das Evaluationsinteresse vorrangig bei der initiierenden Personal- oder Bildungsabteilung. Hier ist es sinnvoll, einen internen Evaluator, z. B. aus der genannten Abteilung zu wählen, da dieser, wie oben geschildert, mit der Unternehmung, der Situation der Teilnehmer und den dem Programm zugrundeliegenden Annahmen gut vertraut ist und die Evaluationsempfehlungen direkt an verantwortliche Personen weitergeben kann. Steht eher ein Kontroll- oder Legitimationsinteresse im Vordergrund, so kann es sinnvoll sein, einen externen Evaluator zu beauftragen, welcher die notwendige Unabhängigkeit besitzt, um die Maßnahme unvoreingenommen beurteilen zu können.[691] Generell gilt, dass jeder Evaluator über hohe fachliche, methodische und soziale Kompetenzen verfügen sollte.[692]

Tabelle 6 zeigt eine Gegenüberstellung der erläuterten Vor- und Nachteile von internen und externen Evaluatoren.

Tabelle 6: Interner vs. externer Evaluator.

Quelle: Eigene Darstellung in Anlehnung an Weiss, C. H. (1974), S. 42 f.; Scriven, M. (1980), S. 17 sowie Will, H.; Winteler, A.; Krapp, A. (1987), S. 23.

	Interner Evaluator	Externer Evaluator
Vorteile	- Besseres Verständnis der Maßnahme und deren Hintergründe - Hintergrundwissen über die Unternehmung - Kenntnis der beteiligten Personen - Bessere Möglichkeit der Nutzbarmachung der Ergebnisse in der Unternehmung	- Unabhängigkeit - Breitere Erfahrung mit anderen Evaluationsprojekten - Unvoreingenommenheit - Höhere Objektivität - Höhere Neutralität - Höhere Glaubwürdigkeit - Höhere Methodenkompetenz - Mehr Prestige
Nachteile	- Häufig geringere Methodenkompetenz - Abhängigkeit von der Unternehmung - Legitimierung des eigenen Aufgabenbereichs könnte Evaluation beeinflussen.	- Keine gewachsene Verbindung zu anderen Beteiligten der Evaluation - Geringere Vertrauensbasis bei Betroffenen der Evaluation - Existenzsicherung durch Folgeaufträge könnte Evaluationsergebnisse beeinflussen

5.3.2 Organisationale Einbettung

Die Einbettung der Evaluation in eine Organisation dient dazu, zu einer Vermehrung der unternehmungseigenen Kompetenzen bzw. zur Verbesserung der Kompetenzen ihrer Mitglieder beizutragen. Durch die Dokumentation von Abläufen sowie möglichen Ursache-Wirkungs-

[691] Vgl. Stockmann, R. (2010), S. 161 f.

[692] Vgl. ausführlich zu den Basiskompetenzen von Evaluatoren Beywl, W./Schobert, B./Speer, S. (2003), S. 346 ff.

Zusammenhängen sollen die Effektivität und Effizienz von durchgeführten Trainingsmaßnahmen sichergestellt werden.[693] Eine Evaluation kann demnach nur gelingen, wenn eine entsprechende Infrastruktur in der Unternehmung vorliegt und auch die Weiterbildung in die Unternehmungsstrategien miteinbezogen wird.[694] Dafür ist es notwendig, dass die Unternehmungsleitung Evaluationsvorhaben unterstützt. FEHLAU pointiert hier treffend: „Die Realisierung auch der besten Evaluationskonzepte muß scheitern, wenn es an der notwendigen Unterstützung von Seiten der Unternehmensleitung fehlt.“ [695] Und auch THIERAU bestätigt: „Eine Evaluation fordert Kompetenz und Kooperationsbereitschaft, sowohl vom Evaluator als auch vom Unternehmen.“[696]

Eine organisationale Einbettung von Evaluationsvorhaben scheint deshalb unabdingbar. WITTWER betont in dem Zusammenhang, dass auf teure Evaluationsinstrumente verzichtet werden kann, wenn zum einen den Mitarbeitern mehr Eigenverantwortung für die Weiterentwicklung übertragen wird und zum anderen die Rahmenbedingungen für eine Evaluation optimal gestaltet werden. Seiner Ansicht nach muss für zuletzt genanntes sichergestellt werden, dass Weiterbildungsmaßnahmen in die Organisationsentwicklung einer Unternehmung eingebunden sind, so dass die so entwickelten Kompetenzen auch genutzt und realisiert werden können. Das setzt auch voraus, dass Vorgesetzte als Coaches oder Lernberater fungieren und dass professionelles Personal in der Personalentwicklungs- oder Bildungsabteilung vorhanden ist.[697]

BRONNER/SCHRÖDER machen zudem deutlich, dass Evaluationsvorhaben zur Unternehmenskultur passen müssen. Gerade beim Einsatz von speziellen Instrumenten muss eine Akzeptanz bei den Betroffenen bestehen, um eine Evaluation damit durchführen zu können. Besonders bei kleinen Unternehmen bieten sich deshalb Instrumente an, bei denen der direkte Informationsaustausch im Mittelpunkt steht, während bei größeren Unternehmen formale Methoden eher akzeptiert werden.[698]

WEISS hebt hervor, dass die Einbettung von Evaluationen in die Organisationsstruktur mit der Verantwortungsebene konform sein muss. Hier stellt sich die Frage, wem im Rahmen der Evaluation Bericht erstattet werden soll, um bestmöglich Informationen an den Stellen zur Verfügung stellen zu können, die Entscheidungen treffen müssen. Dies hängt entscheidend

693 Vgl. Meyer (2010), S. 250.

694 Vgl. Kelly, H. B. (1982), S. 77.

695 Fehlau, E. G. (1998), S. 80.

696 Thierau, H. (1991), S. 247.

697 Vgl. Wittwer, W. (1999), S. 14.

698 Vgl. Bronner, R./Schröder, W. (1983), S. 112.

von der Evaluationsfunktion ab. Wird eine Evaluation vor dem Hintergrund einer Legitimation durchgeführt, so muss die Unternehmungsleitung in die Evaluation mit einbezogen werden, geht es lediglich um die Kontrolle bspw. des Trainers, so kann die Evaluation auf Ebene der Personalentwicklungsabteilung verbleiben. Ähnlich können auch Evaluationen mit Optimierungsfunktion eingebettet werden. Hier geht es im Wesentlichen um Informationen, die den Weiterbildungsverantwortlichen vorliegen müssen. Lediglich bei Programmen, die auch die Unternehmungsleitung direkt betreffen, bspw. Nachwuchs-Führungskräfte-Programme, muss die Evaluation auf höherer Ebene eingebunden werden.[699]

BRONNER/SCHRÖDER plädieren in dem Zusammenhang für die Einheit von Führung und Weiterbildung. So sehen sie sowohl die Ermittlung des Weiterbildungsbedarfs als eine wesentliche Führungsaufgabe an als auch die anschließende Unterstützung des Transfers von Gelerntem durch den Vorgesetzten. Die Förderung des Mitarbeiters ist damit elementarer Bestandteil der Führung, da sie nicht allein zum Nutzen des Mitarbeiters, sondern vor allem aus betrieblicher Notwendigkeit heraus geschieht.[700]

Somit stellt sich die Frage, in welche formale Struktur einer Unternehmung, d. h. in welcher Abteilung, bei welcher Stelle eine „Evaluationsabteilung“ bzw. Personen, die die Evaluation durchführen, angesiedelt sein sollten. Eine eindeutige Lösung für diese Problemstellung zu finden, gestaltet sich jedoch schwierig. So gibt es Unternehmungen, die den Evaluationsbereich als Stabsstelle direkt auf Leitungsebene anordnen, andere ordnen den Bereich eher dem Bildungsbereich, dem Qualitätsmanagement, der Projektplanung oder aber dem Controlling zu. Jede Zuordnung hat dabei ihre eigenen Vor- und Nachteile, so dass eine konkrete Aussage zu einer „Best Practice Lösung“ nicht möglich ist. Es lassen sich jedoch einige Anforderungen formulieren, die bei einer Integration der Evaluation in die Unternehmungsstruktur oder -strategie beachtet werden sollten. MEYER macht deutlich, dass die *Unabhängigkeit* der „Evaluationsabteilung“ ein entscheidendes Kriterium darstellt. Entscheidungen über die Durchführung einer Evaluation sollten damit selbstständig getroffen werden können. Auch sollte die entsprechende Einheit, die mit Evaluationen betraut ist, eine *Weisungsbefugnis* bei allen Aspekten, die die Durchführung von Evaluationen betreffen, erhalten. Zudem sollten sich die Evaluationsbetrauten in einer Unternehmung als *Servicestelle* für alle Evaluationen in der Unternehmung verstehen. Durch Bereitstellung der Methodenkompetenz für Evaluationen sichern sie die Qualität aller Evaluationen innerhalb einer Unternehmung, selbst wenn es um so genannte Selbstevaluationen geht. Wichtig erscheint hier eine genaue Klärung der Aufgaben und Kompetenzen der „Evaluationsabteilung“, um Konflikte zu anderen operativen Einheiten wie bspw. dem Controlling, der Qualitätssicherung oder auch der Unternehmungslei-

[699] Vgl. Weiss, C. H. (1974), S. 44 f.

[700] Vgl. Bronner, R./Schröder, W. (1983), S. 308.

tung, die geneigt sein könnte, ihr Kontrollbedürfnis auf die Evaluationsabteilung zu übertragen, zu minimieren.[701]

Wichtig ist auch die Klärung, ob Evaluationen dauerhaft in die Organisation integriert werden sollen, oder ob sie als zeitlich befristetes Projekt angesehen werden. In dem Fall stehen die Durchführenden vor dem Problem, dass operative Einheiten häufig kein Interesse am Projekterfolg haben und damit nur unzureichend mitwirken. Hier müssen besonders die Ansprüche unterschiedlicher Beteiligter und Interessensgruppen an Evaluationen, die im Abschnitt 5.3.1 aufgeführt wurden, berücksichtigt werden.[702]

5.3.3 Evaluationszeitpunkte, -räume und -umfänge

Mit der Aussage „Ein wichtiges (...) Gütekriterium von Evaluationen ist der ‚richtige Zeitpunkt'."[703] macht ORAM die Wichtigkeit der Beachtung des Zeitpunkts einer Evaluation deutlich. Dennoch gibt es sehr unterschiedliche Aussagen darüber, wann der richtige Zeitpunkt ist und wie häufig evaluiert werden sollte.

Hinsichtlich des Zeitraums einer Evaluation betont ORAM, dass eine Langzeitevaluation als Idealzustand angesehen werden kann. Da Evaluationen jedoch auch der Anforderung der Wirtschaftlichkeit genügen müssen und neben den finanziellen auch personellen Restriktionen unterliegen, ist diese Form der Evaluation als unrealistisch anzusehen.[704] WARR/BIRD/RACKHAM schlagen deshalb vor, Trainingsmaßnahmen zunächst hinsichtlich ihrer Wichtigkeit zu analysieren. Dabei sollte wiederkehrenden Programmen für Schlüsselpersonen eine höhere Wichtigkeit zugemessen werden als einem einmalig stattfindenden Seminar. Bei wichtigen Programmen ist eine Evaluation vor allem in der Entwicklungsphase zwingend notwendig. Ist ein Programm einmal evaluiert und daraufhin etabliert worden, muss es nicht ständig neu evaluiert werden. Hier reicht eine Evaluation von „Zeit zu Zeit" aus, um zu überprüfen, ob das Programm die gesetzten Standards weiterhin erfüllt.[705]

EASTERBY-SMITH plädiert grundsätzlich dafür, Messungen zu unterschiedlichen Zeitpunkten vor, während und nach einer Maßnahme durchzuführen. Als eine Möglichkeit nennt er, Zeiten festzulegen, an denen eine Evaluation erfolgt. Dieses kann randomisiert geschehen.[706]

---

[701] Vgl. Meyer (2010), S. 250 f.

[702] Vgl. Meyer (2010), S. 251 f.

[703] Oram, M. (1999), S. 33. Hervorhebungen im Original!

[704] Vgl. Oram, M. (1999), S. 33.

[705] Vgl. Warr, P./Bird, M./Rackham, N. (1971), S. 83.

[706] Vgl. Easterby-Smith, M. (1986), S. 59.

Einige Autoren beziehen sich konkreter auf die einzelnen Evaluationsphasen. So schlägt KIRKPATRICK in Bezug auf die *Evaluation der Zufriedenheit* der Teilnehmer vor, bei mehrtägigen Seminaren, die nur von einem Trainer durchgeführt werden, lediglich eine Erhebung am Ende durchzuführen. Bei Einsatz unterschiedlicher Methoden oder Trainer sollte seines Erachtens eine Befragung nach jeder Einheit erfolgen.[707]
Hinsichtlich der Evaluation des *Lernerfolgs* bestehen folgende Meinungen, die sich wiederum hinsichtlich der Evaluationsfunktion unterscheiden:

- Auf der Ebene des *unmittelbaren Lernerfolgs* sollte eine Erhebung direkt im Anschluss eines Trainings erfolgen.[708] Dabei muss in Anlehnung an den Evaluationsgegenstand unterschiedenen werden, was genau „im Anschluss an“ bedeutet. So ist bei mehrtätigen Seminaren eine Erhebung des Lernens nach jeder Einheit möglich und sinnvoll. Die abschließende Evaluation des Lernens beinhaltet eine summative Evaluation.

- HÖLTERHOFF/JESERICH/BECKER, M. stellen heraus, dass in Bezug auf den Lernzuwachs eine Überprüfung während der Maßnahme im Sinne einer Lernfortschrittskontrolle erhoben werden sollte.[709] Auch HÄRING betont, dass es sich im Rahmen der Evaluation des Lernerfolgs anbietet, während der Maßnahme so genannte Reviews oder Feedbacks[710] über den Ablauf des Trainings einzuholen. Darüber wird Teilnehmern die Gelegenheit geboten, ihren Lernfortschritt zu reflektieren. Somit kann während des Prozesses überprüft werden, ob die Lernziele erreicht werden. Im Sinne der formativen Evaluation kann hier bei Abweichungen ein frühzeitiges Eingreifen ermöglicht werden.[711]

- Auf der zweiten Ebene kann es im Hinblick auf das Lernen auch sinnvoll sein, den *Behaltenserfolg*, auch Retention genannt, zu erheben. Dieser wird zu einem späteren Zeitpunkt, einige Zeit nach der Maßnahme erhoben.[712] MARTENS spricht hier von einer Erhebung nach einigen Wochen oder sogar Monaten.[713]

---

[707] Vgl. Kirkpatrick, D. L. (1987), S. 296 f.

[708] Vgl. Holling, H./Liepmann D. (2004), S. 372; vgl. ähnlich auch Alliger, G. M./Tannenbaum, S. I./Bennett, W., J. R., et al. (1997), S. 345.

[709] Vgl. Hölterhoff, H./Jeserich, W./Becker, M. L. (1986), S. 202.

[710] Vgl. zu den genannten Methoden Abschnitt 5.4.5.2.2.

[711] Vgl. Häring, K. (2003), S. 274.

[712] Vgl. Holling, H./Liepmann D. (2004), S. 372; vgl. ähnlich auch Alliger, G. M./Tannenbaum, S. I./Bennett, W., J. R., et al. (1997), S. 345.

[713] Vgl. Martens, J.-U. (1987), S. 99.

- Auf einer dritten Ebene kann hinsichtlich des Lernerfolgs evaluiert werden, ob über den Wissenserwerb hinausgehende Fähigkeiten wie z. B. soziale Kompetenzen erworben wurden.[714]

Hinsichtlich der *Evaluation des Transfererfolgs* werden folgende Aussagen getroffen:

- ZIMMER schlägt vor, eine Erfolgsmessung (Transfererfolg) nach frühestens drei Monaten vorzunehmen.

- RAE schlägt einen Zeitraum von drei bis sechs Monaten nach dem Seminar vor. Dies stützt auch HÄRING, vor allem in Bezug auf die Methode des 360°-Feedbacks[715].[716]

- SCHWUCHOW hingegen hält auch diesen Zeitraum für noch zu kurz. Er betont, dass der Lerntransfer insbesondere bei Management-Seminaren erst nach sechs bis zwölf Monaten bewertet werden kann.[717]

Die Diskussion um den richtigen Zeitpunkt der Erhebung des Transfererfolges muss zudem im Kontext der Weiterbildungsstrategie gesehen werden. Während bei deterministischen Weiterbildungsmaßnahmen der Lerntransfer früher gemessen werden kann, eben weil überprüft werden kann, ob durch die Maßnahme ein vorhandenes Defizit behoben wurde, muss bei einer katalytischen Weiterbildung ein deutlich längerer Zeitraum zwischen Maßnahme und Evaluation des Transfererfolgs liegen.[718]

Zum Teil werden Einschätzungen zum richtigen *Evaluationszeitpunkt* oder *-raum* auch auf einzelne *Kompetenzen* bezogen. HÖLTERHOFF und KIRKPATRICK argumentieren, dass bei reinen Fachkompetenztrainings abschließend zeitpunktbezogene Evaluationen durchgeführt werden können. In dem Fall erfolgt die Erhebung und Auswertung des Lernerfolgs nur zu einem Zeitpunkt. Bei affektiven Lerninhalten wie bei Sozialkompetenztrainings, aber auch bei Trainings zu Methodenkompetenzen lassen sich Lernerfolge nur durch eine Analyse des Verhaltens erreichen. Dies kann über Rollenspiele, Fallstudien oder Unternehmensspiele geschehen. Vor allem bei diesen Inhalten müssen zeitraumbezogene Evaluationen durchgeführt werden, d. h. das Verhalten muss über einen längeren Zeitraum beobachtet werden, um eine Ver-

[714] Vgl. Holling, H./Liepmann D. (2004), S. 372; vgl. ähnlich auch Alliger, G. M./Tannenbaum, S. I./Bennett, W., J. R., et al. (1997), S. 345.

[715] Vgl. zur Methode des 360°-Feedbacks Abschnitt 5.4.5.3.2.

[716] Vgl. Häring, K. (2003), S. 277.

[717] Vgl. Schwuchow, K. (1992), S. 147.

[718] Vgl. dazu auch Abschnitt 5.2.

änderung feststellen zu können.[719] So betont MARTENS bezogen auf die Sozialkompetenzen, dass bei der Messung von Einstellungsänderungen in den Wochen und Monaten nach dem Training mit anderen Verlaufskurven gerechnet werden muss als bei Wissenstests.[720] Ihren Beobachtungen nach liegt dabei der Höhepunkt der Einstellungsänderung zwei bis vier Wochen nach dem Training.[721]

Hinsichtlich des *Umfangs der Evaluation* kann ferner festgestellt werden, dass Evaluationen sich auf kleine Gruppen oder aber auf großzahlige Erhebungen beziehen können. Laut TANNENBAUM/WOODS ist zu berücksichtigen, dass bei kleinen Gruppen die Interpretation der Evaluationsergebnisse eher uneindeutig ist, während bei großzahligen Evaluationen von einer höheren Validität der Daten ausgegangen werden kann. Andererseits bergen großzahlige Untersuchungen den Nachteil, komplexer und kostenintensiver zu sein.[722]

5.3.4 Informationsverteilung

Informationen stellen eine wichtige Basis für Evaluationen dar. Sie sind wesentlich für die methodischen Anforderungen an Evaluationen. Nur durch Informationen über die Evaluationsdaten können Glaubwürdigkeit, Nachvollziehbarkeit und Konfirmierbarkeit von Evaluationsergebnissen sichergestellt werden. Und auch bei den inhaltlichen und formellen Anforderungen an Evaluationen stellen Informationen eine wichtige Quelle dar. Zum einen ermöglichen sie den Beteiligten eine inhaltliche Partizipation an der Evaluation, zum anderen erhöhen Informationen aus formeller Sicht auch die Akzeptanz der Evaluation an sich oder der Evaluationsergebnisse. Hinsichtlich der Informationsverteilung muss dabei berücksichtigt werden, wer die *Informationsadressaten* sind, welcher *Informationsinhalt* vermittelt werden sollte, in welcher *Form* der Inhalt übermittelt werden kann sowie zu welchen *Zeitpunkten* und wie *häufig* Informationen weitergegeben werden.

- *Informationsadressaten:* Die Tatsache, wer im Rahmen der Evaluation informiert wird, hängt zum einen von der Evaluationsfunktion, dem Organisationskontext und auch der Interventionsabsicht ab. Je nach Situation können hier unterschiedliche Personen über die Planung, Durchführung oder die Ergebnisse einer Evaluation infor-

---

[719] Vgl. Hölterhoff, H./Jeserich, W./Becker, M. L. (1986), S. 206 ff.; vgl. auch Kirkpatrick, D. L. (1996), S. 303.

[720] Hier liegt keine vergleichbare wissenschaftliche Untersuchung wie bei Vergessenskurven im kognitiven Bereich vor. MARTENS stützt seine Vermutungen, jedoch auf mehrere von ihm durchgeführte Untersuchungen. (Vgl. Martens, J.-U. (1987), S. 101).

[721] Martens, J.-U. (1987), S. 101. Angenommen wird, dass bei Trainings zu Verhaltensänderungen hohe Widerstände der Teilnehmer während der Intervention bestehen, welche nach einiger Zeit abnehmen und dann zu einer Verstärkung bei der Änderung von Einstellung führen. (Ebenda, S. 101.)

[722] Vgl. Tannenbaum, S. I./Woods, S. B. (1992), S. 64 f.

miert werden. Grundsätzlich gilt, dass möglichst allen Beteiligten einer Evaluation[723] ein Anrecht auf den Erhalt von Informationen eingeräumt werden sollte. Berücksichtigt werden muss, dass ein Teil der Informationsadressaten selbst Informationen in den Evaluationsprozess eingebracht hat (Teilnehmer über Fragebögen, etc, Personalentwickler über die Konzeption der Maßnahme, etc.). Sie sind von den Ergebnissen stärker direkt betroffen, was beinhaltet, dass Informationen an diese Gruppen besonders sorgfältig ausgewählt und formuliert werden sollten.[724]

- *Informationsinhalt:* Entsprechend der Informationsadressaten unterscheidet sich auch, welcher Inhalt von den betroffenen Personen als relevant erachtet wird. Um dies zu erfahren, ist es sinnvoll vorab zu klären, welche Prioritäten und Informationswünsche die einzelnen Beteiligten oder beteiligten Gruppen haben.[725] WEIS merkt diesbezüglich an, dass *Entscheidungsträger*, wie die Unternehmungsleitung eher übergreifende Informationen benötigen, die eine Einschätzung der Wirksamkeit einer Maßnahme zulassen. Anhand der vorliegenden Informationen muss eine Aussage über die Fortführung, Etablierung oder Einstellung einer Maßnahme möglich sein. Auch sind sie an Informationen über benötigte Ressourcen (finanzieller und personeller Art), die mit bestimmten Maßnahmen verbunden sind, interessiert. *Verantwortliche für eine Trainingsmaßnahme* wie bspw. die Personalentwicklungs- oder Bildungsabteilung sind eher an den „prozessrelevanten" Informationen einer Maßnahme interessiert. Angaben, die für den Personenkreis von Bedeutung sind, sind Hinweise darauf, ob mit der Maßnahme wie sie konzipiert wurde, auch die gesetzten Ziele erreicht werden konnten, ob die gewählte Strategie effizient ist oder ob Veränderungen hinsichtlich der Inhalte oder Methoden notwendig sind. *Trainingausführende Personen*, z. B. Trainer, sind eher an Informationen zur Maßnahme an sich interessiert. Sie wollen z. B. über die Akzeptanz bestimmter Techniken oder die Reaktionen der Teilnehmer informiert werden.[726] Ist eine genaue Abstimmung der Informationsbedürfnisse einzelner Anspruchsgruppen nicht möglich, schlagen WILL/BLICKHAN einen „Minimalkatalog" an Information vor, auf den jeder Beteiligte auf Abruf Zugriff bekommen sollte. Inhaltlich sollten dort erstens Informationen zur Evaluationsstrategie, -methoden, -zielen und zugrundeliegenden -fragestellungen zu finden sein. Zweitens sollten alle gesammelten, aber noch unbewerteten Ergebnisse der Evaluation dokumentiert sein. Drittens muss deutlich gemacht werden, anhand welcher Kriterien der „Erfolg" einer Maßnahme beurteilt wird. Viertens muss eine Bewertung der Daten auf Basis der gesetzten

---

[723] Vgl. Abschnitt 5.3.1.

[724] Vgl. Will, H./Blickhan, C. (1987), S. 52.

[725] Vgl. Will, H./Blickhan, C. (1987), S. 52 f.

[726] Vgl. Weiss, C. H. (1974), S. 35.

Kriterien erfolgen, und fünftens müssen Handlungsempfehlungen ausgesprochen werden.[727] Die Bereitstellung eines solchen Minimalkatalogs sichert zugleich auch die Glaubwürdigkeit, Nachvollziehbarkeit und Konfirmierbarkeit der Ergebnisse und erreicht damit eine höhere Akzeptanz der Ergebnisse bei den Beteiligten.

- *Informationsform:* Neben dem Inhalt der Informationsverteilung spielt auch die Form eine wichtige Rolle. So muss bei der Informationsverteilung auch auf die Kommunikationsgewohnheiten der betroffenen Personen geachtet werden. So kann bspw. eine telefonische Information für bestimmte Personengruppen, die häufig über dieses Medium informiert werden (z. B. Führungskräfte oder Vertriebsmitarbeiter), geeignet sein, für eine andere Gruppe, die Informationen eher durch den direkten Kontakt zu einer Person oder aber durch schriftliche Anweisung bezieht, eher ungeeignet sein (z. B. Vorarbeiter). Generell stehen folgende, mögliche Formen der Informationsverteilung zur Verfügung: [728]

  - *Gerüchtehafte Information* über informelle Kommunikationskanäle innerhalb der Unternehmung: Hier ist allerdings die Gefahr der unkontrollierbaren Informationsverzerrung zu berücksichtigen.
  - *Schriftliche Information* mittels eines Informationsbriefes oder über ein innerbetriebliches Kommunikationsorgan, z. B. über die Werkzeitung, den firmeneigenen Newsletter oder einen Aushang
  - *Persönliche oder telefonische Information* an einzelne Beteiligte oder Personengruppen: Diese Art der Informationsverteilung kann insbesondere dann sinnvoll sein, wenn ein Beratungsbedarf hinsichtlich der Informationen erwartet wird.
  - *Follow-up-Sitzung*[729] *oder Präsentationen* über die Evaluationsergebnisse für die Teilnehmer wie auch Vorgesetzte oder andere Führungskräfte
  - *Formelle Mitteilung,* von der ein Beschluss- oder Weisungscharakter ausgeht, z. B. Brief der Geschäftsleitung
  - sowie eine *Veröffentlichung der Ergebnisse in außerbetrieblichen Medien*, z. B. in Fachzeitschriften oder TV.

Grundsätzlich ist hinsichtlich der Informationsform zu beachten, dass Informationen möglichst einfach, kurz und gegliedert sein sollten. Zudem sollte von ihnen eine zusätzliche Stimulanz ausgehen.[730]

---

727 Vgl. Will, H./Blickhan, C. (1987), S. 52 f.

728 Vgl. im Folgenden Will, H./Blickhan, C. (1987), S. 54.

729 Vgl. zur Erläuterung von Follow-up-Sitzungen Kapitel 5.4.5.1.2, 5.4.5.2.2 und 5.4.5.3.2.

730 Vgl. Will, H./Blickhan, C. (1987), S. 54.

- *Informationszeitpunkte und -häufigkeiten:* Die Wahl des richtigen Informationszeitpunktes sollte sorgfältig getroffen werden. WILL/WINTELER/KRAPP betonen, dass die Tatsache, dass Informationen über Evaluationsergebnisse nicht die erhoffte Wirkung bei den Informationsadressaten entfalteten, häufig damit zusammenhängt, dass ein schlechter Zeitpunkt für die Informationsverteilung gewählt wurde. Dabei liegt das Risiko vor allem in einer zu späten Information. Hier besteht die Möglichkeit, dass Betroffenen bereits gerüchtehafte Informationen zu Planung, Zielen, Methoden oder Ergebnissen von Evaluationen vorliegen. Diese „Fehlannahmen" wirken dann auf die Maßnahme ein, so dass im Extremfall schon vor Beginn einer Evaluation bspw. über die Fortführung oder den Abbruch einer Maßnahme entschieden wird. WILL/BLICKHAN sind der Meinung, dass Betroffene und Beteiligte möglichst früh, und damit auch vor Vorliegen der Endergebnisse einer Evaluation, informiert werden sollten. Eine frühzeitige Bestimmung der relevanten Informationsadressaten ist deshalb ihrer Ansicht nach unerlässlich.[731] Während bei summativen Evaluationen, z. B. mit der Funktion der Legitimierung, eine Information nach jedem Ende einer Evaluationsphase (Kontext-, Input-, Prozess-, Outputevaluation) stattfinden sollte, ist bei einer formativen Evaluation die Information ein integraler Bestandteil der Maßnahme. WILL/BLICKHAN schlagen folgende Informationszeitpunkte vor: [732]

  - Informationen sollten bereits in der ersten Prozessphase, d. h. während der Bestimmung des Evaluationsgegenstandes[733] sowie in der Kontextevaluation ausgegeben werden, noch bevor Entscheidungen über konkrete Fragestellungen getroffen wurden.
  - Informationen sollten im Rahmen der Inputevaluation in Bezug auf Planungsentscheidungen erfolgen, noch bevor das Training beginnt.
  - Formative Evaluationen sollten während des Trainings, z. B. durch Feedbacks, erfolgen.
  - Gegen Ende oder nach dem Training sollten Informationen als Rückmeldung an die Teilnehmer bzw. an das Funktionsfeld (z. B. die Kollegen und Vorgesetzten am Arbeitsplatz) ausgegeben werden, um auf die zu erwartenden Änderungen vorzubereiten.
  - Bei einer antizipierten Transferkrise sollten Informationen gezielt zum entsprechenden Zeitpunkt des Auftretens der Krise publik gemacht werden.

---

[731] Vgl. auch innerhalb dieses Abschnitts den Abschnitt „Informationsadressaten".

[732] Vgl. im Folgenden Will, H./Blickhan, C. (1987), S. 54 ff.

[733] Vgl. dazu Abschnitt 5.5.

- Des Weiteren sollten selektive Rückmeldungen an Vorgesetzte und Entsender (z. B. Personalentwickler oder Weiterbildungsverantwortliche) der nächsten Teilnehmergeneration erfolgen, z. B. bei einer Wiederholung des Trainings.

Zudem plädieren sie dafür, Informationen häufig zu verteilen, um das Engagement an der Maßnahme aufrecht zu erhalten und um Widerstände rechtzeitig erkennen und ihnen damit begegnen zu können.[734]

5.4 Inhaltlich-methodische Gestaltungselemente

5.4.1 Vorüberlegungen

5.4.1.1 Inhaltliche Vorüberlegungen

Ein Kern der Evaluation liegt in deren inhaltlicher Ausgestaltung. Die unterschiedlichen Evaluationsfokusse und methodischen Erhebungsmöglichkeiten sollen im Folgenden, aufgeteilt nach den Evaluationsphasen Kontextevaluation, Inputevaluation, Prozessevaluation, Outputevaluation und Metaevaluation, vorgestellt werden.

Die Evaluation an sich sollte sich auf Elemente stützen, die den Transferprozess von Trainings maßgeblich beeinflussen. Innerhalb der Lerntransferforschung wird deutlich, dass der Transfer im Wesentlichen von den Teilnehmermerkmalen, der Arbeitsumgebung und dem Trainingsdesign abhängt.[735] Die damit einhergehenden Transferdeterminanten werden implizit in den einzelnen Phasen an den entsprechenden Stellen berücksichtigt.

Die Analyse der Evaluationsansätze zeigt, dass die Zuordnung von Evaluationsobjekten zu den einzelnen Phasen nicht immer überschneidungsfrei ist. In den folgenden Abschnitten werden der jeweiligen Phase deshalb diejenigen Aspekte zugeführt, bei denen in der Literatur die größte Schnittmenge zu erkennen ist. Letztlich spielt die genaue Einteilung keine gravierende Rolle, da, wie in den Anforderungen erläutert wurde, eine aussagekräftige Evaluation am besten alle Evaluationsphasen umfasst.

Der Umfang der zu berücksichtigenden Phasen hängt zudem entscheidend von der gewählten Funktion ab. So sind Evaluationen mit formativem Charakter (Optimierungsfunktion) von weitaus größerem Umfang notwendig als bei summativen Evaluationen (Legitimationsfunktion). Wesentlich für eine Entscheidung bezüglich der zu evaluierenden Inhalte ist Festlegung

[734] Will, H./Blickhan, C. (1987), S. 54 ff.

[735] Vgl. bspw. zu unterschiedlichen Transfermodellen und den Determinanten Dubs, R. (1990), Rank, B./Wakenhut, R. (1998), Baldwin, T. T./Ford, J. K. (1988), Solga, M. (2005), Goldstein I. L./Ford, J. K. (2002), Salas, E./Cannon-Bowers, J. A. (2001), Alliger, G. M./Tannenbaum, S. I./Bennett, W., et al. (1997), Gnefkow, T. (2008), Meißner, A. (2012), Tracey, J. B./Tannenbaum, S. I./Kavanagh, M. J. (1995).

der (strategischen) Bedeutung einer Maßnahme für die Unternehmung.[736] Bei besonders wichtigen Maßnahmen ist von einer rein legitimationsbezogenen Evaluation abzuraten. Hier geht es vor allem darum, dass die Evaluation optimal und zugleich effizient verläuft. Die Durchführung einer komplexen Evaluation ist in dem Fall von höherer Bedeutung als bei Trainings mit einer geringeren Bedeutung für den Erfolg der Gesamtunternehmung. Hinsichtlich des Umfangs der Evaluation stellt sich zudem die Frage, welche Phasen im Personalentwicklungsprozess evaluiert werden sollen,[737] welche Art der Evaluation abhängig von der Evaluationsfunktion vorgenommen werden soll und ob diese sich auf qualitative oder quantitative Daten stützt.[738] Gerade bei der „Fortgeschrittenen-Evaluations-Strategie“, welche auch die Evaluation des Transfer- und Unternehmungserfolgs implizieren kann, müssen bei einer Entscheidung für eine legitimierende Evaluation mit Berechnung des ROI einer Maßnahme bereits im Vorfeld, also bereits bei der Planung der Evaluationsstudie, Fragen nach den Einflussfaktoren und Isolierungsmöglichkeiten der Effekte sowie den Kosten und ebenso monetär ausgedrückten Auswirkungen eines Trainings beantwortet werden. Daraus ergibt sich schließlich die Frage, ob der ROI überhaupt benötigt wird.[739]

Zudem ist festzuhalten, dass bei einer formativen Evaluation der Übergang von Transfersicherungsmaßnahmen zu Evaluationsmethoden fließend ist. In den beiden Bereichen können häufig die gleichen Instrumente eingesetzt werden.[740] Gerade Evaluationen mit Optimierungsfunktion verfolgen die gleichen Ziele wie die Transfersteuerung und sind somit von dieser nicht klar abzugrenzen. Lediglich summative und damit legitimierende Evaluationen haben ihren Fokus auf der Überprüfung der Weiterbildungsergebnisse.[741]

5.4.1.2 Methodische Vorüberlegungen

Die vorliegende Arbeit beruht auf einer pragmatisch-naturalistischen Forschungsmethodologie[742] und verfolgt damit einen qualitativen Denkansatz. In dem Zusammenhang sind fünf wesentliche Grundsätze des qualitativen Denkens hervorzuheben. Von besonderer Bedeutung sind hier die *Subjektbezogenheit*, die *Deskription* und *Interpretation* der Forschungssubjekte, die Untersuchung in der *Alltagsumgebung* und schließlich die Generalisierung der Ergebnisse als *Verallgemeinerungsprozess*. MAYRING betont, dass das qualitative Denken nicht als Ge-

[736] Vgl. Warr, P./Bird, M./Rackham, N. (1971), S. 83.

[737] Vgl. dazu auch Abschnitte 5.2 und 5.2.3.

[738] Vgl. den nachfolgenden Abschnitt zu den methodischen Vorüberlegungen.

[739] Vgl. Phillips, J. J./Schirmer, F. C. (2008), S. 38.

[740] Häring, K. (2003), S. 274.

[741] Vgl. dazu auch Kapitel 2.2.3.

[742] Vgl. Abschnitt 2.2.3.

gensatz zum quantitativen Denken aufgefasst werden sollte.[743] Gerade die Evaluation von Personalentwicklungsmaßnahmen allgemein wie auch die des Training off-the-job im Speziellen korrespondiert mit den Postulaten, die dem qualitativen Denken zugrunde liegen.

So ist das erste Postulat, dass die von einer Forschungsfrage betroffenen Personen Ausgangspunkt und Ziel der Untersuchung sein sollen. Bezogen auf die Evaluation bedeutet dies, dass bspw. die derzeitigen Kompetenzen als Ausgangspunkt und die Kompetenzveränderungen durch Trainingsmaßnahmen Gegenstand der Untersuchung sind. Des Weiteren wird eine genaue und umfassende Deskription des Untersuchungsgegenstands postuliert. Auch dieses entspricht den Anforderungen an eine ganzheitliche Betrachtung im Rahmen von Evaluationen. Darüber hinaus wird vorausgesetzt, dass die Interpretationen eines Untersuchungsgegenstandes immer offengelegt werden müssen. Im Rahmen von Evaluationen kann dies insbesondere bei der Aufstellung von Zielen von Bedeutung sein, da hier z. B. ein abstraktes Ziel wie „Lernerfolg" von verschiedenen Personen unterschiedlich ausgelegt werden kann. Hier ist zu interpretieren, was genau unter „Lernerfolg" verstanden wird. Schließlich basieren qualitative Untersuchungen, wie auch Evaluationen auf Handlungen und Ereignissen im Alltag und damit nicht in Laborumgebung. Qualitatives Denken bedeutet zudem, dass Aussagen nicht per se verallgemeinert werden können, vielmehr muss die Übertragbarkeit im Einzelfall begründet werden. So sind auch Evaluationsergebnisse zu verstehen. Hier geht es nicht um eine generelle Übertragbarkeit der Ergebnisse auf andere Trainingsmaßnahmen, sondern die Übertragbarkeit ist nur bedingt gegeben.[744]

Die Zugrundelegung einer qualitativen Denkschule sowie die kritische Diskussion der einzelnen Evaluationsansätze führen dazu, dass im Rahmen von Evaluationen von off-the-job-Trainingsmaßnahmen qualitativen Analyseverfahren eine hohe Bedeutung zukommt, sowohl bei der Erhebung als auch bei der Analyse und Auswertung. Daneben sollen aber gerade bei der Erhebung von Daten auch einzelne quantitative Verfahren zum Einsatz kommen. Hier wird der Argumentation MAYRINGS gefolgt, nach der sich eine qualitative und quantitative Denkweise nicht per se ausschließen.[745]

Des Weiteren ist hinsichtlich der dargestellten Evaluationsmethoden berücksichtigt worden, dass diese dem Postulat der Wirtschaftlichkeit und der Praktikabilität wie auch der Akzeptanz entsprechen müssen. Ausgeschlossen für diesen Bezugsrahmen werden deshalb sehr aufwändige Evaluationsmethoden wie z.B. die Durchführung experimenteller oder quasiexperimenteller Designs, die zum einen sehr aufwändig in der Durchführung sind, hinsicht-

[743] Vgl. Mayring, P. (2002), S. 19 ff.

[744] Vgl. zu den Ausführungen in Bezug auf die Postulate der qualitativen Denkschule Mayring (2002), S. 19 ff. sowie zur Übertragbarkeit der Evaluationsergebnisse Abschnitt 3.1.3.

[745] Vgl. Mayring (2002), S. 19. PATTON betont diesbezüglich, dass sich qualitative Daten gerade für formative Evaluationen anbieten. Vgl. Patton, M. Q. (1980), S. 71 f.

lich ihrer Aussagen und der damit verbundenen Kausalitätsannahmen fraglich sind und zudem auf wenig Akzeptanz stoßen.[746] VON ROSENSTIEL macht deutlich, dass ein Versuchsgruppen-Kontrolldesign in der betrieblichen Praxis nicht realisierbar ist, „weil man kaum unter Zeitdruck stehende Personen als ‚Versuchskaninchen' in einer Kontrollgruppe einsetzen kann und auch die systematische Parallelisierung zweier Gruppen sich selten verwirklichen lässt."[747] Er merkt des Weiteren an, dass für den Ausschluss von Störfaktoren sogar ein so genanntes Solomon-Design mit drei Kontrollgruppen eingesetzt werden müsste, welches erst recht nicht umsetzbar ist.[748] Deshalb wird auf diese Methode auch im Hinblick auf die gestellten Anforderungen der Wirtschaftlichkeit, Praktikabilität und Akzeptanz von Evaluationen im Folgenden nicht eingegangen. Darüber hinaus wird auf die Darstellung von Evaluationsmethoden verzichtet, die auf die Messung bestimmter Lernkonstrukte abzielen, kein formales Lernziel darstellen und damit lediglich als Prädiktor für einen späteren Anwendungserfolg dienen.[749] Hier wird besonderes psychologisches Wissen benötigt.[750]

Grundsätzlich beinhaltet die Evaluation von Trainingsmaßnahmen die Erhebung der relevanten Daten und deren Analyse. Gerade bei der formativen Evaluation kann hier jedoch keine eindeutige Grenze zur Transfersicherung und Prozessplanung von Weiterbildungsmaßen gezogen werden. Dies verdeutlicht auch Abbildung 2 in Abschnitt 2.2.2 dieser Arbeit. Die Transfersicherung wird dabei als ebenso parallel zum Personalentwicklungsprozess gesehen wie auch die Evaluation. Alle drei stehen damit in enger Verbindung zueinander. Da die formative Evaluation gestaltend wirkt, werden im Rahmen der Evaluation transferrelevante Elemente erhoben und gleichzeitig bewertet, ob die Ergebnisse zu einem optimalen Weiterbildungserfolg beitragen oder ob Veränderungen vorgenommen werden müssen. Erhebung und Analyse der Evaluationsdaten verlaufen hier quasi simultan, so dass direkt ein Einwirken auf den Personalentwicklungsprozess bzw. hier den Trainingsprozess erfolgt. Damit verschwimmen die Grenzen zwischen Evaluation, Transfersicherung und Trainingsprozessgestaltung. Dies wirkt sich auch auf die genannten Evaluationsmethoden aus. Wie später zu erkennen sein wird, werden insbesondere im Rahmen der Kontext- und Inputevaluation die gleichen Methoden wie bei der Weiterbildungsplanung oder im Rahmen der Transfersicherung angesprochen. Bei der summativen Evaluation hingegen geht es in den Evaluationsphasen eher um die Analyse und Auswertung des vorliegenden Datenmaterials, so dass hier andere Evaluationsmethoden zum Tragen kommen.[751] Die Unterschiede in der Vorgehensweise werden an den entsprechenden Stellen hervorgehoben.

[746] Vgl. Abschnitt 3.1.

[747] Rosenstiel, L. v. (2003), S. 163.

[748] Vgl. Rosenstiel, L. v. (2003), S. 163.

[749] Vgl. zu diesen Methoden und den Lernkonstrukten Kraiger, K./Ford, J. K./Salas, E. (1993).

[750] Vgl. Berthel, J./Becker, F. G. (2010), S. 341.

[751] Vgl. Stufflebeam, D. L. (1972), S. 134 ff.; vgl. Stufflebeam, D. L./Shinkfield, A. J. (1988), S. 164.

Bei der methodischen Gestaltung von Evaluationen ist es von entscheidender Bedeutung, diejenigen Erhebungsmethoden zu wählen, mit denen genau die Information gewonnen werden kann, die für die jeweilige Fragestellung am geeignetsten ist. MEYER zeigt in dem Zusammenhang einen Überblick über die in der Literatur genannten und zentralen Datenerhebungsverfahren. Er unterteilt diese in a) Befragungen, b) Beobachtungen und c) nicht-reaktive Verfahren.[752]

Ad a) Befragungen:

Die Befragung stellt die häufigste Datenerhebungsmethode in der empirischen Sozialforschung dar.[753] Unter Befragung wird im Allgemeinen die systematisch gesteuerte Kommunikation zwischen zwei oder mehreren Personen verstanden.[754] Befragungen ermöglichen die Erhebung von subjektiven Sichtweisen in Bezug auf bestimmte Ereignisse, Situationen oder Personen.[755] Grundsätzlich kann zwischen nicht standardisierten, teilstandardisierten und vollstandardisierten Befragungen unterschieden werden.[756] Während die beiden zuerst genannten Befragungstypen eher auf die Erhebung qualitativer Aspekte abzielen, dienen letztere eher der Erfassung quantitativer Daten.[757] Hinsichtlich der Fragenart kann zwischen offenen und geschlossenen Fragen unterschieden werden. Offene Fragen geben im Gegensatz zu geschlossenen keine Antwortkategorien vor.[758]

Im Hinblick auf die häufigsten Befragungsarten im Rahmen von Evaluationen unterscheidet MEYER in die schriftliche Befragung, das Gruppeninterview und die mündliche Befragung.[759]

Die *schriftliche Befragung* beinhaltet die Befragung mittels Fragebogen und kann weiter in die postalische, die Online- oder die Classroom-Befragung differenziert werden:[760]

- Die *postalische Befragung* umfasst überwiegend geschlossene Fragen und wird aufgrund der Versendung eines Fragebogens an die Beteiligten ohne Interviewer durchgeführt.
- Die *Online-Befragung* stellt einen Fragebogen dar, welcher im World Wide Web veröffentlicht wird und dort von den Befragten ausgefüllt werden kann. Auch hier werden überwiegend geschlossene Fragen verwendet.

---

752 Vgl. Meyer, W. (2010b); S. 206 ff.

753 Vgl. Kromrey, H. (2006), S. 358.

754 Vgl. Häder, M. (2010), S. 187.

755 Vgl. Mayring, P. (2002), S. 66.

756 Vgl. Kromrey, H. (2006), S. 388.

757 Vgl. Atteslander, P. (2008), S. 123.

758 Vgl. dazu und zu weiteren Ausgestaltungsformen Atteslander, P. (2008), S. 138.

759 Vgl. Meyer, W. (2010b), S. 206 ff.

760 Vgl. im Folgenden Meyer, W. (2010b), S. 211.

- *Classroom-Interviews* werden in einer Gruppe anhand von standardisierten Fragebögen durchgeführt und können durch den Interviewer unterstützt werden.

Schriftliche Befragungen haben im Gegensatz zu mündlichen Befragungen den Vorteil, dass sie, wenn gewünscht, anonym durchgeführt werden können. Zudem kann der Interviewereinfluss ausgeschlossen werden. Dennoch sind auch hier Probleme zu berücksichtigen. So kann bei postalischen Befragungen oftmals nicht eindeutig geklärt werden, wer den Fragebogen ausfüllt. Außerdem ist die Bereitschaft zur Rücksendung der Fragebögen häufig nicht sehr groß. Dieses kann zum Teil durch den Einsatz von Online-Befragungen oder auch durch Classroom-Interviews gemildert werden.[761]

In Bezug auf *Gruppeninterviews* nennt MEYER Gruppendiskussionen und mehrstufige Gruppenbefragungen.[762]

- *Gruppendiskussionen* oder Fokus-Gruppen stellen eine Form der moderierten Diskussion offener Fragen dar.
- Mehrstufige Gruppenbefragungen wie *Peer-Reviews* (Befragungen innerhalb von Vergleichsgruppen) oder *Delphi-Befragungen* (Befragungen von themenspezifischen Experten) stellen eine Mischung standardisierter und offener Befragungen dar, wobei hier mehrere Feedbackschleifen in den Befragungsprozess integriert sind.

Bei der *mündlichen Befragung* wird in die telefonische Befragung, das Experteninterview und das face-to-face-Interview unterschieden.[763]

- Das *telefonische Interview* erfolgt mittels eines computergestützten Befragungssystems und basiert vorwiegend auf geschlossenen Fragen.
- Das *Experteninterview* im Verständnis von MEYER wird vom Evaluator selbst durchgeführt und enthält vorwiegend offene Fragen. ATTESLANDER versteht darunter eher eine mündliche Befragung fachspezifischer Experten durch den Interviewer.[764]
- *Face-to-face-Interviews* oder so genannte Surveys erfolgen durch einen Interviewer, der mit dem Evaluator nicht identisch sein muss. Deshalb werden vorwiegend standardisierte Fragen verwendet.

Mündliche Befragungen sind bei fast jeder Erhebung einsetzbar. Zu berücksichtigen ist in dem Zusammenhang, dass unter Umständen eine geringe Bereitschaft zur Teilnahme bei den Befragten besteht und die Kosten für diese Erhebungsmethode relativ hoch sind.[765]

---

[761] Vgl. Häder, M. (2010), S. 190 ff.

[762] Vgl. dazu und im Folgenden Meyer, W. (2010b), S. 211.

[763] Vgl. dazu und im Folgenden Meyer, W. (2010b), S. 210 .

[764] Vgl. Atteslander, P. (2008), S. 132. Dieses Verständnis wird auch in dieser Arbeit zugrunde gelegt.

[765] Vgl. Häder, M. (2010), S. 189 ff.

Grundsätzlich sollte bei Befragungen bedacht werden, dass der Anreiz für eine Teilnahme an einer Befragung höher ist, wenn die Teilnehmer für sich selbst einen höheren Nutzen erwarten als Kosten.[766] Darüber hinaus gilt einschränkend, dass die Antworten aufgrund eigener mikropolitischer Interessen der Teilnehmer in ihren Aussagegehalten mit Vorsicht zu genießen sind, gerade dann, wenn es sich um unternehmungsinterne Befragungen handelt. Zudem ist zu beachten, dass sinnvolle Antworten immer ein präzises Frageverständnis voraussetzen. Dies ist bei der Erstellung von Fragen zu berücksichtigen.[767] Im Zusammenhang mit der Genauigkeit der Beantwortung von Fragen spielen außerdem die kognitiven Fähigkeiten eines Befragten eine entscheidende Rolle. Insgesamt können Fehlerquellen in den Befragten selbst, in dem Sinne, dass Persönlichkeitseigenschaften Einfluss auf das Antwortverhalten haben, in der Konstruktion und Ausgestaltung der Befragung und in der Person des Interviewers liegen.[768]

Ad b) Beobachtungen:

Unter Beobachtungen werden die Erfassung und Interpretation von wahrnehmbarem Verhalten verstanden.[769] Sie können sowohl *quantitativ* als *qualitativ* sein und bieten sich gerade in Bezug auf komplexe Forschungsfelder sowie die Erfassung von Interaktionen und Gruppenbildungsprozessen an. Mit der Methode der Beobachtung verbunden sind hohe soziale und fachliche Anforderungen an den Beobachter.[770] Es können verschiedene Formen der Evaluationen differenziert werden. Unterschiede bestehen in *unstrukturierten* vs. *strukturierten* Beobachtungen, *offenen* (d. h. für den Beobachteten offensichtlich) bzw. *verdeckten* Beobachtungen (für den Beobachteten nicht ersichtlich) sowie *passiv teilnehmenden Beobachtungen* (Konzentration des Forschers auf den reinen Beobachtungsprozess) und *aktiv teilnehmenden Beobachtungen* (der Beobachter ist Teil des sozialen Umfelds des Beobachteten).[771] Zudem kann in die *Selbstbeobachtung* (Selbstreflexion einer Person) und in die *Fremdbeobachtung* (durch einen Beobachter) unterschieden werden.[772]

MEYER nennt als häufigste Beobachtungsverfahren im Rahmen der Evaluation folgende:

- Eine quantitative Beobachtungsart stellen *Zählungen* dar, welche häufig standardisiert durchgeführt werden, z. T. auch von fremden Hilfskräften.
- Unter *Sozialraumanalyse* wird die Begehung von Räumen verstanden. Dies erfolgt zumeist qualitativ und nicht-standardisiert.

---

[766] Vgl. zur Theorie des rationalen Entscheidungsverhaltens bei Umfragen Esser, H. (1986), S. 41 sowie Schnell, R. (1997), S. 159 ff.

[767] Vgl. Noelle-Neumann, E./Petersen, T. (1998), S. 101.

[768] Vgl. Häder, M. (2010), S. 201 ff.

[769] Vgl. Kromrey, H. (2006), S. 346.

[770] Vgl. Atteslander, P. (2008), S. 67 ff.

[771] Vgl. Atteslander, P. (2008), S. 79 ff.

[772] Vgl. Kromrey, H. (2006), S. 349.

- Die *teilnehmende Beobachtung* ist eine Beobachtung durch einen Gruppenteilnehmer.
- Die *verdeckte Ermittlung* stellt eine Beobachtung ohne Wissen der Beobachteten dar und kann entweder durch andere Personen oder mittels technischer Hilfsmittel durchgeführt werden.[773]

Mit Beobachtungen sind vor allem die Gefahren von Beobachtungsfehlern verbunden. Diese bestehen liegen zum einen in der Person des Beobachters und dessen Wahrnehmung, Interpretation, Erinnerung und Widergabe von beobachteten Situationen oder Merkmalen, zum anderen können Beobachtungen auch durch Reaktivitäts- und Erwartungseffekte, Beobachtungs- und Untersuchungsbedingungen oder durch die äußeren Bedingungen beeinflusst werden.[774]

Ad c) Nicht-reaktive-Verfahren

Die von MEYER als nicht-reaktiv bezeichneten Verfahren werden von ATTESLANDER unter der Inhaltsanalyse zusammengefasst. Sie dienen schwerpunktmäßig der Analyse von Texten, können sich aber auch auf Bilder und Filme beziehen.[775] MEYER unterscheidet in Bezug auf die Evaluation die Konversations- und Diskursanalyse, die Dokumentenanalyse und qualitative Inhaltsanalyse, die computergestützte Inhaltsanalyse, Sekundäranalysen, prozessproduzierte Daten und technische Messungen.[776]

- Die *Konversations- und Diskursanalyse* beinhaltet eine qualitative Gesprächsanalyse. Der Fokus wird dabei auf den Gesprächsverlauf, die Funktion und sprachliche Besonderheiten gelegt, welche mittels Transkriptionen dokumentiert werden.
- Mittels der *Dokumenten- oder qualitativen Inhaltsanalyse* kann der Sinn eines Textes oder auch eines Interviews erfasst werden.
- Bei der *computergestützten Inhaltsanalyse* kann ein Text auf standardisierte Merkmale hin untersucht werden.
- *Sekundäranalysen* beschreiben die Analyse bereits vorhandener Daten.
- *Prozessproduzierte Daten* werden während des Ablaufs erfasst (z. B. Anzahl der Klicks auf einer Homepage).
- *Technische Messungen* werden durch entsprechende Messinstrumente vorgenommen und liefern so Messdaten.

Die Vorteile der Methoden liegen in dem Ausschluss von Interviewereinflüssen, weshalb diese auch als nicht-reaktive Verfahren bezeichnet werden. Sie können zudem mehrmals wiederholt werden, ohne dass sich das Analysesobjekt ändert. Darüber hinaus erfordern sie keine Kooperationsbereitschaft anderer Personen. Voraussetzung für die Verfahren ist allerdings,

[773] Vgl. Meyer, W. (2010b), S. 211.

[774] Vgl. dazu umfassend Greve, W./Wentura, D. (1997), S. 60 ff.

[775] Vgl. Atteslander, P. (2008), S. 181; vgl. ähnlich auch Kromrey, H. (2006), S. 397.

[776] Vgl. dazu und im Folgenden Meyer, W. (2010b), S. 211 f.

dass überhaupt relevante Quellen existieren oder Daten ermittelt werden können und die Evaluatoren Zugang dazu erhalten,[777] was gerade bei einem Training off-the-job nicht immer gegeben sein wird.

Die genannten Methoden stellen, wie in den nachfolgenden Abschnitten deutlich wird, oft die grundlegende Erhebungsmethode hinter den im Einzelnen genannten Evaluationsmethoden dar und sind deshalb als Basis für deren konkrete Ausgestaltung zu sehen. Die kritischen Argumente, die mit den einzelnen Methoden verbunden sind, treffen somit auch auf die nachfolgend in den einzelnen Phasen beschrieben Evaluationsinstrumente zu, welche ihrerseits Befragungen, Beobachtungen oder nicht-reaktive Verfahren als grundlegende Erhebungsmethode beinhalten. Darüber hinaus geäußerte Kritik wird gesondert bei der Erläuterung der jeweiligen Evaluationsmethode angeführt. Da viele Methoden in mehreren Phasen einsetzbar sind, wird die Kritik nur bei der erstmaligen Beschreibung geäußert und nachfolgend als bekannt voraus gesetzt.

Tabelle 7 liefert einen Überblick über alle genannten Methoden in den primären Evaluationsphasen, d. h. von der Kontextevaluation bis zur Evaluation des Unternehmungserfolgs. Die Metaevaluation ist gesondert zu betrachten und wird deshalb hier nicht im Überblick mit aufgenommen.[778] Die Tabelle stellt die in der Literatur genannten Methoden dar und nimmt darüber hinaus eine Zuordnung zur Evaluationsart, d. h. zur formativen oder summativen Evaluation vor und veranschaulicht zudem, welche Methoden zur Erhebung bestimmter Kompetenzen geeignet sind. Dabei ist zu beachten, dass nicht alle Erhebungsmethoden direkt auf die Erhebung von Kompetenzen abzielen. Einige dienen, wie die Ausführungen in den nachfolgenen Abschnitten zeigen werden, auch der Erhebung von Situationen oder Trainingsinputs. Sie werden entsprechend keiner Kompetenz zugeordnet und sind *kursiv* markiert. Die Erläuterungen zur genauen Anwendung der Methoden erfolgen in den Ausführungen zur „methodischen Gestaltung“ in den Abschnitten 5.4.2 bis 5.4.5.

Tabelle 7: Überblick über die Evaluationsmethoden.

Evaluationsmethoden	Evaluationsphasen							Formativ/ Summativ		Kompetenz		
	K	I	P	R	L	T	U	Fo	Su	F	M	S
Wissenstest	d				x	x		x	x	x		
Einstellungstest	d				x	x		x	x			x
Semantisches Differential	d							x	x			x
Führungsstilanalyse	d							x	x			x
Persönliche Beobachtung	d		x		x	x		x	x		x	x
Checklisten-Quiz	d							x	x	x	x	x
Arbeitsprobe	d							x	x	x	x	x
Leistungsbeurteilung	d							x	x	x	x	x
Beratungs- und Fördergespräch	d							x	x	x	x	x

[777] Vgl. Häder, M. (2010), S. 327 f.

[778] Vgl. zur ausführlichen Begründung Abschnitt 5.4.6.

Evaluationsmethoden	Evaluationsphasen							Formativ/ Summativ		Kompetenz		
	K	I	P	R	L	T	U	Fo	Su	F	M	S
Unternehmens-Karriere-Übung	k							x	x	x	x	x
Expertenbefragung	k							x	x	x	x	x
Delphi-Befragung	k							x	x	x	x	x
Fallstudie	k				x			x	x	x	x	
Literaturrecherche	k							x	x	x	x	x
Szenario-Analyse	k							x	x	x	x	x
Potenzialbeurteilung	k							x	x	x	x	x
Assessment Center	k							x	x	x	x	x
Methode der kritischen Ereignisse	dk		x		x	x		x	x	x	x	x
Erfa-Gruppen	dk							x	x	x	x	x
Interview	dk	x	x	x		x	x	x	x	x	x	x
Soll-Ist-Analyse	dk						x	x	x	x	x	x
Leistungsproblemanalyse (Konsequenzen für UN)	dk								x			
Fragebogen	dk	x	x	x			x	x	x	x	x	x
Checklisten	dk	x			x			x	x	x	x	x
Kostenanalyse		x						x	x			
Probetraining		x						x	x			
Erfahrungsaustausch mit anderen Personalentwicklern		x						x	x			
Nominal group technique		x						x	x			
Advocate Teams		x						x	x			
Group/panel reviews		x							x			
Pilotstudie		x							x			
Feedback /Review			x					x	x			
Transaktionsanalysen			x					x	x			x
Interaktionsanalysen			x					x	x			x
Soziogramm			x					x	x			x
Blitzlicht				x					x			
Partnerinterview				x					x			
Manöverkritik				x					x			
Follow-up				x		x			x	x	x	x
Stimmungsbarometer				x					x			
Fokusgruppen				x					x			
Repertory grid technique					x			x		x	x	x
Lerntagebücher/-berichte					x	x		x		x	x	x
Lernpartnerschaften					x			x		x	x	x
Referate /Fachberichte					x				x	x	x	
Unternehmensplanspiel					x				x	x	x	
Problemorientiertes Lernen					x				x	x	x	
Präsentationen					x				x	x	x	
Zeit- und Leistungsmessungen					x				x		x	
Rollenspiele					x			x	x		x	x
Persönlichkeitstests					x				x			x
Einschätzung der Umsetzung					x			x	x	x	x	x
Selbstanalyse					x			x	x	x	x	x
Activity Sampling						x		x	x	x	x	x
Wirdenious Technique						x		x	x	x	x	x
SISCO-Technique						x		x	x	x	x	x
Beobachter-Tagebücher						x		x	x	x	x	x
Maßnahmenkatalog /Aktionsplan						x		x		x	x	x
Leistungsvertrag						x			x	x	x	x
Übungsaufgabe						x			x	x	x	x

Evaluationsmethoden	**Evaluationsphasen**							**Formativ/ Summativ**		**Kompetenz**		
	K	**I**	**P**	**R**	**L**	**T**	**U**	**Fo**	**Su**	**F**	**M**	**S**
Projektaufgabe						x			x	x	x	x
360°-Befragung						x			x	x	x	x
Selbstkontrakt						x		x	x	x	x	x
Unauffällige Messung						x		x	x	x	x	x
Analyse von Projektergebnissen							*x*		*x*			
Kosten-Nutzen-Analysen							*x*		*x*			
Analyse der Leistungszahlen							*x*		*x*			
Return on Investment							*x*		*x*			

Legende:

d = Deterministischer Weiterbildungsbedarf	U = Unternehmungserfolgsevaluation
k = Katalytischer Weiterbildungsbedarf	Fo = Formative Evaluation
dk = sowohl deterministischer als auch katalytischer Weiterbildungsbedarf	Su = Summative Evaluation
K = Kontextevaluation	F = Fachkompetenz
I = Inputevaluation	M = Methodenkompetenz
P = Prozessevaluation	S = Sozialkompetenz
R = Reaktionsevaluation	x = in der Phase/Art/Kompetenz einsetzbar
L = Lernerfolgsevaluation	
T = Transfererfolgsevaluation	

5.4.2 Kontextevaluation

5.4.2.1 Inhaltliche Gestaltungselemente

Die Kontextanalyse bezieht sich auf die Ermittlung der Ausgangssituation einer Maßnahme. Dies ist insofern notwendig, als im Sinne der Ganzheitlichkeit nur Aussagen über Veränderungen getroffen werden können, wenn die Ursprungssituation bekannt ist.[779] Sie bezieht sich auf alle Überlegungen und Aktivitäten, die vor der konkreten Planung einer Maßnahme stattfinden. Zu berücksichtigen sind in dem Zusammenhang die Probleme, die zu einer Maßnahme geführt haben, die konkreten Entwicklungsbedarfe und die konkreten Ziele, die verfolgt werden sollen, sowie arbeitsumgebungsspezifische und teilnehmerspezifische Faktoren.[780]

Probleme, die einen Weiterbildungsbedarf auslösen, sind, wie bereits im Zusammenhang mit dem Evaluationsgegenstand dargestellt wurde, entweder eine Lücke zwischen den geforderten und vorhandenen Kompetenzen einer Person (deterministischer Weiterbildungsbedarf) oder die Annahme künftiger veränderter Anforderungen an einen Arbeitsplatz (katalytischer Weiterbildungsbedarf). Bei deterministischen Weiterbildungen bildet entsprechend eine Soll-Ist-Analyse hinsichtlich der Arbeitsanforderungen und der vorhandenen Kompetenzen auf Seiten

[779] Vgl. dazu Kapitel 3.4.2.

[780] Vgl. Easterby-Smith, M. (1986), S. 46 ff.; vgl. Stufflebeam, D. L. (1972), S. 134; vgl. Schindler, K. (1979) S. 12; vgl. Warr, P./Bird, M./Rackham, N. (1971), S. 15 f.; vgl. Brinkerhoff, R. O. (1987), S. 14 ff.; Klusen, N. (1975), S. 114 ff.; vgl. Bronner, R. (1983), S. 89 ff.; Dubs, R. (1990), S. 155 ff; Rank, B./Wakenhut, R. (1998), S. 12 ff.

des Mitarbeiters die Ausgangssituation. Bei katalytischen Weiterbildungen hingegen muss ein Bedarf antizipiert werden.[781]

Im Rahmen der Kontextevaluation sollte deshalb geklärt werden, welches die wichtigsten unternehmensexternen oder -internen Probleme sind oder zukünftig sein werden und wie diese durch welche Art von Maßnahmen beseitigt werden können. Darüber hinaus ist zu prüfen, welche Kompetenzen bei der Ausübung bestimmter Tätigkeiten benötigt werden, so dass auch hier geeignete Maßnahmen bestimmt werden können.[782]

Im Zusammenhang mit den obigen Fragestellungen wird im Rahmen der *Weiterbildungsbedarfsanalyse* überprüft, ob ein grundsätzlicher Trainingsbedarf vorliegt. HÄRING kommt in ihrer Studie zur Evaluation der Weiterbildung von Führungskräften zu dem Schluss, dass die Bedarfsanalyse für eine Trainingsmaßnahme als zentraler Ausgangspunkt der Weiterbildung gesehen werden kann. Nur bei Vorliegen einer gezielten Bedarfsanalyse kann eine Maßnahme adäquat ausgewählt und ausgestaltet werden. Wesentlich für die Analyse ist allerdings das Vorliegen von Anforderungsprofilen mit Aussagen über benötigte Qualifikationen der Mitarbeiter, so dass Soll-Anforderungen mit Ist-Zuständen abgeglichen werden können.[783] RANK/WAKENHUT betonen, dass in die Bedarfsanalyse vor allem die Teilnehmer, aber auch deren Vorgesetzte miteinbezogen werden sollten.[784]

Generell kann dabei in den Weiterbildungsbedarf der Organisation, das Weiterbildungspotenzial und das Weiterbildungsbedürfnis des Mitarbeiters unterschieden werden, welche nicht immer identisch sein müssen.[785] So erscheint es sinnvoll, die unterschiedlichen Sichtweisen seitens der potenziellen Teilnehmer sowie ihrer Vorgesetzten zum Entwicklungsbedarf aufzunehmen und vor dem Hintergrund des Problems zu analysieren.

Somit sind im Rahmen der Kontextevaluation die *Ziele* eines Trainings in Abstimmung mit den Beteiligten zu formulieren und die Konformität mit den Unternehmungszielen zu überprüfen.[786] Die Trainingsziele beschreiben dabei den Wunschzustand, der nach der Durchführung einer Trainingsmaßnahme erreicht sein soll.[787] Sie können auch als konkrete und damit operationalisierbare Entwicklungsergebnisse bezeichnet werden.[788]

---

781 Vgl. Kapitel 5.2.

782 Vgl. Hölterhoff, H./Jeserich, W./Becker, M. L. (1986), S. 199; vgl. auch Förderreuther, R. (1997), S. 567.

783 Vgl. Häring, K. (2003), S. 272.

784 Vgl. Rank, B./Wakenhut, R. (1998), S. 23.

785 Vgl. Dieterle, W. K. M. (1983), S. 38.

786 Vgl. Klusen, N. (1975), S. 114 ff.

787 Vgl. Snyder, R. A./Raben, C. S./Farr J. J. (1980), S. 437.

788 Vgl. Becker, M. (2005), S. 85.

Weiterbildungsziele lassen sich in ultimative Ziele (langfristige Ziele), mittelbare (mittelfristige Ziele) oder unmittelbare Ziele (kurzfristige Ziele) differenzieren. Letztere zielen auf die Reaktion und den Lernerfolg ab, mittelbare Ziele auf den Anwendungserfolg und ultimative Ziele auf den Unternehmungserfolg. Ziele können je nach Maßnahme und der dadurch vermittelten Kompetenz qualitativ wie quantitativ formuliert werden. Wichtig ist, dass sie konkret, das heißt nachvollziehbar und konfirmierbar sind, damit sich Aussagen über die Wirksamkeit einer Maßnahme im Hinblick auf den Lern-, Anwendungs- und evtl. auch Unternehmenserfolg treffen lassen.[789] HAMBLIN unterstreicht hier die Wichtigkeit der genauen Klärung, welches Ziel erreicht wird und anhand welcher Kriterien es gemessen werden soll.[790] Bei der Zielfestlegung sollten die drei Zieldimensionen Zielinhalt, Zielausmaß und Zieldauer berücksichtigt werden.[791] Der Zielinhalt umfasst eine konkrete und operationalisierbare Zielformulierung. Im Rahmen des Zielausmaßes ist der Zielerreichungsgrad festzulegen. So sollten die Mindestanforderungen hinsichtlich der Zielerfüllung bekannt sein. Zudem sollte die Zieldauer, also der Zeitpunkt, bis zu dem das Ziel erreicht werden soll, bestimmt werden. Hier bietet sich wiederum die Unterscheidung in kurz-, mittel- und langfristige Ziele an.[792]

RIEDEL schlägt vor, für die Entwicklung von Trainingszielen eine Art Ausschuss zu bilden, dem Personen aus verschiedenen Funktions- und Geschäftsbereichen sowie Trainer und Teilnehmer angehören.[793] So können Trainer vor allem an der Entwicklung der unmittelbaren Ziele beteiligt werden, Vorgesetzte und die Unternehmungsleitung an mittelbaren oder ultimativen Zielen.[794] Liegen unterschiedliche Zielvorstellungen vor, kann der Evaluator die Prioritäten der verschiedenen Ziele feststellen. Bestimmt werden kann, welches eher kurzfristige oder langfristige Ziele sind, und welche Ziele mit Blick auf die Ressourcensituation als realistisch angesehen werden können.[795] Die Zielbestimmung (im Sinne einer formativen Evaluation) sowie die Zielanalyse (summative Evaluation) nehmen einen elementaren Bestandteil der Kontextevaluation ein. THIERAU-BRUNNER/WOTTAWA/STANGEL-MAESEKE verweisen darauf, dass die Bestimmung der Ziele, der Zeitpunkt der Zielerreichung, die Kriterien, anhand derer die Zielerreichung gemessen wird, sowie die Kosten für alternative Wege der Zielerreichung bereits in der Kontext- oder Inputevaluation feststehen sollten, da bei einer späteren Erhebung dieser Daten und dem Bewusstsein des Fehlens von Zielen emotionale Probleme bei den Ver-

---

[789] Vgl. Häring, K. (2003), S. 272; vgl. auch Warr, P./Bird, M./Rackham, N. (1971), S. 15 f.

[790] Vgl. Hamblin, A. C. (1974), S. 16 ff. Vgl. zu Beispielen für gut oder schlecht gewählte Ziele Quinones, M. A./Tonidandel, S. (2003), S. 229.

[791] Vgl. Hill, W./Fehlbaum, R./Ulrich, P. (1974), S. 141 f.

[792] Vgl. Dieterle, W. K. M. (1983), S. 14 f.

[793] Wer im Einzelnen aus den einzelnen Funktions- und Geschäftsbereichen miteinbezogen wird, hängt von der durchzuführenden Maßnahme ab. Vgl. dazu auch die Abschnitte 5.3.1.1 und 5.3.4.

[794] Vgl. Riedel, M. (1992), S. 35.

[795] Vgl. Weiss, C. H. (1974), S. 53 ff.

antwortlichen ausgelöst werden können.[796] Häufig werden Ziele für eine ganze Gruppe von Teilnehmern formuliert. Im Rahmen der Evaluation ist deshalb darauf zu achten, dass die Ziele in Bezug auf den einzelnen Teilnehmer kongruent zu dessen Arbeitsanforderungen sind.[797] Wichtig ist, dass die unterschiedlichen Beteiligten über die Ziele auf den verschiedenen Ebenen informiert sind. Ressourcenbedingt ist es meistens nicht möglich, Weiterbildungsziele gemeinsam mit allen Beteiligten auszuhandeln. Hier kann der Vorgesetzte insofern einbezogen werden, als dass er ein Vorgespräch mit den Teilnehmern führen kann, um über die Ziele zu informieren und dem Teilnehmer Entwicklungspotenziale aufzuzeigen. Die konkreten Transferziele und der Zeitraum, innerhalb dessen sie erreicht werden sollen, sollten dabei fixiert werden. Der Vorgesetzte kann in Bezug auf das Führen des Zielgesprächs von der Personal- oder Bildungsabteilung methodisch unterstützt werden.[798]

In der Lerntransferforschung wird die *Arbeitsumgebung* als der entscheidende Faktor für eine mögliche Übertragung des Erlernten aus dem Lernfeld in das Funktionsfeld gesehen.[799] In Bezug auf die Vortrainingssituation spielen hier insbesondere die antizipierte Belohnung durch den Trainingsbesuch, die Arbeitsautonomie, die Unternehmungspolitik sowie die Relevanz des Trainings für die Arbeit eine besondere Rolle.[800]

Zudem wird auf die besondere Bedeutung der *Teilnehmermerkmale* für den Erfolg eines Trainings hingewiesen. Besonders hervorgehoben werden für die Vortrainingssituation die Einstellung des Teilnehmers in Bezug auf seine Arbeit und damit auch in Bezug auf das Training, die damit verbundenen Bedürfnisse, Ängste und Erwartungen, die Vorerfahrungen aus anderen Trainings, die Selbstwirksamkeitserwartung, die Motivation des Teilnehmers sowie dessen kognitive Fähigkeiten.[801] Somit sollte auch im Rahmen der Kontextevaluation eine Erhebung arbeitsumgebungs- und teilnehmerspezifischer Faktoren erfolgen, um Anhaltspunkte[802] für den Erfolg oder Nicht-Erfolg eines Trainings erhalten zu können.

INDERST weist ferner darauf hin, dass auch die innere *Zustimmung der Vorgesetzten* eine wesentliche Voraussetzung für den Erfolg einer Maßnahme bildet. Vorgesetzte sehen Weiterbil-

---

[796] Vgl. Thierau-Brunner, H./Wottawa, H./Stangel-Meseke, M. (2006), S. 330.

[797] Vgl. Hölterhoff, H./Jeserich, W./Becker, M. L. (1986), S. 199.

[798] Vgl. Häring, K. (2003), S. 275.

[799] Vgl. Rank, B./Wakenhut, R. (1998), S. 23.

[800] Vgl. Vandenput, M. A. E. (1973), S. 254 ff.

[801] Vgl. dazu Noe, R./Schmidt, N. (1986), S. 738; Salas, E./Cannon-Bowers, J. A. (2001), S. 478 ff.; Rank, B./Wakenhut, R. (1998), S. 18 ff. sowie Dubs, R. (1990), S. 156 ff.

[802] Aufgrund des in Kapitel 3.3.4 beschriebenen Kausalitätsproblems wird hier bewusst der Terminus Anhaltspunkte verwendet, da eine Zuschreibung der Wirkung eines Faktors auf das Training nicht eindeutig möglich erscheint.

dungsmaßnahmen ihrer Mitarbeiter vor allem dann positiv, wenn sie sich einen Nutzen für ihren Bereich oder das Unternehmen versprechen.[803] HÄRING betont in dem Zusammenhang, dass ohne die Zustimmung und Beteiligung der Vorgesetzten auf eine Evaluation des Anwendungs- und Unternehmenserfolgs verzichtet werden sollte, da bei einer mangelnden Unterstützung hinsichtlich der Anwendung des Erlernten bei den Beteiligten Aussagen über den Anwendungserfolg absurd wären.[804]

Bei der inhaltlichen Ausgestaltung der Kontextevaluation ist die *Evaluationsart* zu berücksichtigen. Das heißt, es muss zwischen einem summativen und formativen Vorgehen unterschieden werden. [805] Wie bereits in Abschnitt 5.2.2 erläutert, muss im Vorfeld einer Evaluation eine Entscheidung über die Evaluationsfunktion erfolgen. Bei einer legitimierenden Evaluation liegt dabei ein summatives Vorgehen zugrunde, eine optimierende Funktion verfolgt eher ein formatives Vorgehen. Inhaltlich gesehen hat die Entscheidung über eine Evaluationsfunktion folgende Auswirkungen: Ein formatives Vorgehen hat zur Folge, dass die Erhebung einzelner inhaltlicher Elemente synchron erfolgen muss. Bspw. muss ein Abgleich erfolgen, ob die Ziele der Maßnahmenteilnehmer mit den Zielen der Vorgesetzten übereinstimmen und welche Ziele der Trainingsmaßnahme zugrunde gelegt werden. Bei Diskrepanzen muss eine Veränderung erfolgen, bis eine optimale Lösung gefunden wird. Evaluationsdaten werden demnach als Basis für die Festsetzung von Zielen genutzt. Ein summatives Vorgehen beinhaltet, dass die einzelnen Elemente erst nach Ablauf der Maßnahme oder aber auch nach Ablauf einer Phase erhoben werden, was impliziert, dass keine Veränderungen mehr vorgenommen werden können. Hier geht es eher um den finalen Vergleich zwischen Zielen, Möglichkeiten und Problemen.[806] WOTTAWA/THIERAU sprechen in dem Zusammenhang auch von einer strategischen Evaluation, die darauf abzielt, zu analysieren, ob die Ursachen eines Problems richtig erkannt wurden und die Problemlösungen adäquat gewählt wurden.[807]

5.4.2.2 Methodische Gestaltungselemente

Bezüglich der methodischen Gestaltung der formativen Kontextevaluation lassen sich in der Literatur vielfach Methoden und Instrumente finden, die identisch mit denen der Weiterbildungsplanung bzw. Bedarfsanalyse sind.[808] Konkrete methodische Hinweise für eine summa-

---

[803] Vgl. Inderst, F. X. (1995), S. 95 ff.

[804] Vgl. Häring, K. (2003), S. 273.

[805] Vgl. dazu Kapitel 2.2.3 sowie Abschnitt 5.2

[806] Vgl. Stufflebeam, D. L. (1972), S. 134. und S. 164; vgl. Brinkerhoff, R. O. (1987), S. 60 ff; vgl. Hölterhoff, H./Jeserich, W./Becker, M. L. (1986), S. 199.

[807] Vgl. Wottawa, H./Thierau, H. (1990), S. 28.

[808] Vgl. Bronner, R./Schröder, W. (1983), S. 96.

tive Kontextevaluation lassen sich indes nicht finden. Lediglich das Ziel der summativen Evaluation des Trainingskontexts wird hier benannt. So macht bspw. STUFFLEBEAM deutlich, dass im Rahmen der summativen Kontextevaluation gewünschte mit realen Zielen abgeglichen werden müssen.[809] Somit werden im Folgenden zunächst Methoden und Instrumente aufgezeigt, die der formativen Kontextevaluation dienen, und anschließend aufgrund von Plausibilitätsüberlegungen Hinweise auf die Umsetzung einer summativen Evaluation des Kontextes eines Training off-the-job gegeben.

Hinsichtlich der *Problemanalyse*, welche einen Weiterbildungsbedarf anzeigen kann, lassen sich in der Literatur vielfältige Methoden finden. Einen umfangreichen Katalog bieten hier BRONNER/SCHRÖDER an, welche zugleich die notwendigen Voraussetzungen, den Wartungsaufwand, die Verwertbarkeit und das vermutete Engagement der Betroffenen bezüglich der Instrumente bewertet haben. Hinsichtlich der Wahrnehmung und Analyse von Problemen sprechen sie vor allem Instrumenten, die auf der Auswertung menschlicher Wissenspotenziale beruhen, eine hohe Bedeutung zu. Instrumenten, die lediglich betriebliche Datenbestände analysieren, und welche sich vor allem in den controllingorientierten Ansätzen[810] finden lassen (Kennziffernanalyse, Personaldatenanalyse, Planungsdatenanalyse etc.), wird hingegen nur ein geringer Nutzen im Rahmen der Kontextevaluation zugesprochen. Dies wird von den Autoren damit begründet, dass häufig ein großes methodisches Wissen oder umfangreiche Vorarbeiten benötigt werden. Darüber hinaus wird ihnen nur ein indirektes Entscheidungspotenzial zugesprochen. Sie können demnach nur Missstände andeuten, welche aber einer weiteren Untersuchung bedürfen, bevor eine Einschätzung getroffen werden kann, ob diese als Anlass für eine Weiterbildungsinitiative gelten können.[811]Aufgrund der geringen Bedeutung im Hinblick auf die adäquate *Bestimmung eines Weiterbildungsbedarfs* werden diese Methoden deshalb im Rahmen der Kontextevaluation nicht weiter erläutert. Auch die Analyse der Arbeitsumgebung, der Teilnehmermerkmale sowie die Zustimmung des Vorgesetzten kann in die Bedarfsanalyse integriert werden. Dies wird an den entsprechenden Stellen angemerkt. Die nachfolgend vorgestellten Methoden und Instrumente stellen damit vorwiegend Methoden zur Auswertung menschlicher Wissenspotenziale dar. Sie werden nach deterministischer und katalytischer Weiterbildung sortiert und den einzelnen Kompetenzen zugeordnet.

Die im Folgenden dargestellten Methoden eignen sich zur Aufdeckung eines *deterministischen Weiterbildungsbedarfs:*

[809] Vgl. Stufflebeam, D. L. (1972), S. 134.

[810] Vgl. Kapitel 4.3.

[811] Vgl. Bronner, R./Schröder, W. (1983), S. 96.

In Bezug auf die Feststellung eines Entwicklungsbedarfs bei *Fachkompetenzen* eignet sich das Instrument des *Wissenstests.*[812] Die Tests können grundsätzlich in Form von multiple-choice-Tests, Tests mit den Antwortmöglichkeiten „Richtig“ oder „Falsch“ oder in Form von Tests mit freien Antwortmöglichkeiten gestaltet sein. Darüber hinaus besteht die Möglichkeit, *Schnelligkeitstests* durchzuführen, mittels derer die Anzahl der richtigen Antworten innerhalb einer festgelegten Zeitspanne erfasst werden können, oder aber *Leistungstests*, mit denen die Richtigkeit der gelernten Informationen überprüft wird.

KRAIGER/FORD/SALAS geben an dieser Stelle zu bedenken, dass im Hinblick auf die Nutzung von Tests als Evaluationsinstrument geklärt werden muss, welches Konstrukt gemessen werden soll und ob das Testformat geeignet ist, dieses Konstrukt abzubilden.[813]

Geht es um die Feststellung eines Weiterbildungsbedarfs in Bezug auf *Sozialkompetenzen*, so können Einstellungstests und Führungsstilanalysen eingesetzt werden:

- Die innere Haltung gegenüber bestimmten Aspekten kann über *Einstellungstests* erhoben werden.[814] Einstellungstests dienen im Wesentlichen zur Ermittlung eines deterministischen Weiterbildungsbedarfs. Denkbar ist jedoch auch, dass sie bei einer geplanten Veränderung der Unternehmungskultur oder auch des Führungsstils einen katalytischen Weiterbildungsbedarf anzeigen. Hinsichtlich der Einstellung sollte in die Einstellung in Bezug auf bestimmte Objekte und die Einstellung in Bezug auf bestimmte Situationen unterschieden werden. In dem Zusammenhang können auch die teilnehmermerkmale, die Einstellung des Vorgesetzten zum Training und auch die arbeitsumgebungsbezogenen Einstellungen erhoben werden. Die Untersuchung der Einstellung erfolgt auf Basis eines Fragebogens, welcher entweder eine Zusammenstellung von Aussagen enthalten kann, bei denen der Teilnehmer diejenige auswählt, der er am ehesten zustimmen kann oder es können multiple-choice-Antworten ausgegeben werden, aus denen der Teilnehmer diejenige wählt, die am ehesten seiner Einstellung entspricht. Oder aber die Einstellung bezüglich einer Aussage kann anhand von Skalen gemessen werden („stimme völlig zu“ bis zu „stimme überhaupt nicht zu“). Die Entwicklung eines individuellen Einstellungstest ist jedoch sehr aufwändig und kann nur von ausgebildeten Psychologen erstellt werden. In der Praxis muss deshalb auf vorhandene und von Experten validierte Tests zurückgegriffen werden.[815] Dabei muss

[812] Vgl. Brinkerhoff, R. O. (1987), S. 60 ff.

[813] Vgl. Kraiger, K./Ford, J. K./Salas, E. (1993), S. 313.

[814] Vgl. Staudenmayer, P./Jäger, R. S. (1984), S. XXVI.

[815] Beispielhaft seien hier der Foreman Behaviour Description Questionaire (vgl. Wehner, E. G./Durchholz, E. (1980), S. 263), der Fragebogen zur Führungspersönlichkeit sowie der Meyer-Briggs-Typenindikator (vgl. Wildenmann, B. (2000), S. 60 ff.) genannt. Vgl. für weitere Tests Staudenmayer, P./Jäger, R. S. (1984), S. 12 ff.

jedoch darauf geachtet werden, dass die Ziele des vorgegebenen Tests mit den eigenen Zielen übereinstimmen und es besteht zudem immer das Risiko, dass der Teilnehmer „weiß, wie er antworten muss“. [816] Ein möglicher Ausweg aus dem Dilemma besteht in der Nutzung so genannter *semantischer Differenziale.* Hier wird kein Wissensinhalt abgefragt. Die Einstellungsmessung erfolgt zu einem bestimmten Thema, welches deutlich hervorgehoben wird. Die Ausprägung wird anhand von gegensätzlichen Adjektiven gemessen (z. B. einfach – schwer, uninteressant – interessant). Die Adjektive müssen dabei auf das Thema abgestimmt sein.[817] GÖTZ gibt diesbezüglich die Subjektivität der Interpretation zu bedenken, so dass fraglich bleibt, wie sehr das Verhalten einer Person durch das semantische Differenzial wiedergegeben werden kann.[818] HAMBLIN betont, dass es keine „idiotensichere“ Methode der Einstellungsmessung gibt und geben wird und Trainer deshalb an dieser Stelle am ehesten auf unstrukturierte und nicht quantitative Feedbacks zurückgreifen müssen.[819]

- Der Führungsstil kann über *Führungsstilanalysen* durchgeführt werden.[820] Diese können analog zu den Einstellungstests durchgeführt werden bzw. sind Bestandteil der Einstellungstests.[821] Dementsprechend trifft auch hier die genannte Kritik zu. Bei der Nutzung von semantischen Differentialen besteht in Bezug auf das Führungsverhalten eine Möglichkeit darin, Führungskräfte von demjenigen Mitarbeiter einschätzen zu lassen, der sie am wenigsten schätzt.[822]

- Gerade ein deterministischer Weiterbildungsbedarf an *methodischen* und *sozialen Kompetenzen* kann über *persönliche Beobachtungen* erfolgen. BRONNER/SCHRÖDER nennen hier die Möglichkeit, einen Mitarbeiter am Arbeitsplatz zu beobachten, um so Hinweise für einen Entwicklungsbedarf zu erhalten. Dies stellt jedoch eine sehr zeitaufwändige Methode dar. Ökonomischer erscheint hier der zweite Vorschlag der Autoren, durch Trainer von bisher durchgeführten Trainingsmaßnahmen Hinweise über weitere Probleme zu erhalten.[823] Persönliche Beobachtungen sind wie alle Beobachtungen dazu geeignet, menschliches Verhalten zu beurteilen unterliegen jedoch vor allem auch den kognitiven Einschränkungen der Beobachter.[824]

---

[816] Vgl. Hamblin, A. C. (1974), S. 103 ff.

[817] Vgl. Hamblin, A. C. (1974), S. 107 ff.

[818] Vgl. Götz, K. (1993), S. 128.

[819] Vgl. Hamblin, A. C. (1974), S. 109.

[820] Vgl. Bronner, R./Schröder, W. (1983), S. 105.

[821] Vgl. Hamblin, A. C. (1974), S. 102 ff.

[822] Vgl. Meyer (1974), S. 121.

[823] Vgl. Bronner, R./Schröder, W. (1983), S. 103 f.

[824] Vgl. dazu die Ausführungen zu den kognitiven Problemen in Kapitel 3.3.3

Die nachfolgenden Methoden lassen sich zur Erhebung eines deterministischen Weiterbildungsbedarfs bei *allen Kompetenzarten* anwenden:

- Eine spezielle schriftliche Befragungsform, die sich auf alle Kompetenzen ausrichten lässt, ist das so genannte „*Checklisten-Quiz*". Im Rahmen des „Checklisten-Quiz" werden potenziellen Teilnehmern oder aber generell Mitarbeitern mit Hilfe eines Fragebogens verschiedene Fragen zu ihrer persönlichen Einschätzung in Bezug auf ein Thema gestellt. So können z. B. zur Erhebung des Bedarfs eines Führungstrainings Fragen zur letzten Weiterbildungsmaßnahme, Kenntnisse über bestimmte Fachbücher, inhaltliche Elemente der Führung etc. gestellt werden. Dabei können die „Kandidaten" Punkte sammeln. Die am Ende erlangte Gesamtpunktzahl verdeutlicht die Notwendigkeit eines Trainingsbedarfs.[825]

- Mittels *Arbeitsproben* können Entwicklungsbedarfe in allen Kompetenzbereichen festgestellt werden, da hier eine arbeitsplatzbezogene Situation geschaffen wird, die eine Überprüfung zulässt, ob der Mitarbeiter die Fähigkeiten besitzt, mit dieser Situation umzugehen. Ist dies nicht der Fall, kann relativ deutlich beschrieben werden, wo der Entwicklungsbedarf besteht.[826] Voraussetzung dafür ist jedoch, dass durch eine Arbeitsprobe das Spektrum der erwarteten Kompetenzen beobachtet werden kann, was vor allem bei Sozialkompetenzen als zunehmend schwer angesehen werden kann.

- *Leistungsbeurteilungen* dienen der Gewinnung von Informationen über die Leistung eines Mitarbeiters innerhalb einer bestimmten Periode.[827] Die Beurteilung der Fach-, Methoden- und Sozialkompetenzen kann über freie Beurteilungen, Rangordnungsverfahren, Kennzeichnungsverfahren, Einstufungsverfahren, aufgabenorientierte Beurteilungsverfahren oder zielorientierte Beurteilungsverfahren erfolgen.[828] BECKER, F. G. nennt als geeignete Leistungsbeurteilungsverfahren vor allem zielorientierte Verfahren. Diese beruhen auf dem Prinzip des „Management by Objectives". Anhand von vorab formulierten Zielen können während oder am Ende einer Periode der Zielerreichungsgrad und mögliche Ursachen einer Nichterreichung festgestellt werden.[829] Verfahren der Leistungsbeurteilung unterliegen generellen, wie den in Kapitel 3.3.4 angesprochenen Beurteilungsproblemen.

---

825 Vgl. für genauere Informationen Berger, M. (1974), S. 38 f.

826 Vgl. Brinkerhoff, R. O. (1987), S. 60 ff.

827 Vgl. Becker, F. G. (2003), S. 164.

828 Vgl. zu ausführlichen Informationen und kritischer Diskussion der Verfahren Becker, F. G. (2003), S. 284 ff.

829 Vgl. Becker, F. G. (2003), S. 327 ff. sowie S. 384; vgl. auch Berthel, J./Becker, F. G. (2007), S. 218.

- Deterministische Entwicklungsbedarfe können auch im Rahmen von *Beratungs- und Förderungsgesprächen*, die häufig im Zusammenhang mit jährlichen Mitarbeitergesprächen stattfinden, besprochen werden. Die Besprechung erfolgt meist anhand eines Formulars, welches dem Mitarbeiter vorab zur Verfügung gestellt wird. Auch die Ergebnisse der Leistungsbeurteilung können hier einfließen.[830] Hier kann der Vorgesetzte auch deutlich machen, ob er der Maßnahme zustimmt oder nicht. Ebenso kann hier der Teilnehmer seine Bedürfnisse, Ängste und Erwartungen äußern, sowie gemeinsam die Konsequenzen für die Arbeitsumgebung und deren Bedingungsfaktoren für den erfolgreichen Transfer des Erlernten besprochen werden.

Die bisher genannten Methoden lassen sich auf einen deterministischen Weiterbildungskontext anwenden. Um aber speziell zukünftige Kompetenzen ermitteln und damit einen *katalytischen Weiterbildungsbedarf* bestimmen zu können, bieten sich andere Methoden an. Die nachfolgend erläuterten Methoden lassen sich auf alle Kompetenzarten beziehen und werden deshalb nicht weiter unterteilt.

Bei allen genannten Methoden ist zu berücksichtigen, dass die Einschätzung der Zukunft immer mit Unsicherheiten behaftet ist. Hinsichtlich des einzusetzenden Prognoseverfahrens müssen vor allem auch die Prognosekosten und die Anwenderfreundlichkeit des Verfahrens beachtet werden.[831]

- Um schlecht strukturierte Probleme auffinden zu können, bietet sich die „*Unternehmens-Karriere-Übung*“ an. Hier wird das Vorgehen der individuellen Karriereplanung auf die Unternehmung übertragen. Mehrere Führungskräfte unterschiedlicher Ebenen beantworten hier Fragen zur Entwicklung der Unternehmungsgeschichte, Änderungen von Marktverhältnissen, Führungsphilosophien sowie deren Auswirkungen auf ihre Arbeitssituation. Dem folgt eine Einschätzung über den nächsten „Karriereschritt“ der Unternehmung und dessen Einfluss auf die Beschäftigten. Anschließend werden frühere Planungs- und geschäftspolitische Fehler ermittelt, um die nächsten Planungsschritte für die Unternehmung bestimmen zu können. Abschließend kann die Frage nach individuellen Weiterbildungsbedürfnissen gestellt werden.[832]

- Die zukünftigen Kompetenzen lassen sich mittels *Expertenbefragung* erheben, welche in mündlicher oder schriftlicher Form erfolgen können. Diese bieten sich immer dann an, wenn eine neuartige Situation antizipiert wird, in der bisherige Leistungsstandards keine Anwendung finden können. Eine Sonderform der Expertenbefragung bildet die

[830] Vgl. Bronner, R./Schröder, W. (1983), S. 105.

[831] Vgl. Macharzina, M./Wolf, J. (2005), S. 830 ff.

[832] Vgl. für genauere Informationen Leach, J. (1979), S. 62.

Delphi-Befragung. Dabei werden Experten aus unterschiedlichen Bereichen über mehrere Runden befragt, wobei den Experten die Ergebnisse der vorherigen Runden zurückgespielt werden und sie dann aufgefordert werden, erneut eine Einschätzung zu geben. Unter Umständen kann dieses Vorgehen so lange wiederholt werden, bis Einigkeit unter den Experten besteht. Diese Technik bietet sich vor allem dann an, wenn die Bildung eines Konsenses erforderlich ist, wie es z. B. hinsichtlich von Qualifikationen bei neuer strategischer Ausrichtung der Fall sein könnte.[833]

- *Fallstudien* bieten sich insbesondere bei komplexen Fragestellungen an, die durch den Kontext (z.B. Unternehmungsumwelt) beeinflusst werden, und wenn der konkrete Weiterbildungsbedarf nicht klar beschrieben werden kann, da Unsicherheiten über mögliche Entwicklungen bestehen. Fallstudien beinhalten eine Beschreibung einer konkreten Situation. Anschließend müssen anhand von Fragen zur Situation von den Beteiligten mögliche Lösungen vorgeschlagen werden.[834] Die Anwendung von Fallstudien setzt voraus, dass ausreichend Erfahrung oder Wissen zu Fallkonstruktionen vorliegt, so dass gesichert wird, dass die Komplexität der Situation durch den Fall abgebildet wird.

- Notwendige Kompetenzen für noch unklare Aufgabengebiete können über eine *Literaturrecherche* festgestellt werden. Die Analyse von Zeitschriftenartikeln oder Veröffentlichungen zu Forschungsergebnissen können Hinweise auf zukünftige Anforderungen an Personen und bestimmte Stellen enthalten. Um die Stelleninhaber darauf vorzubereiten, können Trainings initialisiert werden.[835]

- Im Rahmen der Ermittlung eines katalytischen Weiterbildungsbedarfs kann zudem die *Szenario-Analyse* ein nützliches Instrument darstellen. Hier können unterschiedliche Zukunftsszenarien über die Entwicklung einer Unternehmung und die damit verbundenen Anforderungen an die Mitarbeiter entworfen werden. Dasjenige Szenario, welches am realistischsten eingeschätzt wird, kann dann Aufschluss darüber geben, welche Anforderungen zukünftig an die Unternehmung gestellt werden und damit auch aufzeigen, welche Entwicklungen bei den Mitarbeitern notwendig sind. Somit ergibt sich auch hieraus ein Weiterbildungsbedarf.[836]

---

833 Vgl. Brinkerhoff, R. O. (1987), S. 62 ff.

834 Vgl. Brinkerhoff, R. O. (1987), S. 62 f.

835 Vgl. Brinkerhoff, R. O. (1987), S. 67.

836 Vgl. zum Einsatz der Szenario-Analyse als Evaluationsinstrument Snyder, R. A./Raben, C. S./Farr J. J. (1980), S. 437, zum Instrument der Szenario-Analyse bspw. Steinmann, H./Schreyögg, G. (2005), S. 187.

- *Potenzialbeurteilungen* versuchen einzuschätzen, inwiefern Mitarbeiter zukünftige oder veränderte Anforderungen erfüllen können. Mögliche Verfahren sind hier diagnoseorientierte Verfahren, biografische Verfahren, psychologische Tests und Assessment Center. Erstere sind als Fortschreibung vorhandener Leistungsbeurteilungen zu verstehen, biografische Verfahren versuchen, Kenntnisse zu bisherigen Verhaltensweisen als Basis für die Prognose zukünftiger Verhaltensweisen zu nutzen. Im Rahmen der psychologischen Tests kommen in der Personalentwicklung vor allem Instrumente der Persönlichkeitsdiagnostik zum Einsatz.[837] Der Einsatz von Testverfahren ist in Wissenschaft und Praxis stark umstritten, weshalb hier nicht näher darauf eingegangen wird.[838] Zur Einschätzung der generellen Kompetenzen der Teilnehmer können *Assessment Center* eingesetzt werden. Gerade bei einer größeren Gruppe von Personen können Kompetenzen so eingeschätzt werden.[839] Assessment Center bieten die Möglichkeit ,Teilnehmer tätigkeitsrelevanten Situationen auszusetzen, um so Verhaltensweisen prognostizieren zu können. Assessment Center weisen, wie Studien belegen, eine hohe Prognosevalidität auf.[840]

Abschließend seien nun Methoden genannt, die sich *sowohl* auf einen *deterministischen als auch katalytischen* Weiterbildungskontext anwenden lassen und die gleichzeitig auf *Fach-, Methoden- und Sozialkompetenzen* bezogen werden können:

- Die *Methode der kritischen Ereignisse* kann sowohl zur Problemwahrnehmung bei deterministischen wie auch katalytischen Trainingsmaßnahmen eingesetzt werden. Kritische Ereignisse können dabei durch Beobachtung oder durch strukturierte Fragen, die im Rahmen von mündlichen oder schriftlichen Befragungen gestellt werden können

[837] Vgl. zu unterschiedlichen Methoden der Persönlichkeitsdiagnostik Borkenau, P./Friedel, A./Wolfradt, U. (2011), vgl. Schmukle, S. C./Egloff, B. (2011), vgl. Wittkowski, J. (2011a), vgl. Wittkowski, J. (2011b), vgl. Lischetzke, T./Eid, M. (2011), vgl. Kanning, U. P. (2011); vgl. auch Rehrl, M./Harteis, C./Gruber, H. (2006), S. 188.

[838] Vgl. zu einem Überblick über die Verfahren Berthel, J./Becker, F. G. (2010), S. 339 ff. Gerade Instrumente der Persönlichkeitsdiagnostik unterliegen der Kritik. So wird versucht, die Persönlichkeit eines Menschen auf wenige Faktoren herunter zu brechen. Übergeordnete Merkmale finden sich z. B. in den so genannten Big Five (Neurotizismus, Extraversion, Offenheit, Verträglichkeit und Gewissenhaftigkeit). Dabei wird von einer zeitlichen Stabilität der Faktoren ausgegangen, die jedoch stark umstritten ist. Im Rahmen der Personalentwicklung wird argumentiert, dass unterschiedliche Persönlichkeitstypen mit unterschiedlichen Lerntypen einhergehen und die Instruktionen entsprechend angepasst werden müssen. Hierzu gibt es jedoch keine empirischen Belege. Das Lern- und Leistungsverhalten ist vielmehr abhängig von den personellen Dispositionen in Verbindung mit situativen Faktoren. Bei den bisherigen Verfahren der Potenzialanalyse besteht deshalb die Gefahr, deren Aussagekraft zu überschätzen. (Vgl. Rehrl, M./Harteis, C./Gruber, H. (2006), S. 185 ff.) BECKER spricht in Zusammenhang mit Potenzialbeurteilungen sogar von einer „kafkaesken Situation", in der Zielvorstellungen und Ängste wie Widerstände konträr gegenüberstehen, betont aber zugleich, dass bei einer Einstellungsänderung zugunsten der Akzeptanz der Subjektivität von Beurteilungen der Einsatz durchaus sinnvoll erscheint. Vgl. Becker, F. G. (1991), S. 65 ff.

[839] Vgl. Brinkerhoff, R. O. (1987), S. 60.

[840] Vgl. Berthel, J./Becker, F. G. (2010), S. 280.

identifiziert.[841] Denkbar ist, die Personen die vergangenen Monate reflektieren zu lassen, um sich so Fehler, deren mögliche Ursachen sowie Möglichkeiten, diese Fehler zu vermeiden, ins Gedächtnis rufen zu können. Auch hier können sowohl unternehmensweite oder tätigkeitsbezogene kritische Ereignisse erhoben werden. Auf Basis eines Index über die kritischen Verhaltensweisen, die erfolgs- oder misserfolgsrelevant für eine bestimmte Arbeitssituation sind (bspw. Freundlichkeit der Vertriebsmitarbeiter bei der Neukundenakquisition), können hier entscheidende Fähigkeiten oder benötigtes Wissen für einen Stelleninhaber identifiziert werden.[842] Eine besondere Schwierigkeit besteht hier in Identifizierung eines als kritisch zu bezeichnenden Ereignisses.[843] Insbesondere die kritischen Faktoren der Arbeitsumgebung könnten hier einbezogen werden.

- Probleme in Bezug auf bestimmte Stellen in der Unternehmung können auch über *Erfahrungsaustauschgruppen* ermittelt werden (Erfa-Gruppen). Deterministische Weiterbildungsbedarfe können in funktionalen Erfa-Gruppen (Betriebsleitertreffen, Qualitätszirkel) besprochen werden. Neben deterministischen können vor allem katalytische Bedarfe eher in objektbezogenen Erfa-Gruppen (bspw. ein Weiterbildungsgremium bestehend aus Führungskräften und Spezialisten) ermittelt werden. Erfa-Gruppen können auch aus Mitgliedern mit großer Unternehmenserfahrung (so genannte *Senior Boards)* zusammengesetzt werden. Dessen Mitglieder können Hinweise auf Probleme geben, die sich über einen langen Zeitraum hinweg ergeben haben und somit einen deterministischen Weiterbildungsbedarf andeuten.[844] Grundsätzlich sind bei Einschätzungen oder Entscheidungen in Gruppen gruppenpsychologische Phänomene im Entscheidungs- und Beurteilungsverhalten zu berücksichtigen.[845]

- Eine Problemübersicht kann auch auf Basis von *Interviews mit Beteiligten* eines Trainings ausgearbeitet werden. Generelle Probleme, die in Bezug auf eine Unternehmung gesehen oder antizipiert werden, können anhand von strukturierten Interviews mit Vertretern unterschiedlicher Führungsebenen erhoben werden.[846] Ebenso können Weiterbildungsbedarfe und Erwartungen der Teilnehmer sowie die Zustimmung des Vorgesetzten erhoben werden.

---

[841] Vgl. zum Ursprung und den möglichen Methoden zur Ermittlung der kritischen Ereignisse Flanagan (1954).

[842] Vgl. Brinkerhoff, R. O. (1987), S. 63 f.; Dubs, R. (1990), S. 161 sowie für ein konkretes Beispiel Bronner, R./Schröder, W. (1983), S. 103.

[843] Flanagan zeigt ein fünfstufiges, individuell adaptierbares Verfahren zur Ermittlung eines kritischen Ereignisses auf. Vgl. Flanagan (1954), S. 336 ff.

[844] Vgl. Bronner, R./Schröder, W. (1983), S. 104.

[845] Angesprochen sind hier Aspekte der Polarisierung, des Need for Closure, des Groupthink sowie des Information Sampling. Vgl. dazu im Überblick Ruppel, M. K. (2006), S. 136 ff. sowie die dort angegebenen weiterführenden Quellen.

[846] Vgl. Bronner, R./Schröder, W. (1983), S. 98.

- Über eine *Soll-Ist-Analyse* kann sowohl deterministischer als auch katalytischer Weiterbildungsbedarf erhoben werden. Hier können die Defizite einzelner Mitarbeiter durch den Vergleich von vorhandenen und derzeit oder zukünftig benötigten Kompetenzen in verschiedensten Bereichen analysiert und eine Prioritätenliste der am wichtigsten zu behebenden Defizite erstellt werden.[847] Mögliche Ansatzpunkte für einen Soll-Ist-Vergleich bietet die Analyse der Arbeitssituation für die Soll-Anforderungen und die Qualifikations- und Eignungsforschung zur Analyse der Ist-Situation.[848] Hier ist die grundsätzlich Problematik der Arbeitsanalyse und Qualifikation- und Eignungsforschung zu berücksichtigen.[849]

Die *Problemkonsequenzen*, die letztlich ausschlaggebend dafür sind, ob ein Problem einen konkreten Weiterbildungsbedarf entstehen lässt, lassen sich durch ein *performance audit* bzw. eine *Leistungsproblemanalyse* erheben. Hier geht es um die Identifikation von Problemen und die Bestimmung möglicher Lösungen. Im Rahmen der zwei Dimensionen des performance audit, nämlich Verhalten und Ökonomie, wird zum einen untersucht, wie sich eine Person verhält und welche Konsequenzen daraus resultieren, zum anderen wird untersucht, ob das Problem Auswirkungen auf die Unternehmung hat und daher einer Lösung bedarf.[850] Auch hier kann wieder das Instrument des *Fragebogens* oder des *Interviews* verwendet werden, um die notwendigen Inhalte zu erheben. RUMMLER nennt einen Fragenkatalog, der auch bei knappen zeitlichen Ressourcen ausreichend Informationen bietet. Diese beziehen sich auf das gewünschte Arbeitsergebnis der Stelle, Unterschiede zwischen Ist und Soll-Leistung, die Kommunikation mit den Mitarbeitern sowie Konsequenzen aus einem Leistungsverhalten.[851]

Neben den Problemen, Problemkonsequenzen und dem daraus resultierenden Weiterbildungsbedarf sind im Rahmen der Kontextanalyse außerdem die *Ziele* der einzelnen Beteiligten in Bezug auf eine Trainingsmaßnahme zu ermitteln. Konkrete Instrumente zur Zielbestimmung werden in der Literatur nicht hervorgehoben. Sinnvoll erscheint jedoch, diese über Befragungen in Form von *Fragebögen* mit offenen Fragen oder *Interviews* mit den einzelnen Vorgesetzten, Teilnehmern und ggf. anderen Stakeholdern zu erfassen.[852] Thierau wählt diesbezüglich als Vorgehen eine gemeinsame Zielerarbeitung im Rahmen eines *Workshops*.[853]

---

[847] Vgl. Brinkerhoff, R. O. (1987), S. 66.

[848] Vgl. Becker (2010), S. 246 f. Vgl. zu möglichen Instrumenten und Vorgehensweisen in Bezug auf die Arbeitsplatzanalyse im Überblick Berthel, J./Becker, F. G. (2010), S. 236 ff. sowie ausführlich die dort angegebenen Quellen.

[849] Vgl. Berthel, J./Becker, F. G. (2010), S. 236, 250 ff.

[850] Vgl. Brinkerhoff, R. O. (1987), S. 60 ff.

[851] Vgl. zu ausführlicheren Informationen Rummler, G. A. (1976), S. 13 ff.

[852] Vgl. dazu auch das Vorgehen von Häring, K. (2003), S. 155 f.

[853] Vgl. Thierau, H. (1991), S. 143 ff.

Die schlussendliche Vorbereitung der Teilnehmer auf die Ziele einer Trainingsmaßnahme kann, wie bereits oben erläutert, durch den Vorgesetzten oder aber auch die Personalentwicklungs- oder Bildungsabteilung erfolgen. Dieses kann anhand von *Checklisten* oder *Interviewleitfäden* geschehen.[854] Darüber hinaus lassen sich andere teilnehmerspezifische und arbeitsumgebungsspezifische Faktoren in die Bedarfsanalyse integrieren, so dass auf die dort beschriebenen Methoden zurückgegriffen werden kann.

Während die oben genannten Methoden eine formative Evaluation ermöglichen, können summative Evaluationen mit Legitimationsanspruch die im Rahmen der Bedarfsermittlung erhobenen Daten als Sekundärdaten nutzen, um das Vorgehen und die Sinnhaftigkeit des Einsatzes, der Ausgestaltung und der Analyseergebnisse der einzelnen Methoden und Instrumente zu überprüfen. Im Wesentlichen stützt sich die summative Evaluation damit auf die *Sekundäranalyse* erhobener Daten. So betont bspw. STUFFLEBEAM, dass reale den gewünschten Zielen und Möglichkeiten den Problemen gegenüber gestellt werden sollen, um so eine *Abweichungsanalyse* durchzuführen.[855]

5.4.3 Inputevaluation

5.4.3.1 Inhaltliche Gestaltungselemente

Die Inputevaluation bezieht sich auf die konkrete Planung einer arbeitsplatzungebundenen Trainingsmaßnahme. Insgesamt muss sie sich auf die Weiterbildungsstrategie, den Trainer, das Trainingsdesign und das Trainingsumfeld, die didaktischen Instrumente und die Teilnehmer beziehen. Dazu muss erhoben werden, welche Kompetenzen fachlicher, methodischer und sozialer Art beim Teilnehmer vorhanden sind, um daraus die Inhalte des Trainings ableiten zu können.

Aufbauend auf den Zielen sowie den zur Verfügung stehenden Ressourcen muss eine Analyse über die möglichen *Strategien zur Erreichung der gesetzten Ziele* erfolgen.[856] In dem Zusammenhang muss eine Entscheidung erfolgen, ob die Trainingsmaßnahme „inhouse" (in der Unternehmung durch interne oder externe Trainer) oder bei einem externen Anbieter stattfinden soll. Die Machbarkeit der einzelnen Trainingsformen wird durch die Bewertung der dafür notwendigen Ressourcen überprüft.[857] SCHINDLER fügt an, dass die Entscheidung für eine intern oder extern durchgeführte Trainingsmaßnahme von der Anzahl der Teilnehmer, der

---

[854] Vgl. Häring, K. (2003), S. 275.

[855] Vgl. Stufflebeam, D. L. (1972), S. 134.

[856] Vgl. Stufflebeam, D. L. (1972), S. 134 f.

[857] Vgl. Snyder, R. A./Raben, C. S./Farr J. J. (1980), S. 437.

Dringlichkeit einer Maßnahme, der personellen Ressourcensituation in der Personal- oder Bildungsabteilung sowie von einem Kostenvergleich zwischen beiden Veranstaltungsarten abhängt.[858] Bei einem externen Anbieter kann die Qualität über die Analyse von Rechtsform, Wirtschaftslage, Personal, Ausstattung, Standort, Erfahrung und Angebotsbreite abgeleitet werden.[859]

Der *Trainer*, unabhängig ob intern oder extern, sollte bereits früh, also schon im Rahmen der Inputevaluation in den Evaluationsprozess miteinbezogen werden. Der Trainer gestaltet den Lernprozess aktiv mit und sollte deshalb auch eine hohe Transferbereitschaft besitzen. Im Rahmen der Evaluation ist deshalb die Überprüfung der Eignung eines Trainers von entscheidender Bedeutung.[860]

In Abhängigkeit der zur Verfügung gestellten Ressourcen wird im Rahmen der Weiterbildungsplanung auch über das genaue *Trainingsdesign* wie auch die *Trainingstechniken* entschieden. Die Inputevaluation dient dazu, zu überprüfen, inwiefern die Ausgestaltung des Trainings unter Berücksichtigung der Ressourcenrestriktion optimal erfolgt ist. Darüber hinaus muss festgestellt werden, ob die eingesetzten Trainingstechniken auf den Teilnehmerkreis abgestimmt sind und ob mittels der eingesetzten Lehrmethoden die gesetzten Ziele erreicht werden können, ob der Zeitplan realistisch ist und die Dauer der Maßnahme angemessen.[861] Das Training selbst sollte so praxisnah wie möglich gestaltet werden und sich so weit wie möglich auf die konkrete Arbeitssituation der Teilnehmer beziehen.[862] Grundsätzlich sollte das Trainingsdesign transferförderlich gestaltet sein, da sonst die Grundlage für die Transferierung des Erlernten ins Arbeitsfeld fehlt. Die Gestaltung des Trainingsdesigns sollte dabei konzeptionell und methodisch auf die zu vermittelnden Kompetenzen abgestimmt sein und einen praktischen Bezug zum Funktionsfeld des Teilnehmers aufweisen.[863] Über dies gilt es, das Umfeld, in welcher die Maßnahme stattfindet, zu bestimmen. Je nach Maßnahme und Inhalt des Trainings können hier unterschiedliche Aspekte wichtig sein. In jedem Fall müssen die Anzahl und die Größe der Räume dem Teilnehmerkreis entsprechen und auf das Trainingsdesign und die didaktischen Ansprüche hin ausgerichtet sein. Darüber hinaus muss der Zeitplan für die Maßnahme auf die Teilnehmer- und Unternehmensgegebenheiten hin abgestimmt sein sowie die Kosten im Verhältnis zur jeweiligen Maßnahme stehen.[864]

---

[858] Vgl. Schindler, K. (1979), S. 33 f.

[859] Vgl. Faulstich, P. (1998), S. 213.

[860] Vgl. Häring, K. (2003), S. 273; vgl. auch Klusen, N. (1975), S. 114 ff.

[861] Vgl. Warr, P./Bird, M./Rackham, N. (1971), S. 16; vgl. Brinkerhoff, R. O. (1987), S. 14 ff.; vgl. Easterby-Smith, M. (1986), S. 49.

[862] Vgl. Häring, K. (2003), S. 273.

[863] Vgl. mit einem Überblick über Studien die diesem Umstand belegen Holton III (1996), S. 14 f.

[864] Vgl. Hölterhoff, H./Jeserich, W./Becker, M. L. (1986), S. 199 ff.

Auch muss die Zusammensetzung der *Teilnehmer* und deren „Lernvergangenheit" berücksichtigt werden, um eine geeignete Sequenzierung und Strukturierung der Trainingsmaßnahme und damit ein optimales Trainingsdesign bestimmen zu können. Je nach Teilnehmerstruktur und Ziel der Maßnahme müssen auch die didaktischen Mittel auf den Teilnehmerkreis und die entsprechende Veranstaltung hin abgestimmt werden. Hier muss die Stimmigkeit überprüft werden.[865] BRONNER/SCHRÖDER fügen noch hinzu, dass die Inputevaluation Aufschluss darüber geben sollte, ob die Teilnehmer einer Maßnahme angemessen auf selbige vorbereitet und über die Ziele informiert wurden.[866] HOLTON III macht überdies deutlich, dass auch die Motivation der Teilnehmer erfasst werden sollte, da diese einen entscheidenden Einfluss auf den späteren Lern- und Transfererfolg einer Maßnahme hat.[867] So belegt die Studie von HICKS/KLIMOSKI, dass die Motivation, an einer Maßnahme teilzunehmen, und der Lernerfolg aus einer Maßnahme höher sind, wenn die Teilnehmer selbst über eine Teilnahme am Training entscheiden können.[868] Zudem nehmen die Lernmotivation und auch der Lernerfolg mit der wahrgenommenen Bedeutung der Trainingsinhalte für den einzelnen Teilnehmer zu.[869] Wichtig in dem Zusammenhang ist auch die Selbstwirksamkeitserwartung des Teilnehmers. Die Selbstwirksamkeitserwartung beschreibt die Überzeugung eines Teilnehmers, Gelerntes erfolgreich im Arbeitsfeld umsetzen zu können.[870]

Daneben spielt auch die Einstellung zur Unternehmung und zum Job eine entscheidende Rolle. So konnten NOE/SCHMITT einen signifikanten Zusammenhang zwischen Jobidentifikation und Lernen feststellen, TANNENBAUM/MATHIEU/SALAS ET AL. fanden heraus, dass Mitarbeiter mit einem hohen Commitment in Bezug auf ihre Arbeit bessere Trainingsleistungen erreichen. Weitere Einflussfaktoren liegen in der Persönlichkeit und den Fähigkeiten einer Person begründet. So haben bestimmte Persönlichkeitsfaktoren klassischerweise eingeteilt in die „Big Five"[871] Einfluss auf die Lernmotivation und den Lernerfolg. Eine weitere, in der Evaluation bislang vernachlässigte Rolle spielen zudem die kognitiven Fähigkeiten einer Person. Solange eine heterogene Teilnehmergruppe (gleiches Arbeitsfeld, vergleichbarer Bildungsabschluss) vorliegt, kann der Einfluss vernachlässigt werden. Berücksichtigung sollte dieser

[865] Vgl. Hölterhoff, H./Jeserich, W./Becker, M. L. (1986), S. 199 ff.

[866] Vgl. Bronner, R. (1983), S. 161 ff.

[867] Vgl. Holton III (1996), S. 11 f.

[868] Vgl. Hicks, W. D./Klimoski, R. J. (1987), S. 548 f.; vgl. auch Baldwin, T. T./Magjuka, R. J./Loher, B. T. (1991), S. 61 ff.

[869] Vgl. dazu die Studien von Hicks, W. D./Klimoski, R. J. (1987) sowie Tannenbaum, S. I./Mathieu, J. E./Salas, E., et al. (1991).

[870] Vgl. Rank, B./Wakenhut, R. (1998), S. 27; vgl. auch Solga, M. (2005), S. 279. Der positive Einfluss der Selbstwirksamkeit auf die Trainingsleistung wurde durch mehrere Studien belegt. Vgl. auch Tannenbaum, S. I./Salas, E./Cannon-Bowers, J. A. (1991), S. 759.

[871] Unter die Big Five fallen die Extroversion, Offenheit für Erfahrungen, Neurotizismus, Zustimmung und Gewissenhaftigkeit, vgl. Holton III (1996), S. 12.

aber bei sehr heterogenen Gruppen finden, da die individuellen Fähigkeiten das Trainingsergebnis maßgeblich beeinflussen können.[872]

Auch die Inputevaluation gestaltet sich je nach Entscheidung für eine summative oder eine formative Evaluation unterschiedlich. Erst genannte weist wie bei der Kontextevaluation starke Überschneidungen zur Weiterbildungsplanung auf, da auch hier synchron ermittelt wird, ob eine Entscheidung im Hinblick auf einen optimalen Verlauf einer Maßnahme sinnvoll ist oder verändert werden muss.

Die summative Evaluation dient hingegen der Erhebung der vorgenommenen Planungsentscheidungen und deren anschließender Bewertung. Hier geht es darum, die Adäquanz der gewählten Strategie, des Designs und der Gründe für die Wahl im Vergleich zu anderen Alternativen zu belegen.[873]

5.4.3.2 Methodische Gestaltungselemente

Wurde im Rahmen der Bedarfsanalyse ein Weiterbildungsbedarf festgestellt, so gilt es im Rahmen der *Evaluation der Weiterbildungsstrategie* zu überprüfen, ob der Bedarf ein Training rechtfertigt, d. h. ob die Kosten eines Trainings angemessen erscheinen oder ob der Erwerb der notwendigen Kompetenzen auf anderem Wege besser erreicht werde kann. Dies kann über eine *Kostenanalyse* erfolgen. Hierbei werden zunächst der konkrete Trainingsbedarf festgestellt und die Kosten für das Training bzw. die Trainings eingeschätzt. Anschließend kann eine Entscheidung darüber getroffen werden, ob das Training durchgeführt wird oder ob bei multiplem Trainingsbedarf eine Priorisierung nach der jeweiligen Notwendigkeit und eine Auswahl des oder der wichtigsten Trainings erfolgt.[874]

Die *Eignung eines Trainers* lässt sich durch *Probetrainings* oder den Erfahrungsaustausch mit anderen Personalentwicklern herausfinden.[875]

Der konkrete *Inhalt eines Trainings* kann in Zusammenarbeit zwischen Trainer und Trainees festgelegt werden. So wird eine hohe Akzeptanz des Trainings bereits im Vorfeld der Maßnahme gesichert. Hierzu bietet sich die *„nominal group technique“* an. Dabei schreiben die Beteiligten einer Maßnahme (alle Stakeholder) die von ihnen gewünschten Trainingsinhalte auf, anschließend müssen diese präsentiert werden. Im ersten Schritt werden hier alle Ideen aufgenommen und keine abgelehnt. Erst wenn alle Ideen vorliegen, kann über eine Bewertung

[872] Vgl. Holton III (1996), S. 12.

[873] Vgl. Stufflebeam, D. L./Shinkfield, A. J. (1988), S. 164.

[874] Vgl. Brinkerhoff, R. O. (1987), S. 65 f.

[875] Vgl. Häring, K. (2003), S. 273.

der Ideen eine Priorisierung der wichtigsten Inhalte erfolgen. Ist ein Zusammentreffen der einzelnen Trainingsteilnehmer nicht möglich, kann die Erhebung auch über *Interviews* oder *Fragebögen* erfolgen.[876]

Das *Trainingsdesign* bzw. das konkrete *Trainingskonzept* kann über so genannte „*Advocate Teams*" entwickelt werden. Dabei erarbeiten konkurrierende Teams parallel zueinander ein Trainingsdesign. Bei off-the-job Trainings können hier z. B. unterschiedliche Trainingsanbieter oder Trainer gebeten werden, Konzepte vorzulegen. Diese können anschließend bewertet und das Beste ausgewählt werden. Für die Beurteilung der Konzepte bieten sich „*group* oder *panel reviews*" an. Die Gruppen oder Panel bestehen aus unterschiedlichen Teilnehmern oder auch Experten, welche miteinander über die vorliegenden Konzepte diskutieren. Dies führt dazu, dass ein Nachdenken über das Trainingsdesign und ein Austausch der Gedanken erfolgen, so dass die Entscheidung gut begründet getroffen werden kann.[877] Auch hier besteht die Möglichkeit, den Personen, die über das Training entscheiden sollen, eine *Checkliste* über die Trainingskonzeption vorzulegen, zu der die Personen ihre Meinung äußern können.[878]

Im Idealfall kann eine *Pilotstudie* erfolgen, in der das Training vorab mit den Trainees geprobt wird, um so Feedback zu erhalten.[879] Dies erscheint jedoch wegen der Ressourcenbegrenzung der Unternehmungen nicht umsetzbar zu sein. Zudem ist es unwahrscheinlich, dass sich Teilnehmer, die selbst Zeitrestriktionen unterliegen, auf einen solchen Test einlassen.[880]

5.4.4 Prozessevaluation

5.4.4.1 Inhaltliche Gestaltungselemente

Die Prozessevaluation bezieht sich auf den konkreten *Ablauf eines Trainings*, sprich die Durchführung der Maßnahme. Hier geht es darum, dass in der Planungsphase eines Personalentwicklungsprozesses entwickelte *Curriculum* zu einer Maßnahme sowie davon unabhängige *gruppenbezogene Aktivitäten während des Trainingsprozesses* zu analysieren. Grundgedanke der Prozessevaluation ist, dass ex ante nicht alle Variablen abgeschätzt werden können, so dass hier mit unbeabsichtigten Einflüssen, die den Programmverlauf beeinflussen, gerechnet werden muss.[881] Fokus der Prozessevaluation ist dabei die Fragestellung, ob der Ablauf der Maßnahme wie geplant funktioniert oder ob es Abweichungen gibt. In Bezug auf das Curricu-

---

[876] Vgl. Brinkerhoff, R. O. (1987), S. 66 ff.

[877] Vgl. Brinkerhoff, R. O. (1987), S. 66.

[878] Vgl. Brinkerhoff, R. O. (1987), S. 91.

[879] Vgl. Brinkerhoff, R. O. (1987), S. 93.

[880] Vgl. Rosenstiel, L. v. (2003), S. 163.

[881] Vgl. Stufflebeam, D. L. (1972), S. 135 f.

lum sollten die Organisation der Maßnahme, die Technik, die zur Verfügung steht, das Personal sowie die Didaktik überprüft werden.[882] Innerhalb der Aspekte sollte sich die Evaluation auf folgende Gestaltungselemente beziehen:

- Im Rahmen der *Organisation* sollen die Systematik der Veranstaltung, die Ausführlichkeit, die Planmäßigkeit, die Koordination einzelner Veranstaltungsteile sowie der Teilnehmer-Erfahrungsbezug evaluiert werden. Laut FAULSTICH sollte untersucht werden, ob ein Ablaufplan für das Training existiert, einzelne Veranstaltungsteile aufeinander abgestimmt sind, Teilnehmererfahrungen berücksichtigt werden und Flexibilität in Bezug auf die Veränderung des Ablaufs besteht.[883]

- In Bezug auf die *Technik*, die im Zusammenhang mit der Maßnahme eingesetzt wird sind deren Wert und Alter sowie der Zustand der Einrichtung, in der die Maßnahme stattfindet sowie deren Räume und Arbeitsmittel zu erheben. Erhoben werden kann in dem Zusammenhang der generelle Zustand der Räume und der Einrichtung, die Anzahl der Unterrichts- und Übungsräume, die Geräteausstattung und deren Aktualität sowie das Vorhandensein von Kursunterlagen.[884]

- Hinsichtlich des *Personals* sind die Teilnehmer-Dozenten-Relation sowie die fachliche und andragogische Kompetenz des Trainers zu untersuchen. Mögliche Untersuchungsaspekte sind die Ausbildung und die Erfahrung des Trainers sowie die Anzahl der Teilnehmer pro Kurs.[885]

- Die *Didaktik* stellt einen zentralen Faktor innerhalb einer Maßnahme dar. Evaluationsmöglichkeiten bestehen in Bezug auf die Teilnehmer-, Interessens-, Problem- und Handlungsorientierung. Mit Blick auf die Teilnehmer kann erhoben werden, ob die Teilnehmervoraussetzungen und deren Erwartungen bekannt sind und im Rahmen des Trainings berücksichtigt werden, und ob die Teilnehmer den Aufbau und Ablauf des Trainings mitgestalten können. In Bezug auf die Interessensorientierung kann ein Fokus darauf gelegt werden, ob die Lehrziele und die zu vermittelnden Kompetenzen deutlich gemacht werden und ob ein selbständiges Lernen intendiert ist. Hinsichtlich der Problemorientierung kann eruiert werden, ob ein Zusammenhang zwischen den Trainingsinhalten und den Arbeitsaufgaben der Teilnehmer besteht und somit ein anwendungsorientiertes Lernen stattfindet. Handlungsorientierte Untersuchungsfokusse

[882] Vgl. Faulstich, P. (1998), S. 214 ff.

[883] Vgl. Faulstich, P. (1998), S. 216.

[884] Vgl. Faulstich, P. (1998), S. 216.

[885] Vgl. Faulstich, P. (1998), S. 216.

können auf die eingesetzten didaktischen Methoden gelegt werden. In dem Zusammenhang kann reflektiert werden, inwiefern Möglichkeiten zum selbständigen Arbeiten bestehen, unterschiedliche Lernstile oder -geschwindigkeiten berücksichtigt werden sowie anhand welcher Kriterien der Lernerfolg bewertet wird.[886]

Darüber hinaus sind Ereignisse zu erheben, die im Vorfeld nicht geplant waren und dennoch stattgefunden haben. Hinsichtlich der *gruppenbezogenen Aktivitäten* sind die Gruppeninteraktionen und etwaige Konflikte von Bedeutung, da sie einen entscheidenden Einfluss darauf haben, ob eine Maßnahme gelingt oder nicht.[887]

Gerade bei der Prozessevaluation spielt die *Wahl des Evaluators* eine besondere Rolle. Hier ist genau zu überlegen, ob der Trainer selbst die Evaluation durchführen soll, oder ob ein externer Evaluator während des Prozesses anwesend sein soll.[888] Bei der Wahl eines externen Evaluators könnte hier der Hawthorne-Effekt eine besondere Schwierigkeit darstellen.[889]

Eine Differenzierung zwischen einer summativen oder formativen Prozessevaluation ist vom Aufbau und der Dauer einer Maßnahme abhängig. Bei in sich geschlossenen Maßnahmen von kurzer Dauer ist eine formative Evaluation mit einhergehender Optimierung während der Maßnahme nur begrenzt möglich. Anders ist dies bei länger andauernden Maßnahmen, die sich über mehrere Tage, Wochen oder Monate erstrecken. Hier ist es möglich, den Prozess jeweils nach einer stattfindenden Einheit zu analysieren und darauf aufbauend Veränderungen für nachfolgende Termine vorzunehmen.[890] Bei kürzeren Trainingsmaßnahmen hingegen ist eher ein summatives Vorgehen in der Form möglich, dass der Prozess, Abweichungen und andere Interaktionen dokumentiert werden.[891]

5.4.4.2 Methodische Gestaltungselemente

Auch die Prozessevaluation weist methodisch viele Möglichkeiten auf. Dabei ist zu berücksichtigen, dass die Erkenntnisse, die durch die nachfolgend beschriebenen Methoden gewonnen werden können, sowohl in formativer Weise zur direkten Beeinflussung und Veränderung eines Trainings genutzt werden können als auch in einem summativen Sinne zu einer nachträglichen Analyse des Trainingsprozesses.

---

[886] Vgl. zu den Fragen im Folgenden Faulstich, P. (1998), S. 216.

[887] Vgl. Easterby-Smith, M. (1986), S. 50 f.; vgl. Brinkerhoff, R. O. (1987), S. 14 ff.

[888] Vgl. Abschnitt 5.3.1.

[889] Vgl. Abschnitt 3.3.4.

[890] Vgl. Abschnitt 5.3.3.

[891] Vgl. Snyder, R. A./Raben, C. S./Farr J. J. (1980), S. 437 ff.; vgl. Stufflebeam, D. L. (1972), S. 135 f.

Ein wesentliches methodisches Element der Prozessevaluation zur Überprüfung des Curriculums stellt die *Befragung* dar. Grundsätzlich besteht in dem Zusammenhang die Frage, ob alle Teilnehmer befragt werden sollen oder nur ausgewählte. Ist die Anzahl der Trainingsteilnehmer sehr hoch, kann sich die Befragung auf so genannte Schlüsselteilnehmer begrenzen. Schlüsselteilnehmer erhalten ihre Position entweder aufgrund ihrer formalen Stellung oder weil sie informell als Führer gewählt werden. Aufgrund der geringen Anzahl von Befragten kann dies ein ökonomisch sinnvoller Weg sein, den Evaluationsaufwand zu verringern.[892]

Im Rahmen der Evaluation bietet es sich deshalb an, während der Maßnahme so genannte *Reviews* oder *Feedbacks* über den Ablauf des Trainings einzuholen.[893] Eine Möglichkeit der Erhebung dafür bieten *Interviews* oder *Fragebögen.*[894]

Die Befragungen können sich auf alle Aspekte des Curriculums einer Maßnahme beziehen. HÄRING plädiert in dem Zusammenhang dafür, den Umfang der Fragen gering zu halten und lediglich Fragen zum Trainer, den Inhalten, der Organisation der Maßnahme sowie zu den Rahmenbedingungen einzuholen. Empfohlen wird, den Fragebogen direkt nach der Maßnahme auszuhändigen und ein bis zwei Wochen danach einzufordern, so dass den Teilnehmern Zeit zur Reflexion der Inhalte eingeräumt wird. Nachteilig erscheint daran, dass möglicherweise keine einhundert-prozentige Rücklaufquote erreicht werden kann. Jedoch kann davon ausgegangen werden, dass bei Teilnehmern, die frühzeitig für die Bedeutung der Evaluation und ihre Mitwirkung sensibilisiert wurden, die Bereitschaft zur Beantwortung hoch ist.[895]

In der Literatur nicht benannt, aber aufgrund der Eigenschaften durchaus denkbar ist auch der Einsatz der *Methode der kritischen Ereignisse* im Rahmen der Prozessevaluation. So kann durch eine Befragung der Teilnehmer erhoben werden, welche Elemente des Curriculums als besonders gut oder als besonders schlecht empfunden wurden. Ebenso könnte hier eine Selbsteinschätzung des Trainers Aufschluss über die kritischen Elemente im Training geben.
Auch im Rahmen der Prozessevaluation besitzt die Methode der *Beobachtung* eine große Bedeutung. Sie spielt gerade in Bezug auf die gruppenbezogenen Aktivitäten eine entscheidende Rolle. So können bspw. Verhaltensänderungen der Teilnehmer durch *Beobachtung* und ein *Beobachtungsrating* festgestellt werden. Dabei wird das Verhalten der Trainingsteilnehmer während einer Maßnahme beobachtet und anhand von vorab festgelegten Skalen bewertet. Ebenso können *Transaktionsanalysen* Aufschluss über das Verhalten von Personen geben. Als Transaktion wird dabei jede Interaktion zwischen zwei Personen bezeichnet. Analysiert

[892] Vgl. Brinkerhoff, R. O. (1987), S. 110 f.

[893] Vgl. Häring, K. (2003), S. 274.

[894] Vgl. Brinkerhoff, R. O. (1987), S. 110.

[895] Vgl. Häring, K. (2003), S. 275.

wird, wie eine Person auf die Stimuli ihres Gegenübers reagiert.[896] Ein sehr umfassendes Instrument legt BALES mit der Methode der *Interaktionsanalyse* vor. Hier wird anhand von zwölf typischen Verhaltensweisen versucht, die natürliche Kommunikation innerhalb einer Gruppe zu erfassen. Unterschieden wird hier in sozio-emotionale Interaktionen und aufgabenbezogene Interaktionen. Für die Durchführung der Interaktionsanalyse nach BALES werden jedoch geschulte Beobachter benötigt, und sie ist nicht für großräumige Beobachtungen geeignet.[897]

Zur Ermittlung der Gruppenprozesse kann zudem ein *Soziogramm* erstellt werden. Hierbei wird bspw. jedem Teilnehmer eine Liste mit den Namen aller Teilnehmer vorgelegt und er gebeten, die Teilnehmer zu benennen, von denen er selbst am stärksten im Denken beeinflusst worden ist. Aus den Ergebnissen lässt sich ein Soziogramm zu den Meinungsführern erstellen. Soziogramme können ein interessantes Instrument bei der späteren Beurteilung des Lernerfolgs darstellen. Auf Basis von durchgeführten Evaluationsstudien lässt sich feststellen, dass diejenigen, die am meisten Einfluss auf die Gruppenmitglieder ausüben selbst am wenigsten lernen.[898]

5.4.5 Outputevaluation

5.4.5.1 Reaktion

5.4.5.1.1 Inhaltliche Gestaltungselemente

Der Stellenwert der Reaktionsevaluation zur Ableitung von Aussagen über den Erfolg von Trainings wird in der Literatur unterschiedlich gesehen. LIEBERMANN/HOFFMANN schreiben der Zufriedenheit einen stark signifikanten Einfluss auf den Transfer des Erlernten zu.[899] WARR/BIRD/RACKHAM machen jedoch deutlich: „(…) relying entirely on reaction measures would be unwise.“[900] MARTENS fügt hinzu, dass die Evaluation der Reaktion auf ein Training insbesondere großen Wert für den Trainer haben. [901] Er resümiert jedoch in Einklang mit den anderen Autoren: „Falsch wäre jedoch, den Erfolg des Seminars damit messen zu wollen.“ ,[902] und unterstreicht noch einmal die Möglichkeit eines negativen Zusammenhangs zwischen

---

[896] Vgl. Brinkerhoff, R. O. (1987), S. 110 ff.

[897] Vgl. Bales, R. F. (1950). Die zwölf Verhaltenskategorien sind Solidarität, Entspanntheit, Zustimmung, Antagonismus, Spannung, Ablehnung (sozio-emotionales Verhalten), Vorschläge, Meinungen, Informationen (jeweils bezogen auf aufgabenbezogenes Antworten und Fragen). Vgl. zur kritischen Auseinandersetzung mit dem Instrument Bronner, R./Schröder, W. (1983), S. 200 f.

[898] Vgl. Bronner, R./Schröder, W. (1983), S. 205 ff; sowie Hamblin, A. C. (1974), S. 82.

[899] Vgl. Liebermann, S./Hoffmann, S. (2008), S. 81.

[900] Vgl. Warr, P./Bird, M./Rackham, N. (1971), S. 82.

[901] Vgl. Martens, J.-U. (1987), S. 96.

[902] Martens, J.-U. (1987), S. 96.

Reaktion und Lernerfolg.[903] HAMBLIN ergänzt, dass die Zufriedenheitsmessung als einziger Evaluationsgegenstand allein bei Trainingsmaßnahmen, die als Incentive angesehen werden, sinnvoll erscheint.[904]

SCHWUCHOW weist jedoch treffend darauf hin, dass vor allem die Verbindung der Zufriedenheit der Teilnehmer mit der Akzeptanz der Trainingsmaßnahme durch das betriebliche Umfeld einen entscheidenden Erfolgsfaktor darstellt. Für ihn ist diese Verknüpfung deshalb von herausragender Bedeutung, da die Zufriedenheit für ihn gleichzusetzen ist mit der individuellen Motivation Gelerntes auch anzuwenden, was wiederum nur gelingen kann, wenn die Rahmenbedingungen dies unterstützen.[905]

Wie deutlich wird, ist die alleinige Erhebung der Zufriedenheit für die Bewertung einer Weiterbildungsmaßnahme kritisch zu sehen. Auch ALLIGER/TANNENBAUM/BENNETT ET AL. messen der rein affektiven Bewertung einer Maßnahme nur eine geringe Aussagekraft für den Transfererfolg zu und schlagen deshalb vor, die Teilnehmer den Nutzen eines Trainings einschätzen zu lassen. Nutzenbewertungen geben den Teilnehmern die Möglichkeit einzuschätzen, inwiefern die gelernten Inhalte für ihre individuelle Tätigkeit relevant sind. ALLIGER/TANNENBAUM/BENNETT ET AL. nennen als Möglichkeit, die Evaluation der Reaktion in die Erhebung eines emotionalen Feedbacks (affektive Reaktion) und die Bewertung des Nutzens einer Trainingsmaßnahme zu unterteilen.[906]

Die Erhebung der *affektiven Reaktion* der Teilnehmer bezieht sich dabei auf ihre Zufriedenheit mit dem Seminar allgemein oder dem Trainer.[907] Hier geht es um die formellen und informellen Reaktionen der Teilnehmer.[908] Wie bereits in der Kontextevaluation aufgezeigt, ist es hier von Bedeutung, dass Klarheit darüber herrscht, welche Reaktion erzielt werden soll und anhand welcher Kriterien sie bewertet wird.[909] Die Erhebung der affektiven Reaktionen der Teilnehmer ist vor allem deshalb von Bedeutung, da die Zufriedenheit mit einer Maßnahme Auswirkungen auf die spätere Teilnahmebereitschaft der Betroffenen an anderen Seminaren oder aber auf die Mundpropaganda über das evaluierte Seminar hat, was wiederum wichtig ist, wenn dieses auch für andere Teilnehmer aus der Unternehmung angeboten werden soll.[910]

---

903 Vgl. Martens, J.-U. (1987), S. 96.

904 Vgl. Hamblin, A. C. (1974), S. 17.

905 Schwuchow, K. (1992), S. 126.

906 Vgl. Alliger, G. M./Tannenbaum, S. I./Bennett, W., et al. (1997), S. 344.

907 Vgl. Kirkpatrick, D. L. (1987), S. 295 ff.

908 Vgl. Warr, P./Bird, M./Rackham, N. (1971), S. 19 f.

909 Vgl. Abschnitt 5.4.2; vgl. auch Hamblin, A. C. (1974), S. 16.

910 Vgl. Alliger, G. M./Tannenbaum, S. I./Bennett, W., et al. (1997), S. 344.

Im Hinblick auf die *Nutzenbewertung* einer Maßnahme sollte die Evaluation Aufschluss darüber geben, inwiefern dem Training ein Einfluss auf die spätere Arbeitsleistung zugesprochen wird, inwiefern ein Praxisbezug vorliegt und ob dieser für den Teilnehmer persönlich relevant ist.[911] Die Nutzenbewertung ist laut ALLIGER/TANNENBAUM/BENNETT ET. AL als besserer Prädiktor für den potenziellen Transfer zu sehen als das Ausmaß der affektiven Reaktion und sollte deshalb auch getrennt von letzterer erhoben werden.[912]

WARR/BUNCE schlagen darüber hinaus noch vor, die *Schwierigkeit* eines Trainings getrennt von beiden Kategorien abzufragen. Die Schwierigkeit eines Trainings korrespondiert laut WARR/BUNCE leicht negativ mit dem unmittelbaren Lernerfolg.[913] So sind Teilnehmer, die das Training als zu schwer empfinden, ihrer Erkenntnis nach weniger in der Lage, neues Wissen und Fähigkeiten aufzunehmen.[914]

Die Evaluation der Reaktionsebene kann nur summativ erfolgen, da die Erhebung der Reaktionen, Nutzenerwartungen und empfundener Schwierigkeit nur direkt im Anschluss einer Maßnahme erfolgen kann. Hier hat der Evaluator keinen Einfluss auf Veränderungen. Er kann lediglich auf Basis der Erkenntnisse Modifikationen hinsichtlich der gesetzten Lernziele oder aber bei mehrphasigen Trainingsmaßnahmen im Bereich der Inputevaluation vornehmen.

Im Rahmen der Reaktionsevaluation können den Teilnehmern demnach Fragen nach der Erfüllung ihrer eigenen Erwartungen und Berücksichtigung der eigenen Interessen, dem Interessantheitsgrad der Inhalte und des Trainings sowie dem antizipierten Nutzen für die eigene Arbeit sowie darüber hinaus nach den Kontextfaktoren wie Räumen, Ausstattung und Essen gestellt werden. Ferner sollte die Möglichkeit bestehen, die Schwierigkeit des Trainings einschätzen und Verbesserungsvorschläge formulieren zu können.[915]

5.4.5.1.2 Methodische Gestaltungselemente

Die Evaluation der Reaktion auf eine Trainingsmaßnahme ist unabhängig von der Art der Maßnahme und gestaltet sich funktionsübergreifend gleich. Somit wird an dieser Stelle auf eine Unterscheidung hinsichtlich der zugrundeliegenden Evaluationsfunktion und der zu evaluierenden Maßnahme verzichtet.

---

[911] Vgl. Alliger, G. M./Tannenbaum, S. I./Bennett, W., et al. (1997), S. 344.

[912] Vgl. Alliger, G. M./Tannenbaum, S. I./Bennett, W., JR., et al. (1997), S. 353.

[913] Vgl. Abschnitt 5.4.5.2.1.

[914] Vgl. Warr, P./Bunce, D. (1995), S. 353.

[915] Vgl. Kirkpatrick, D. L. (1996), S. 297 ff.

Als wesentliche Methode zur Erhebung der Reaktion auf ein Training dienen *Befragungen*. Dabei sind sowohl mündliche wie schriftliche Befragungen möglich.

- Mündliche Befragungen können in Form eines *Blitzlichts* (abschließende mündliche Bewertung des Trainings durch den Teilnehmer), durch *Partnerinterviews* oder durch eine so genannte *Manöverkritik* erfolgen.[916] Letztere kann im Rahmen einer Gruppendiskussion erfolgen. Um eine hohe Glaubwürdigkeit, Konfirmierbarkeit und Nachvollziehbarkeit zu erreichen, sollten, wenn möglich, Weiterbildungsverantwortliche und Auftraggeber hinzu gezogen werden, um sich selbst ein Bild zu verschaffen. Ist dies ressourcenbedingt nicht möglich, so sollte der Trainer eine schriftliche Zusammenfassung der Diskussion anfertigen.[917] Generell sollte auf ein strukturiertes Vorgehen geachtet werden. Gerade bei der mündlichen Reaktionsevaluation zeigt sich in der Praxis häufig ein unsystematisches Vorgehen. Im Optimalfall kann eine Beobachtung oder Befragung durch unabhängige Dritte durchgeführt werden. Da dies jedoch sehr kostenintensiv ist, empfiehlt es sich nur für solche Maßnahmen, bei denen ein solches Vorgehens vom Aufwand her gerechtfertigt erscheint. Ist ein strukturiertes Vorgehen bei einer mündlichen Befragung aufgrund von Ressourcenrestriktionen nicht realisierbar, sollte auf schriftliche Erhebungsverfahren zurückgegriffen werden.[918]

- Eine weitere mündliche Befragungsmöglichkeit besteht im Rahmen von *Follow-up Veranstaltungen*. Diese finden einige Zeit nach Abschluss des Trainings statt und können Fragen zum Ablauf des Trainings, zur Zufriedenheit und auch zum Anwendungserfolg beinhalten. Der Vorteil einer Erhebung im Rahmen von Follow-ups ist, dass die Reaktion auf eine Maßnahme nach einiger Zeit anders ausfällt als direkt im Anschluss an eine Maßnahme, da die Teilnehmer die Möglichkeit besitzen, die Maßnahme für sich zu reflektieren.[919]

- Eine weitere Möglichkeit ist die Erstellung von *Stimmungsbarometern* (Polaritätsprofilen). Die Bewertung erfolgt anhand von begrifflichen Gegensatzpaaren und kann in Form eines Fragebogens ausgeteilt werden, welcher individuell und anonym von jedem Teilnehmer separat ausgefüllt wird, oder aber sie kann öffentlich an einer Pinnwand oder einem Flipchart erstellt werden. Das Stimmungsbarometer stellt eine objektive Bewertung der Stimmung in der Gruppe für den Trainer dar. Sinnvoll ist die formative Erhebung während einer Maßnahme.[920]

---

[916] Vgl. Martens, J.-U. (1987), S. 96.

[917] Vgl. Häring, K. (2003), S. 276.

[918] Vgl. Häring, K. (2003), S. 276.

[919] Vgl. Brinkerhoff, R. O. (1987), S. 111.

[920] Vgl. Martens, J.-U. (1987), S. 96.

- KIRKPATRICK/KIRKPATRICK schlagen bei der Messung der Reaktion so genannte *„happiness sheets“* vor. Hiermit sind *Fragebögen* beschrieben, die im Wesentlichen geschlossene Fragen und einen offenen Antwortkomplex für zusätzliche Anmerkungen beinhalten.[921] Allerdings ist die Nutzung von „happiness sheets“ wie die inhaltliche Auseinandersetzung im vorangegangenen Abschnitt zeigt nur eingeschränkt zu empfehlen.

- Darüber hinaus können *Fokusgruppen* ein sinnvolles Instrument zur Reaktionsevaluation darstellen. Fokusgruppen bieten sich insbesondere bei kleineren Gruppen an und haben zum Ziel, dass die subjektiven Aussagen und Meinungen aller Gruppenmitglieder zu einer Gruppenaussage aggregiert werden. Der Vorteil wird darin gesehen, dass mehrere, aggregierte Aussagen eine bessere Qualität haben als einzelne. Die Evaluationsmethode muss jedoch von Beteiligten und insbesondere Auftraggebern unterstützt werden und benötigt einen erfahrenen Trainer, welcher die Fähigkeit besitzt eine angenehme Gruppenatmosphäre zu schaffen und ggf. mit dominanten Äußerungen einzelner Teilnehmer umzugehen.[922]

Alle diese genannten Methoden bieten sich an, um sowohl die *affektive Reaktion* als auch die *Nutzenerwartung* der Teilnehmer sowie die empfundene *Schwierigkeit* zu erheben.

5.4.5.2 Lernen

5.4.5.2.1 Inhaltliche Gestaltungselemente

Der Lernerfolg korrespondiert mit den bereits in der Kontextevaluation gesetzten unmittelbaren Zielen.[923]

Grundsätzlich lässt sich das Lernen in verschiedene Kategorien unterscheiden. EASTERBY-SMITH unterscheidet in dem Zusammenhang in so genanntes quantitatives Lernen und qualitatives Lernen.[924] Andere Autoren unterteilen den Lernerfolg in Wissen, Fähigkeiten und Fertigkeiten sowie Einstellungen,[925] oder aber in das kognitive Lernergebnis, das fähig- und fertigkeitsorientiere Lernergebnis sowie in das affektive Lernergebnis.[926]

---

921 Vgl. Kirkpatrick, D. L./Kirkpatrick, J. D. (2008), S. 27; vgl. Kirkpatrick, D. L. (1996); S. 296.

922 Vgl. Phillips, J. J./Schirmer, F. C. (2008), S. 67 f.

923 Vgl. Abschnitt 5.4.2.1 sowie Brinkerhoff, R. O. (1987), S. 114.

924 Vgl. Easterby-Smith (1986), S. 53.

925 Vgl. bspw. Warr, P./Bird, M./Rackham, N. (1971), S. 18 f.; vgl. Brinkerhoff, R. O. (1987), S. 113.

926 Vgl. Kraiger, K./Ford, J. K./Salas, E. (1993), S. 313 ff.

In Anlehnung an den Bezug dieser Arbeit auf verschiedene Kompetenzen lassen sich quantitatives Lernen, Wissen und das kognitive Lernergebnis den Fachkompetenzen zuordnen, das qualitative Lernen oder Fähigkeiten und Fertigkeiten den Methoden- und Sozialkompetenzen. Einstellungen oder das affektive Lernergebnis werden als Bestandteil der Sozialkompetenzen gesehen.[927]

Innerhalb der Fachkompetenzen ist vor allem das deklarative Wissen von Bedeutung für Trainings. Deklaratives Wissen umfasst explizites, bewusstes, verbal wiedergebbares Wissen in Bezug auf einen Sachverhalt. Dies wird von KRAIGER/FORD/SALAS als notwendige, wenngleich nicht hinreichende Voraussetzung für den Erwerb weiterer Fähigkeiten und Fertigkeiten gesehen.[928] Das Wissen über eine Fertigkeit und das Ausführen derselben muss jedoch erst zusammengestellt werden (Compilation), damit der Prozess automatisiert erfolgen kann. Im Rahmen der Compilation ist es Trainees möglich, die Anwendungsmöglichkeiten des Erlernten zu erfassen und die Fähigkeiten an bestimmte Situationen oder Anforderungen anzupassen (Methodenkompetenzen).[929] Das Erlernen von Fach- und Methodenkompetenzen erfolgt somit häufig gleichermaßen innerhalb eines Trainings.

Affektive Lernergebnisse beziehen sich auf einstellungsbezogene oder motivationale Lernergebnisse. Einstellung wird dabei als innerliche Haltung gesehen, die das Handeln einer Person beeinflusst.[930] KRAIGER/FORD/SALAS ordnen dieser Kategorie alle Lernergebnisse zu, die nicht in die kognitive oder skill-orientierte Lernkategorie einordnenbar sind. Einstellungsbezogene Lernergebnisse umfassen dabei innere Stärke, Selbstbewusstsein oder veränderte Werte. Motivationale Lernergebnisse sind die motivationale Disposition, welche auf die Leistungs- oder Entwicklungsfähigkeit einer Person abzielt, die Selbstwirksamkeit oder das Selbstvertrauen, sowie die Zielorientiertheit. Das Selbstvertrauen wird dabei selten als formales Lernziel deklariert, beinflusst aber implizit auch die Entwicklung anderer Fähig- und Fertigkeiten. Anhand des Selbstvertrauens lassen sich Aussagen darüber treffen, ob eine Person ihr Wissen oder Können auch in anderen Situationen anwendet. Die Zielorientiertheit sagt etwas über das Selbstmanagement einer Person aus. Auch die Veränderung der Qualität in der Zielsetzungsfähigkeit einer Person kann zu einer besseren Arbeitsfähigkeit der Person führen. Die Qualität der Zielsetzung lässt Aussagen darüber zu, inwiefern gelerntes Wissen oder Fähigkeiten am Arbeitsplatz auch angewendet werden können.[931]

---

[927] Vgl. dazu die Ausführungen in Kapitel 2.1.2.

[928] Vgl. Kraiger, K./Ford, J. K./Salas, E. (1993), S. 313.

[929] Vgl. Kraiger, K./Ford, J. K./Salas, E. (1993), S. 316 f.

[930] Vgl. Kraiger, K./Ford, J. K./Salas, E. (1993), S. 318.

[931] Vgl. Kraiger, K./Ford, J. K./Salas, E. (1993), S. 318 ff.

In Bezug auf die Evaluation des Lernergebnisses schlagen WARR/BIRD/RACKHAM vor, Änderungen des Wissens, der Fähigkeiten und der Einstellungen ggf. getrennt voneinander zu erheben.[932]

Grundsätzlich ist bei der Ermittlung des Lernerfolgs zu beachten, dass dieser stark abhängig ist von subjektiven und situativen Einflussfaktoren, so dass nicht nur die Art der Kontrolle eine Schwierigkeit darstellt, sondern auch die Frage, ob das, was überprüft werden soll, überhaupt kontrolliert werden kann. [933]

EASTERBY-SMITH ergänzt, dass vor allem der Prozess des Lernens individuell verschieden ist. So können einige Teilnehmer alleine durch das Zuhören innerhalb einer Trainingsmaßnahme lernen, andere wiederum lernen erst durch die konkrete Anwendung.[934] Somit ist zu berücksichtigen, dass das Lernergebnis nicht zwingend mit dem Anwendungsergebnis korrespondieren muss.
Welche konkreten Inhalte innerhalb der Lernergebnisse erhoben werden, hängt mit den gesetzten Lernzielen, welche im Rahmen der Weiterbildungsplanung oder der formativen Kontextevaluation festgelegt werden, zusammen. Der Lernerfolg kann sich sowohl auf Fach- als auch auf Methoden- und Sozialkompetenzen beziehen.

Inhaltlich kann im Rahmen der Evaluation des Lernens erhoben werden, ob Lerninhalte memorisiert wurden, ob Lerninhalte bestimmten Problemen oder Lernbedürfnissen zugeordnet werden können und ob eine Anwendungsmöglichkeit im Funktionsfeld gesehen wird, ob es Inhalte gibt, die nicht verstanden wurden oder nicht beantwortet wurden oder ob es noch Inhalte gibt, bei denen eine Vertiefung gewünscht wird.[935]

Die formative und summative Evaluation auf der Ebene des Lernens verfolgen unterschiedliche Ansätze. Die formative Evaluation dient der Unterstützung des Lernprozesses. Sie findet während des Trainings statt und kann als didaktisches Instrument genutzt werden. Eine formative Evaluation des Lernens kann somit Rückwirkungen auf den Trainingsprozess haben.[936] Die summative Evaluation hingegen fokussiert auf den Lernerfolg. Hier findet eine Überprüfung des Erlernten in Abgleich mit den Lernzielen statt.

---

932 Vgl. Warr, P./Bird, M./Rackham, N. (1971), S. 18 f.

933 Vgl. Manstetten, R. (1995), S. 285.

934 Vgl. Easterby-Smith, M. (1986), S. 52.

935 Vgl. Hölterhoff, H./Jeserich, W./Becker, M. L. (1986), S. 203 f.

936 Vgl. zu dieser Sichtweise auch die Ausführungen zur Cause-and-Effekt-Chain von Hamblin in Kapitel 4.2.3.1.

5.4.5.2.2 Methodische Gestaltungselemente

Im Folgenden werden zunächst die Methoden und Instrumente der *formativen Evaluation* des Lernens vorgestellt, welche sich gleichermaßen für alle Kompetenzen anbieten:

- Zur Unterstützung des Lernprozesses kann die so genannte *„repertory grid technique"* zum Einsatz kommen. Mittels dieser Technik kann jeder Teilnehmer individuell seine Entwicklung im Rahmen des Trainings festhalten. Dazu werden zunächst die signifikanten Elemente eines Trainings identifiziert, z. B. durch die *Methode der kritischen Ereignisse*. Anschließend werden kontrastierende Konstrukte definiert, mittels derer die Elemente durch die Teilnehmer eingeschätzt werden können (bspw. „erweckt Neugier" – „erweckte keine Neugier", „ermutigt zur Teilnahme" – „entmutigt in Bezug auf die Teilnahme"). Die Ausprägung wird anhand von Ratingskalen festgelegt. Jeder Teilnehmer erhält so die Möglichkeit der Reflexion verbunden mit der gezielten Konzentration auf verschiedene, z. T. ihm nicht direkt bewusste, Konstrukte.[937]

- *Lerntagebücher* oder *Lernberichte* sind Protokolle, die den Lernfortschritt des einzelnen Teilnehmers dokumentieren und von diesem selbst verfasst werden.[938] Sie erfordern jedoch die Bereitschaft des Lernenden seinen Lernzuwachs zu dokumentieren und unterliegen dem Nachteil der Subjektivität von Selbsteinschätzungen.[939] Auf der anderen Seite fördern sie die Eigenverantwortlichkeit der Teilnehmer und sind deshalb gerade bei Managementtrainings zu empfehlen.[940]

- *Lernpartnerschaften* stellen eine Form der Fremdbeobachtung dar. Hier werden die Fortschritte eines Teilnehmers durch einen anderen Teilnehmer beurteilt. Sie können innerhalb von Trainings kosten- und ressourcenneutral ergänzt werden.[941]

Für die *summative* Evaluation des Lernerfolgs stehen nachgenannte Methoden und Instrumente zur Verfügung. Aufgrund des Vorschlags von WARR/BIRD/RACKHAM, die Kompetenzbereiche getrennt voneinander zu erheben,[942] wird hier eine Strukturierung in Bezug auf Fach-, Methoden- und Sozialkompetenzen vorgenommen.

---

[937] Vgl. Easterby-Smith, M. (1986), S. 103 ff.

[938] Vgl. Brinkerhoff, R. O. (1987), S. 130 f.

[939] Vgl. Becker, M. (2005), S. 205.

[940] Vgl. Häring, k. (2003), S. 276.

[941] Vgl. Häring, K. (2003), S. 277; vgl. auch Arnold, R./Krämer-Stürzl, A. (1995), S. 135.

[942] Vgl. Warr, P./Bird, M./Rackham, N. (1971), S. 18 f.

Für die reine Überprüfung von *Fachwissen* eignen sich insbesondere Wissenstests.

- *Wissenstests* welche auf eine Überprüfung der Menge und der Qualität der gelernten Inhalte abzielen, eignen sich speziell für die summative Evaluation von Fachkompetenzen. Diese sollten in Form von „Vorher-Nachher-Tests" durchgeführt werden, um Aussagen über Veränderungen treffen zu können. [943] WOTTAWA/HOF geben allerdings zu bedenken, dass darüber lediglich Hinweise über den Kenntniszuwachs erlangt werden können. Inwiefern die Inhalte auch nachträglich behalten oder angewendet werden können, kann hiermit nicht erhoben werden. [944]

- Ebenso wie Tests bieten auch *Referate* oder *Fachberichte,* d. h. schriftliche Dokumentationen des Wissens in Bezug auf einen bestimmten Sachverhalt die Möglichkeit der Überprüfung des Fachwissens[945] und u. U. auch der Methodenkompetenzen, wenn es um die Übertragung von Fachwissen auf einen neuen Sachverhalt geht.

Fach- und Methodenkompetenzen lassen sich mittels Test- und Simulationsübungen sowie Präsentationen überprüfen.

- Bei *Unternehmungsplanspielen,* auch *Geschäftsspiele* genannt, werden reale Situationen aus der Unternehmung simuliert und das Umgehen der Teilnehmer mit der Situation analysiert.[946] Grundsätzlich wird bei diesen Spielen eine fiktive Realität geschaffen, die ein anderes Verhalten des Teilnehmers hervorrufen kann, als dieser in reellen Situationen zeigen würde.

- Ebenso bieten *Fallstudien* die Möglichkeit zur Überprüfung fachlicher und methodischer Kompetenzen. Innerhalb des Falls werden ein bestimmtes Problem beschrieben und anschließend Fragestellungen formuliert, zu denen der Teilnehmer Lösungswege entwickeln muss. [947]

- Eine ähnliche Möglichkeit wie Fallstudien bietet die Methode *„Problemorientiertes Lernen"*. Hier wird das Problem offen formuliert und muss vom Teilnehmer analysiert und erkannt werden, um zu einer Lösung zu kommen. Im Gegensatz zur Fallstudie werden hier keine Fragen formuliert, sondern der Teilnehmer löst das Problem anhand

---

943 Vgl. Meyer, P. (1974), S. 111 f. Vgl. zu den unterschiedlichen Arten des Wissenstests die Ausführungen dazu in Abschnitt 5.4.2.2.

944 Vgl. Wottawa, H./Hof, G. (1987), S. 109.

945 Vgl. Hölterhoff, H./Jeserich, W./Becker, M. L. (1986), S. 206 ff; vgl. auch Kirkpatrick, D. L. (1996), S. 303.

946 Vgl. Phillips, J. J./Schirmer, F. C. (2008), S. 64.

947 Vgl. Phillips, J. J./Schirmer, F. C. (2008), S. 64.

eines der so genannten „Seven Steps“.[948] Diese Methode bietet sich insbesondere zur Überprüfung der Problemlösungsfähigkeit in Kleingruppen an.[949]

- Eine weitere Möglichkeit ist die *Präsentation* eines Themas in Form eines *Referats*.[950]

- Im psychomotorischen Bereich, also Maßnahmen betreffend, die auf die geistig-körperliche Aktivität abzielen und damit methodische Kompetenzen beinhalten, lassen sich auf quantitativer Ebene Informationen über *Zeit- und Leistungsmessungen* erheben. Zeitmessungen lassen sich dabei auf einfache Aufgaben anwenden, bspw. die Erhöhung einer Durchlaufgeschwindigkeit. Im Falle messbarer Leistungen wie bspw. der Anzahl getippter fehlerfreier Seiten können Leistungsmessungen eine Methode der Evaluation darstellen. MEYER räumt allerdings ein, dass diese Messungen nichts über die Dauerhaftigkeit einer Leistung aussagen und somit nach einem halben oder einem ganzen Jahr wiederholt werden sollten.[951]

Methodische und soziale Kompetenzen lassen sich insbesondere durch den Einsatz interaktiver Trainingsmethoden während einer Maßnahme evaluieren. So kann ein Führungsverhalten mittels Verhaltensübungen in der Gruppeüber *Rollenspiele* festgestellt werden.[952] Bei Rollenspielen geht es darum, neu erworbene Kompetenzen zu üben und bei anderen Teilnehmern zu beobachten. Dafür wird jedem Teilnehmer innerhalb einer Simulationsübung eine Rolle zugeteilt, innerhalb derer er seine neu erworbenen Kompetenzen zeigen soll. Das Rollenspiel bietet dem Evaluator die Möglichkeit zu beobachten, ob das Erlernte auch angewendet werden kann.[953]

Soziale Kompetenzen und insbesondere Veränderungen der Einstellungen lassen sich durch die nachfolgenden Methoden evaluieren. Dabei ist es wiederum wichtig, „*Vorher-Nachher-Messungen*“ durchzuführen, um die Veränderung festhalten zu können.

- Eine Möglichkeit der Erfassung von Einstellungen bieten *Einstellungstests*. Üblicherweise wird ein Einstellungstest zu Beginn und am Ende des Trainings ausgegeben, um Veränderungen feststellen zu können.[954]

---

[948] Die Seven-Steps bestehen aus folgenden Schritten: 1. Inhaltliche Klärung, 2. Problemdefinition, 3. Ideensammlung, 4. Strukturierung, 5. Lernzielformulierung, 6. Informationsbeschaffung/Erarbeitung von Inhalten, 7. Präsentation und Diskussion. Vgl. ausführlich Becker, F. G./Friske, V./Meurer, C., et al. (2010), S. 367 f.

[949] Vgl. ausführlich Becker, F. G./Friske, V./Meurer, C., et al. (2010), S. 366 ff.

[950] Vgl. Hamblin, A. C. (1974), S. 93 ff; vgl. Hölterhoff, H./Jeserich, W./Becker, M. L. (1986), S. 206 ff; vgl. auch Kirkpatrick, D. L. (1996), S. 303.

[951] Vgl. Meyer, P. (1974), S. 121 f.

[952] Vgl. Meyer, P. (1974), S. 120.

[953] Vgl. Phillips, J. J./Schirmer, F. C. (2008), S. 64.

[954] Vgl. ausführlich zu den Einstellungstests Abschnitt 5.4.2.2

- Als weitere Möglichkeit zur Messung der Veränderungen der Sozialkompetenz werden *Persönlichkeitstests* genannt. Der Einsatz von Persönlichkeitstests ist jedoch kritisch zu betrachten. So argumentiert MEYER, dass er diese allenfalls in Berufen, denen eine direkte Verantwortung für menschliches Leben zugesprochen werden kann, als gerechtfertigt ansieht. Ansonsten empfiehlt er Verfahren, die lediglich auf die Arbeitspersönlichkeit abzielen.[955] Und auch Becker, F. G. betont, dass der Einsatz von Persönlichkeitstests umstritten ist, da dadurch in die Persönlichkeitsrechte der Betroffenen eingegriffen wird. Zudem können diese nur durch geschulte Personen, im Regelfall Psychologen, durchgeführt werden.[956]

PHILLIPS/SCHIRMER verweisen zudem auf die Möglichkeit der *informellen Erhebung* des Lernerfolgs. Sie betonen, dass diese Form u. U. ausreichend ist, wenn die nachgelagerte Stufe des Transfers umfassend evaluiert wird. [957] Dies wird auch von HÄRING gestützt, die gerade bei Managementtrainings dafür plädiert, auf eine formelle Überprüfung der Lernergebnisse zu verzichten und auf die Selbstverantwortung der Teilnehmer zu setzen. Sie betont, dass es gerade bei Trainings für Top-Führungskräfte denkbar ist, dass nur eine geringe Zustimmung zu einer klassischen Lernerfolgskontrolle vorhanden ist.[958] Folgende Methoden können im Rahmen der informellen Lernerfolgsevaluation herangezogen werden:

- Bei der *Einschätzung der Umsetzung* werden die Ergebnisse des Trainings vom Trainer zusammengefasst und in der Gruppe hinsichtlich des eigenen Lernerfolgs und der Umsetzbarkeit diskutiert. Die Einschätzung der Umsetzung kann von einer individuellen Beurteilung der Fortschritte der Teilnehmer durch den Trainer ergänzt werden.[959]

- Die *Selbstanalyse* ist eine Selbsteinschätzung des Lernfortschritts oder des Lernerfolgs durch den Teilnehmer. Diese sollte anonym erfolgen und bei einer Erhebung mittels geschlossener Fragen Raum für eine Begründung lassen.[960]

- Darüber hinaus kann eine Beurteilung durch den Trainer erfolgen. Als Unterstützung kann der Trainer hier auf eine *Checkliste* mit vorab festgesetzten Lernzielen in Bezug auf bestimmte Kompetenzen zurückgreifen. Dieses Verfahren ist jedoch, wie auch PHILLIPS/SCHIRMER einräumen, sehr subjektiv.[961]

---

[955] Vgl. Meyer, P. (1974), S. 119.

[956] Vgl. Berthel, J./Becker, F. G. (2010), S. 341.

[957] Vgl. Phillips, J. J./Schirmer, F. C. (2008), S. 65.

[958] Vgl. Häring, K. (2003), S. 276.

[959] Vgl. Phillips, J. J./Schirmer, F. C. (2008), S. 65.

[960] Vgl. Phillips, J. J./Schirmer, F. C. (2008), S. 65.

[961] Vgl. Phillips, J. J./Schirmer, F. C. (2008), S. 65 f.

5.4.5.3 Transfer

5.4.5.3.1 Inhaltliche Gestaltungselemente

KIRKPATRICK stellt heraus, dass etwas zu lernen nicht bedeutet, dass es auch angewendet werden kann.[962] Das Transferproblem wird dabei insbesondere bei Trainings off-the-job gesehen.[963] Die Messung des *Transfererfolges* kann damit als eines der Kernstücke der Evaluation von arbeitsplatzungebundenen Trainings angesehen werden. Allerdings lassen sich in Bezug auf die Transferevaluation die in Kapitel 3.1 angesprochenen Probleme hinsichtlich des Kausalitätsbezugs zwischen einer Maßnahme und dem Anwendungserfolg nicht gänzlich ausräumen. HÖLTERHOFF/JESERICH/BECKER, M. empfehlen deshalb, „*nicht sklavisch der Nachweisverpflichtung des Trainingserfolges von Einzelmaßnahmen hinterherzulaufen.*“[964] Sie plädieren deshalb für eine pragmatische Überprüfung des Transfererfolgs vor dem Hintergrund der Erkenntnis, dass grundsätzlich von einem positiven Beitrag des Trainings zur Lösung von Problemen auszugehen ist.[965]

Von besonderer Bedeutung für den Transfer des Gelernten in das Funktionsfeld sind einmal der konkrete Transferwille eines Maßnahmenabsolventen sowie das Arbeitsumfeld einer Person. Der *Transferwille* hängt dabei von der Übereinstimmung von Seminarzielen und eigenen Zielen der Person ab.[966] KIRKPATRICK beschreibt dies als den Wunsch eines Teilnehmers seine Arbeitsweise oder sein Arbeitsverhalten im Funktionsfeld zu ändern.[967] Neben der Erfüllung der Erwartungen des Teilnehmers wird der Transferwille zudem auch von der Notwendigkeit der Trainingsinhalte für die Aufgabenerfüllung am Arbeitsplatz beeinflusst.[968]

Ob ein Transfer stattfinden kann, hängt jedoch auch von dem *Arbeitsumfeld* und den damit verbundenen individuellen Handlungsmöglichkeiten und -freiräumen innerhalb der Unternehmung ab.[969] Hindernisse hierfür können ein innovationsfeindliches Organisationsklima, fest gefahrene Hierarchien, veraltete Richtlinien, ineffektive Kontrollsysteme, fehlende Anwendungsmöglichkeiten im Aufgabenbereich des Teilnehmers liegen oder aber Rollenkon-

---

[962] Vgl. Kirkpatrick (1996), S. 302. Ähnlich formuliert auch EASTERBY-SMITH, M. (1986), S. 53, indem er zwischen „lernen“ und „entwickeln“ unterscheidet. Ihm zufolge lernen Personen häufig viel in Seminaren, entwickeln sich aber nicht daraus (Transfererfolg).

[963] Vgl. Hamblin (1974), S. 21.

[964] Hölterhoff, H./Jeserich, W./Becker, M. L. (1986), S. 208.

[965] Vgl. Hölterhoff, H./Jeserich, W./Becker, M. L. (1986), S. 208.

[966] Vgl. Schwuchow, K. (1992), S. 129.

[967] Vgl. Kirkpatrick, D. L. (1996), S. 306.

[968] Vgl. für einen umfassenden Überblick der Transferdeterminanten Meißner, A. (2012).

[969] Vgl. Schwuchow, K. (1992) S. 129, vgl. zu den Arbeitsbedingungen auch Berthel, J./Becker, F. G. (2010), S. 509 ff.

flikte sein.[970] RANK/WAKENHUT gehen sogar soweit, dass sie die Arbeitsumgebung als *den* Bedingungsfaktor des Transfers schlechthin bezeichnen.[971] Laut TRACEY/TANNENBAUM/ KAVANGH kann gerade dem Organisationsklima ein signifikationer Einfluss auf einen späteren Transfererfolg zugeschrieben werden.[972] Als Einflussfaktor auf die Transferfähigkeit wird auch die Einstellung des Unternehmens bzw. der Vorgesetzten zur Weiterbildung gesehen.[973] Dies wird auch durch Studien wie die von HOGARTH belegt, welcher zu dem Ergebnis kommt, dass Manager als größtes Hindernis für den Transfer von Erlerntem darin sehen, dass ihre Vorgesetzten nicht an der Maßnahme teilgenommen haben und damit keine Unterstützung leisten.[974] Auch spätere empirische Untersuchungen von SALAS/CANNON-BOWERS bestätigen, dass die organisatorischen Rahmenbedingungen einen entscheidenden Einfluss auf den Transfererfolg einer Maßnahme haben. Neben der Unterstützung von Vorgesetzten und Kollegen sprechen sie als weitere Punkte die generelle Umsetzbarkeit der Inhalte am Arbeitsplatz sowie ein positives Transferklima an.[975] Letzteres zeigt sich insbesondere durch Belohnung oder Würdigung von Transferverhalten.[976] VON BERNATZEDER fasst treffend zusammen: „Solange es dem einzelnen Teilnehmer überlassen bleibt, was er aufgrund seiner individuellen Einsicht umsetzen will – und ohne dass das betriebliche Umfeld zum unmittelbaren Teil des Veränderungsprozesses wird –, solange sollte weder von Transfererfolg gesprochen noch gar versucht werden, ihn zu messen."[977]

Transferförderlich ist laut SALAS/CANNON BOWERS auch ein zeitlich geringer Abstand zwischen einer Trainingsmaßnahme und der praktischen Anwendung am Arbeitsplatz. [978]

MARTENS betont zudem die Wichtigkeit des Praxisbezugs im Lernfeld. „(...) Je praxisnäher Inhalte des Seminars und Testaufgaben gewählt sind, desto geringer ist der Prozentsatz des

---

[970] Vgl. Vandenput, M. A. E. (1973), S. 261.; vgl. Hölterhoff, H./Jeserich, W./Becker, M. L. (1986), S. 209 f.; vgl. Solga, M. (2005), S. 282.

[971] Vgl. Rank, B./Wakenhut, R. (1998), S. 23.

[972] Vgl. Tracey, J. B./Tannenbaum, S. I./Kavanagh, M. J. (1995), S. 248; einen Zusammenhang zwischen Organisationsklima und Transfererfolg bestätigen auch ROUILLER/GOLDSTEIN (vgl. Rouiller, J. Z./Goldstein, I. L. (1993))

[973] Vgl. Schwuchow, K. (1992), S. 129; vgl. mit ähnlicher Argumentation auch Kirkpatrick, D. L. (1996), S. 306.

[974] Vgl. Schwuchow, K. (1992), S. 146. Der Einfluss des Vorgesetzten ist in der Literatur jedoch umstritten. (Vgl. bspw. Scaduto, A./Lindsay, D./Chiaburu, D. S. (2008), S. 160; Liebermann, S./Hoffmann, S. (2008), S. 82, Facteau, J. D./Dobbins, G. H. e. a. (1995), S. 20.). Vgl. zur Bedeutung des Einbezugs von Vorgesetzten bei der Umsetzung von Innovationen auch Krause, D. E./Gebert, D. (2006), S. 118.

[975] Salas, E./Cannon-Bowers, J. A. (2001), S. 491; vgl. dazu auch Rank, B./Wakenhut, R. (1998), S. 24 ff.

[976] Holling, H./Liepmann D. (2004), S. 372, gleiches betont auch Easterby-Smith (1986), S. 53 f. Er beschreibt, dass die Entwicklungsfähigkeit einer Person entscheidend von der Unternehmungsorganisation und -kultur abhängig ist.

[977] Bernatzeder, P./Bergmann G. (1997), S. 109.

[978] Holling, H./Liepmann D. (2004), S. 372.

Vergessens."[979] Dies unterstützen auch HOLLING sowie THORNDIKE/WOODSWORTH, indem sie die Bedeutung der Ähnlichkeit von Lern- und Realsituation hervorheben.[980]

Auch bei der Transferevaluation kann in eine formative und eine summative Evaluation unterschieden werden. Die *formative* Transferevaluation ist dabei mit der Transfersteuerung gleichzusetzen. Die *summative* Transferevaluation hingegen zielt auf die Erhebung des Transfererfolges also die Erreichung der mittelbaren oder mittelfristigen Ziele.[981] In Bezug auf die Evaluation des Transfererfolges ist es wichtig zu erfassen, inwiefern die festgelegten Transfer- bzw. Arbeitsziele erreicht wurden.[982] Zur Interpretation des Transfererfolges ist es zudem wichtig, sowohl den Transferwillen eines Teilnehmers als auch seine Transferfähigkeiten in Form von vorliegenden organisatorischen Rahmenbedingungen zu untersuchen.[983]

5.4.5.3.2 Methodische Gestaltungselemente

Grundsätzlich lassen sich die nachfolgend beschriebenen Techniken sowohl für eine formative wie auch eine summative Evaluation des *Transfererfolgs* einsetzen. Hier entscheidet der Zeitpunkt der Evaluation und der Umgang mit den Informationen darüber, ob auf Basis der Ergebnisse gestaltend auf den Transferprozess eingewirkt wird oder ob diese lediglich genutzt werden um abschließend Aussagen über den Transfererfolg treffen zu können. Um den Bezug zur Kompetenz verdeutlichen zu können, werden auch hier die Methoden getrennt nach der Anwendbarkeit zur Evaluierung des Transfererfolgs in Bezug auf bestimmte Kompetenzen vorgestellt.

Im Rahmen der Transferevaluation lassen sich reine *Fachkompetenzen* durch *Wissenstests* überprüfen. Hier geht es jedoch weniger um die Erhebung eines Anwendungserfolges als um einen Lern- bzw. Behaltenserfolg.[984]

Insbesondere *methodische* und *soziale Kompetenzen* lassen sich durch *Beobachtungen* erheben. Aufgrund der Aufwendigkeit sind die Beobachtungsmethoden jedoch als sehr kostenintensiv zu betrachten.[985] MARTENS fügt darüber hinaus an, dass die Teilnehmer sich durch das

979 Martens, J.-U. (1987), S. 100.

980 Holling, H./Liepmann D. (2004), S. 372. Die besondere Bedeutung der Ähnlichkeit von Lern- und Anwendungsumgebung für den Transfer wurde bereits von THORNDIKE/WOODSWORTH in ihrer Theorie der identischen Elemente hervorgehoben. Vgl. Thorndike, E. L./Woodworth, R. S. (1901), S. 250, vgl. ebenso Royer, J. M. (1979), S. 56 ff.

981 Vgl. Abschnitt 5.4.2.1.

982 Vgl. Schindler, S. 45 ff.

983 Vgl. Abschnitt 5.3.2

984 Vgl. dazu auch Abschnitt 5.4.5.2.1.

985 Vgl. Hamblin, A. C. (1974), S. 118 ff.

Bewusstsein der Beobachtungssituation unnatürlich verhalten könnten und dass die Ergebnisse äußerst subjektiv sind, da sie von den individuellen Fähigkeiten des Beobachtets abhängen.[986]

Grundsätzlich stehen verschiedene Formen der Beobachtung zur Verfügung:

- Über das so genannte *Activity Sampling* kann festgehalten werden, wie viel Zeit ein Teilnehmer für bestimmte Tätigkeiten benötigt. Festgehalten werden zum Beispiel die Aktivität, der Ort und die Personen, mit denen der Beobachtete in Kontakt tritt. Der Zeitpunkt der Evaluation wird dabei zufällig gewählt, so dass der Beobachter zu unterschiedlichen Zeitpunkten die Tätigkeiten einer Person festhalten kann. Das Activity Sampling erfordert geschulte Beobachter. Negativ ist zudem anzumerken, dass lediglich der Zeitanteil festgehalten wird, nicht aber die Qualität der Arbeit innerhalb der Zeit.[987]

- Im Rahmen der *Wirdenius-Technik* wird die Methode der Beobachtung um die Befragung erweitert. Der Beobachter nimmt zuerst nur auf, was er sieht, und befragt den Beobachteten anschließend zu den Inhalten seiner Tätigkeit. Neben der Tatsache, dass die Wirdenius-Technik viel Zeit in der Datenerhebung beansprucht, kann der Beobachtete es als störend empfinden, in seiner Arbeit immer wieder unterbrochen zu werden. Gerade im Management dürfte hier wenig Verständnis für ein solches Vorgehen vorhanden sein. [988]

- Ein Weg, die „Künstlichkeit" der Beobachtungssituation zu umgehen, ist die *SISCO-Technik*[989]. Hier begleitet der Beobachter den Beobachteten über einen längeren Zeitraum, um so ein besseres Verständnis für die Tätigkeit zu erlangen. Ein Nachteil liegt hier jedoch in der Beschränkung auf eine bestimmte, zusammenhängende Periode, da es sein kann, dass hier bestimmte Tätigkeiten überrepräsentiert sind. Zudem kann sich der Teilnehmer durch die ständige Beobachtungssituation gestört fühlen. Die Methoden sind deshalb im Wesentlichen für die Evaluation von einfachen Tätigkeiten geeignet, die keiner Interpretation bedürfen. [990]

- Ein weiterer Weg sind *Beobachter-Tagebücher*. Hier verbringt der Beobachter ein paar Stunden oder einen Tag mit dem Trainee und notiert alles, was dieser in der Zeit

---

[986] Vgl. Martens, J.-U. (1987), S. 104 ; vgl. zudem zu den kognitiven Einschränkungen Kapitel 3.3.3.

[987] Vgl. Hamblin, A. C. (1974), S. 118 ff.

[988] Vgl. Hamblin, A. C. (1974), S. 118 ff.

[989] SISCO = Standard Interval Sampling with Continous Observation. Hamblin, A. C. (1974), S. 122 f.

[990] Vgl. Hamblin, A. C. (1974), S. 118 ff.

tut. Diese Technik erfordert jedoch ebenso wie die anderen Beobachtungsmethoden ein hohes Maß an Akzeptanz und Kooperationsbereitschaft vom Trainee.[991]

- Geht es speziell um die Erhebung von *Sozialkompetenzen* in Form von *Einstellungen,* bieten sich wiederum *Einstellungstests* an.[992]

Alle anderen nachfolgend genannten Methoden können grundsätzlich sowohl zur Erhebung von *Fach-* als auch *Methoden-* und *Sozialkompetenzen* eingesetzt werden.

- Zur Sicherung des Lerntransfers ins Funktionsfeld können als Instrumente *Maßnahmenkataloge* oder auch *Aktionspläne* genannt werden.[993] Diese können zum Abgleich der Umsetzungsziele mit den Umsetzungsresultaten genutzt werden.[994] Deshalb sollten Aktionspläne auch schon während des Trainings entweder vom Teilnehmer alleine oder in der Gruppe entwickelt werden. Die Aktionen selbst lassen sich auf die Arbeitsweisen des Teilnehmers oder auf dessen generelle Leistungssteigerung beziehen. Um die Aktivitäten zu konkretisieren, müssen die Bereiche beschrieben werden, in denen eine Veränderung erfolgen soll, und die Aktionen, die zu einer Veränderung beitragen, sollen ebenso genau beschrieben und schriftlich fixiert werden. Um die Umsetzung des Aktionsplans zu verstärken, sollte der Vorgesetzte miteinbezogen werden.[995]

- Maßnahmenkataloge und Aktionspläne können auch in einen schriftlichen „*Leistungs-Vertrag*“ (auch Transfervertrag genannt) eingebunden werden, welcher nach einem Training zwischen Personalentwicklungsabteilung, Teilnehmer und Vorgesetzten geschlossen wird.[996] Dieser sollte ebenfalls die Transferziele und messbare Kriterien der Zielerreichung enthalten. Im Rahmen einer summativen Evaluation kann dieser abschließend ausgewertet werden.[997] In Bezug auf eine formative Evaluation ist denkbar, dass sich hier frühzeitig feststellen lässt, ob die Leistung gemäß dem Plan erfolgt oder ob es Abweichungen gibt, die ein Eingreifen in den Transferprozess notwendig machen.

---

991 Vgl. Hamblin, A. C. (1974), S. 126 ff.

992 Vgl. ausführlich zu Einstellungstests Abschnitt 5.4.5.2.2.

993 Vgl. Häring, K. (2003), S. 277.

994 Vgl. Abschnitt 5.4.5.3.

995 Vgl. Phillips, J. J./Schirmer, F. C. (2008), S. 75.

996 Vgl. Rank, B./Thiermann, T. (1998), S. 43 f.

997 Vgl. Phillips, J. J. (1996a), S. 329.

- Als generelle Evaluationsmethode kann natürlich auch hier eine *mündliche Befragung* in Form von *Interviews* mit dem Teilnehmer und dem Vorgesetzten durchgeführt werden, um festzustellen, ob bspw. eine Verhaltensänderung erfolgt ist.[998]

- Des Weiteren bietet sich zur Evaluation des Transfererfolgs das Instrument des *360°-Feedback* an, in welchem eine *schriftliche Befragung* der Teilnehmer, Vorgesetzten und auch deren Mitarbeiter und Kunden durchgeführt wird.[999]

- Eine weitere Möglichkeit, die Transferfähigkeit zu überprüfen, ist eine *Übungsaufgabe* mit einer praktischen Aufgabenstellung aus dem Arbeitsumfeld des Teilnehmers. Der Teilnehmer wird gebeten, die Aufgabe unter Nutzung der erlernten Trainingsinhalte zu lösen. So kann die konkrete Anwendung des Erlernten evaluiert werden.[1000]

- Eine ähnliche Möglichkeit stellen *Projektarbeiten* dar, welche HÄRING vor allem bei Führungskräftetrainings empfiehlt.[1001] Projektarbeiten können im Rahmen so genannter *Follow-up-Veranstaltungen* in die Weiterbildungsevaluation eingebunden werden.[1002] Dabei kann der Vorgesetzte ebenfalls miteingebunden werden. Aber auch gerade dann, wenn keine besondere Unterstützung von Seiten des Vorgesetzten vorhanden ist, kann hier überprüft werden, ob das Gelernte angewendet werden kann. PHILLIPS schlägt zudem vor, die Teilnehmer vor Beginn der Follow-up-Maßnahme nicht darüber zu informieren. Die Beurteilung der Follow-up-Maßnahmen kann wiederum durch Fragebögen, Interviews, Beobachtungen oder Fokus-Gruppen erfolgen. Die Ergebnisse sollten anschließend dem Vorgesetzten zur Verfügung gestellt werden.[1003]

- Darüber hinaus können auch spezielle *Follow-up-Veranstaltungen* durchgeführt werden, in denen die Teilnehmer ein bis drei Monate nach einer Veranstaltung zusammenkommen und über ihre spezifische Anwendung des Erlernten berichten und Probleme aufzeigen, so dass u. U. ein weiterführendes Training angesetzt werden kann.[1004]

- Eine praktikable und wirtschaftliche Möglichkeit, den Transfererfolg evaluieren zu können, bietet wiederum die *Methode der kritischen Ereignisse*. So lassen sich in Be-

[998] Vgl. Kirkpatrick, D. L. (1996), S. 307.

[999] Vgl. Häring, K. (2003), S. 277; vgl. Brinkerhoff, R. O. (1987), S. 157 f. Grundsätzlich muss beachtet werden, dass die Methode des 360°-Feedback eine offene und vertrauensvolle Unternehmungskultur voraussetzt. Im gegensätzlichen Fall ist sie eher als kontraproduktiv anzusehen. Vgl. Gronwald, S. (1998), S. 310. NEUBERGER lehnt diese Methode grundlegend ab. Vgl. Neuberger, O. (1998), S. 310 ff.

[1000] Vgl. Bronner, R./Schröder, W. (1983), S. 261 ff.

[1001] Vgl. Häring, K. (2003), S. 277.

[1002] Vgl. Phillips, J. J./Schirmer, F. C. (2008), S. 71.

[1003] Vgl. Phillips, J. J. (1996a), S. 328.

[1004] Vgl. Bronner, R./Schröder, W. (1983), S. 265 ff.; vgl. Phillips, J. J. (1996a), S. 329.

zug auf Arbeitsaufgaben oder -situationen eines Teilnehmers kritische Ereignisse formulieren. Anschließend wird überprüft, ob auf diese Ereignisse nach einem Training anders reagiert wird als vorher. Informationen darüber können über Interviews mit den Teilnehmern oder den Vorgesetzten erhalten werden. Die Stärke der Methode der kritischen Ereignisse liegt in der Identifikation von realen Ereignissen und dem Umgang damit. Nachteilig ist, dass nur wirkliche bedeutende Ereignisse Berücksichtigung finden und damit nur ein kleiner Ausschnitt aus der Arbeitsaufgabe berücksichtigt wird.[1005]

Gerade für so genannte Managementtrainings, die verstärkt auf Methoden und Sozialkompetenzen abzielen, nennen STIEFEL/FLÖTHER als wirksame Methode *Selbstevaluationen.* Mit der Methode soll den Teilnehmern selbst die Verantwortung für das Lernen und Anwenden von Inhalten übertragen werden. Damit werden implizit Inhalte von Managementtrainings wie bspw. Verantwortung für Entscheidungen unterstützt.[1006]

Selbstevaluationen sind ein kostengünstiger Weg der Evaluation und können über folgende Evaluationsmethoden erfolgen:

- Mit Hilfe von *Selbsttagebüchern* oder auch *Lerntagebüchern* dokumentiert der Trainee selbst seine Tätigkeiten in der Transferphase. Dies stellt sicher, dass seine Aktivitäten auch in ihrer Bedeutung richtig wiedergegeben werden können. Andererseits dürfte bei vielen eine geringe Motivation vorliegen, die Tagebücher neben der eigentlichen Arbeitsaufgabe umfassen, auszufüllen. Eine Möglichkeit ist deshalb, Selbsttagebücher unterstützend zu Beobachtertagebüchern anfertigen zu lassen.[1007]

- Eine verstärkte Form der oben genannten Methoden stellt der *Selbstkontrakt* als eine günstige Evaluationsmethode dar. Er wird am Ende eines Trainings verfasst und dient als Erinnerungshilfe.[1008] Der Teilnehmer verpflichtet sich sich selbst gegenüber, das Erlernte am Arbeitsplatz umzusetzen. Durch den vorliegenden Vertrag kann er sich seine Umsetzungs- und Anwendungsziele immer wieder bewusst machen und reflektieren, ob er seine Ziele erreicht hat. Der Selbstkontrakt kann dabei als eine Art Aktionsplan dienen. Beispielsweise kann dort festgelegt werden, was umgesetzt werden soll, wer als Unterstützer fungieren kann, wer den Fortschritt beurteilen oder an den Umsetzungsplan erinnern kann, und er könnte eine Bewertung der Zufriedenheit mit dem Anwendungserfolg nach einer bestimmten Zeit (z. B. nach drei und nach sechs

[1005] Vgl. Easterby-Smith, M. (1986), S. 108 ff.

[1006] Vgl. Stiefel, R. T./Flöther, E. (1976) S. 129., S. 129.

[1007] Vgl. Hamblin, A. C. (1974), S. 132 ff.

[1008] Vgl. Rank, B./Thiermann, T. (1998), S. 42 f.

Monaten) enthalten. Eine einfachere Variante wäre, die Erkenntnisse aus dem Seminar verbunden mit den daraus folgenden Taten (was und wann) zu notieren.[1009]

Der Einsatz von Selbstevaluationen erfordert allerdings die Bereitstellung notwendiger zeitlicher Ressourcen für die Teilnehmer und die Bereitschaft der Führungskräfte diese zu fördern.[1010] Des Weiteren lässt sich der Transfererfolg auch durch eine *unauffällige Messung* anhand von bestimmten Indikatoren überprüfen. Zum Beispiel kann der Erfolg eines Präsentationstrainings anhand der Analyse der Präsentationsunterlagen analysiert werden.[1011]

Auch wenn vielfach neben der Erhebung des *Transfererfolges* auf die Notwendigkeit des Vorhandenseins des *Transferwillens* und eines transferfördernden *Arbeitsumfelds* verwiesen wird,[1012] werden diese nicht explizit mit den Evaluationsmethoden in Verbindung gebracht. An dieser Stelle sei erwähnt, dass grundsätzlich alle Befragungen, die an den Teilnehmer gerichtet sind, sowie Aktionspläne, Leistungsverträge, Selbstevaluationen und -kontrakte sowie Einstellungsänderungen für die Erhebung des Transferwillens geeignet sind. Die Bedingungen des Arbeitsumfelds können mittels der Mehrzahl der genannten Methoden erhoben werden. Ausnahmen bilden hier der Selbstkontrakt, der Leistungsvertrag und der Einstellungstest, da sich diese auf den Teilnehmer an sich und nicht auf die Rahmenbedingungen beziehen. Ebenso geben Wissenstests weder Aufschluss über den Transferwillen eines Teilnehmers noch über das Arbeitsumfeld innerhalb der Unternehmung.

Grundsätzlich ist bei der Evaluation des Transfererfolgs wichtig, dass auch auf den vorangegangenen Stufen, insbesondere in Bezug auf den Kontext, den Input und den Prozess, eine Evaluation durchgeführt wurde, da nur dann Rückschlüsse auf die positiven und negativen Wirkfaktoren in Bezug auf den Transfer gezogen werden können.[1013] Damit wird wiederum deutlich, dass gerade bei Trainings off-the-job die ganzheitliche Evaluation von großer Bedeutung ist.

[1009] Vgl. Bronner, R./Schröder, W. (1983), S. 257 ff.

[1010] Vgl. Krauß, A. (2001), S. 89 f. Wichtig in dem Zusammenhang ist vor allem auch ein Feedback durch den Vorgesetzten, um das eigene Verhalten besser einschätzen zu können. Vgl. Zempel, J./Moser, K. (2005), S. 26.

[1011] Vgl. Brinkerhoff, R. O. (1987), S. 159 f.

[1012] Vgl. Abschnitt 5.4.5.3.1.

[1013] Vgl. Hölterhoff, H./Jeserich, W./Becker, M. L. (1986), S. 208 f.

5.4.5.4 Unternehmungserfolg

5.4.5.4.1 Inhaltliche Gestaltungselemente

Grundsätzlich zielt eine Trainingsmaßnahme auf die Entwicklung individueller, personengebundener Kompetenzen. Dennoch kann der Erfolg einer Unternehmung als Funktion der Motivation und Kompetenzen seiner Mitglieder sowie der Umweltbedingungen interpretiert werden.[1014] Die Evaluation des Unternehmenserfolgs als Output einer Trainingsmaßnahme ist jedoch aufgrund der in Kapitel 3.3.4 beschriebenen Schwierigkeiten hinsichtlich der Ursache-Wirkungs-Zusammenhänge der schwierigste Teil der Evaluation.[1015] Sie macht zudem nur dann Sinn, wenn ein direkter Zusammenhang zwischen dem Training und den Unternehmungszielen oder -strategien besteht.[1016] Auch PHILLIPS als einer der bekanntesten Autoren, der sich speziell mit der Evaluation des Unternehmenserfolgs durch Trainingsmaßnahmen beschäftigt hat, verdeutlicht, dass bspw. die Ermittlung des Return on Investment (ROI) für eine Maßnahme nur dann sinnvoll ist, wenn der Payoff in direktem Zusammenhang mit der Maßnahme steht. Er argumentiert, je weiter man sich von der Maßnahme entfernt oder je komplexer eine Maßnahme ist (z. B. eine Serie von Maßnahmen wie bei Management-Entwicklungsprogrammen, Karriereentwicklung, etc.), umso vielfältiger sind die Zusammenhänge zwischen Ursache und Wirkung einer Maßnahme, so dass hier eine Rückführung auf den Unternehmungserfolg schwierig ist.[1017]

Dies betont auch HAMBLIN, indem er sagt, dass die Messung der Trainingswirkungen im Verlauf der Evaluationsphasen immer schwieriger wird, so dass schließlich das Training an sich nur noch einen kleinen Faktor des Unternehmungserfolgs darstellt.[1018] Zur Ermittlung des Unternehmungserfolgs ist seiner Ansicht nach die Isolation von Trainingseffekten unumgänglich. Zur Ermittlung der Effekte müssen hier Kontrollgruppen eingeführt werden.[1019] Aufgrund der in Abschnitt 5.4.1.1 erläuterten Vorüberlegungen gelten Kontrollgruppen jedoch als zu kostenintensiv und sind in Anlehnung an die vorgestellte Argumentation von VON ROSENSTIEL nicht als sinnvoll zu betrachten.[1020]

Wenn überhaupt, sollte sich die Evaluation des Unternehmungserfolgs nur auf Trainings, denen ein hoher Nutzen für die Unternehmung oder den Unternehmungserfolg zugesprochen werden kann, beziehen. Bei allen anderen Trainings bedarf es keiner Evaluation des Unter-

[1014] Vgl. Holton III (1996), S. 15.

[1015] Vgl. Kapitel 3.3.4.

[1016] Vgl. Holton III (1996), S. 15.

[1017] Vgl. Phillips, J. J./Schirmer, F. C. (2008), S. 44.

[1018] Vgl. Hamblin, A. C. (1974), S. 24.

[1019] Vgl. Phillips, J. J./Schirmer, F. C. (2008), S. 44.

[1020] Vgl. Abschnitt 5.4.1.1.

nehmungserfolges, da hier viele Ressourcen notwendig sind, die in keinem Verhältnis zum Nutzen des Trainings stehen.[1021]

Was genau als Indikator für einen Unternehmungserfolg festgelegt wird, muss von den einzelnen Unternehmungen individuell bestimmt werden. Qualitative Kriterien für einen Unternehmenserfolg können eine höhere Motivation oder Zufriedenheit der Teilnehmer oder aber bei Führungspersonen der unterstellten Mitarbeiter sein. Ebenso können die Ausweitung des Kundenstamms oder ein erhöhter Auftragseingang als Indikator für den Erfolg einer spezifischen Weiterbildungsmaßnahme herangezogen werden.[1022] Als weitere Indikatoren werden in der Literatur Umsatzsteigerungen, Kostenreduktionen, Qualitätssteigerungen, Produktivitätssteigerung und geringere Fluktuation genannt.[1023] Diese Kriterien können je nach Unternehmung und Training individuell ergänzt werden.

Grundsätzlich ist infrage zu stellen, ob die Erhebung der Wirkung auf den Unternehmungserfolg im Rahmen der Weiterbildungsevaluation sinnvoll ist. So ist davon auszugehen, dass bei sorgfältiger Planung und Evaluation der vorangegangenen Phasen ein positiver Nutzen für die Unternehmung entsteht. GMÜR/SCHWENDT kommen in einer Meta-Analyse internationaler Zeitschriften zu der Erkenntnis, dass sich zumindest bei fachübergreifender Weiterbildung signifikante Effekte zwischen Maßnahme und Unternehmungserfolg abzeichnen lassen.[1024]

5.4.5.4.2 Methodische Gestaltungselemente

Hinsichtlich der Evaluation des Unternehmungserfolges lassen sich verschiedene Evaluationsmethoden anwenden.

- Wie auch bei der Evaluation des Transfererfolgs kann hier als Instrument die Befragung der Vorgesetzten, Teilnehmer und deren Mitarbeiter und Kunden (*360°-Feedback*) zur Einschätzung des Wertbeitrags für die Unternehmung eingesetzt werden. Als Befragungsform können hier je nach Situation *Interviews, Telefonbefragungen* oder *schriftliche Fragebögen* eingesetzt werden.[1025] Letzteren räumt KIRKPATRICK jedoch nur eine geringe Aussagekraft ein und plädiert deshalb gerade bei Teilnehmern und Vorgesetzten für *Tiefeninterviews*.[1026]

[1021] Vgl. Holton III (1996), S. 16.

[1022] Vgl. Häring, K. (2003), S. 278. Die Restriktionen der Ursache-Wirkungs-Zusammenhänge wurden hinlänglich in Kapitel 3.1 diskutiert.

[1023] Vgl. Kirkpatrick, D. L. (1996), S. 309; vgl. Hamblin, A. C. (1974), S. 24.

[1024] Vgl. Gmür, M. (2005), S. 242.

[1025] Vgl. Brinkerhoff, R. O. (1987), S. 187 f.

[1026] Vgl. Kirkpatrick, D. L. (1996), S. 310 f.

- Eine weitere Methode stellen unter Berücksichtigung der in Kapitel 3.1.1 aufgeführten Einschränkungen zu Kausalaussagen *Kosten-Nutzen-Analysen* dar. BRINKERHOFF nennt hier sechs Schritte, die bei der Ermittlung der Kosten-Nutzen-Relation eingehalten werden müssen. Im ersten Schritt müssen die Personen bestimmt werden, die in die Analyse involviert werden sollen. Mit diesen muss besprochen werden, wie unterschiedliche Werte in Relation zu allen anderen gewichtet werden sollen. Anschließend müssen Alternativen identifiziert werden. So können z. B. zwei unterschiedliche Programme miteinander verglichen werden. Im dritten Schritt müssen die Kosten identifiziert werden, wobei hier direkte, indirekte und Opportunitätskosten Berücksichtigung finden müssen. Im vierten Schritt muss der Nutzen ermittelt werden, den die Beteiligten von einem erfolgreichen Programm erwarten. Dieser sollte in einem fünften Schritt quantifiziert werden. Mittels der Daten können im sechsten Schritt der Nettonutzen oder die Kosten-Nutzen-Relation ermittelt werden.[1027]

- Des Weiteren lassen sich aus der *Analyse von Projektergebnissen*, deren Inhalte oder Methoden auf den Trainingsmaßnahmen basieren, Erfolge für die Gesamtunternehmung ableiten.[1028]

- Darüber hinaus kann eine *Analyse der Leistungszahlen einer Unternehmung* im Rahmen der Evaluation des Unternehmungserfolgs durchgeführt werden.[1029] Mögliche Anhaltspunkte in dem Zusammenhang können die Fluktuation, Fehlzeiten, Produktivität, Reklamationen, Betriebsunfälle, Kostenentwicklungen, Umsatzentwicklungen, Ausschuss- und Fehlerquoten oder auch die Produktionsmenge sein.[1030] Ebenso kann der so genannte *Return on Investment* ermittelt werden.[1031] Anhand der Zahlen kann untersucht werden, ob diese sich im Zuge von Trainingsmaßnahmen verbessert haben, wobei hier wiederum Kausalitäts- und Zurechenbarkeitsprobleme auftreten können.[1032]

PHILLIPS fasst hinsichtlich des Evaluationsaufwands treffend zusammen: „*So viel wie nötig, so wenig wie möglich evaluieren.*“[1033] Er räumt dahingehend ein, dass die Ermittlung des ROI sehr kostenintensiv ist und somit nur dann sinnvoll erscheint, wenn die Ergebnisse und Erlöse in direktem Zusammenhang mit einer Maßnahme stehen. Bei Evaluationen über einen länge-

---

[1027] Vgl. Brinkerhoff, R. O. (1987), S. 188 f.

[1028] Vgl. Häring, K. (2003), S. 279.

[1029] Vgl. Brinkerhoff, R. O. (1987), S. 189 ff.

[1030] Vgl. Häring, K. (2003), S. 92.

[1031] Vgl. Brinkerhoff, R. O. (1987), S. 189 ff.

[1032] Vgl. Häring, K. (2003), S. 93 sowie die Diskussion in Kapitel 3.3.4.

[1033] Phillips, J. J./Schirmer, F. C. (2008), S. 32.

ren Zeitraum sieht er dies als nicht möglich an, da zu viele andere Einflussfaktoren das Ergebnis verzerren können.[1034]

5.4.6 Metaevaluation

5.4.6.1 Inhaltliche Gestaltungselemente

Jede Evaluation muss von Zeit zu Zeit selbst einer Evaluation unterzogen werden, um zu überprüfen, ob sie noch angemessen ist oder Anpassungen benötigt. Die Evaluation einer Evaluation wird auch als Metaevaluation oder Konzeptevaluation bezeichnet.[1035] Die Evaluation von Trainings kann dabei als primäre Evaluation oder Evaluation erster Ordnung beschrieben werden, Meta-Evaluationen stellen eine sekundäre Evaluation oder Evaluation zweiter Ordnung dar.[1036]

STUFFLEBEAM nennt verschiedene Grundannahmen, denen Meta-Evaluationen unterliegen. So sollten sie (1) den *Nutzen einer Evaluation* feststellen, und sie sollten (2) sowohl *formativ als auch summativ* sein. In formativer Weise können Meta-Evaluationen dazu dienen, die einzelnen Evaluationsschritte während ihrer Planung, Durchführung und Verwertung zu reflektieren und ggf. zu modifizieren. In summativer Hinsicht geben sie eine Legitimation für das Vorgehen des Evaluators. Im Rahmen der Meta-Evaluation sollte (3) eine *Überprüfung der Evaluationsziele, -designs, -methoden, -umsetzung und -ergebnisse* erfolgen. Ferner sollte durch die Evaluation der Evaluation (4) sowohl *deskriptive* als auch *bewertende und kommentierte Daten* zur Verfügung gestellt werden, welche (5) *allen Beteiligten zugänglich* gemacht werden. Ähnlich wie bei der Evaluation erster Ordnung sollten (6) *formative Meta-Evaluationen intern* durchgeführt werden, *bewertende und legitimierende Evaluationen extern.* Zudem müssen auch in der Meta-Evaluation deren zugrundeliegende (7) *Fragestellung, die Organisation und Durchführung der Datensammlung sowie die Verbreitung der Daten* festlegt werden. Des Weiteren müssen Meta-Evaluationen (8) den Anforderungen nach *Angemessenheit, Nützlichkeit und Wirtschaftlichkeit* entsprechen.[1037]

BRINKERHOFF schlägt in Bezug auf Meta-Evaluationen ein Vorgehen in sechs Schritten vor:

- Im ersten Schritt sollte die Frage danach gestellt werden, ob überhaupt ein Evaluationsbedarf vorliegt, ob es Alternativen zu der Evaluation gibt und ob die Evaluation die ihr zugrunde gelegte Funktion erfüllen kann.

[1034] Vgl. Phillips, J. J./Schirmer, F. C. (2008), S. 32 f.

[1035] Vgl. Scriven, M. (1980), S. 8.; vgl. Stufflebeam, D. L. (1974), S. 69; vgl. Brinkerhoff, R. O. (1987), S. 233; vgl. Becker, F. G. (2006), S. 170.

[1036] Vgl. Stufflebeam, D. L. (1974), S. 69.

[1037] Vgl. Stufflebeam, D. L. (1974), S. 69 ff.

- Im zweiten Schritt muss das Evaluationsdesign dahingehend überprüft werden, ob es machbar, stimmig und ökonomisch ist und ob es auf die Funktion abgestimmt ist.
- Im dritten Schritt muss der konkrete Ablauf einer Evaluation einer Analyse unterzogen werden. Hier wird überprüft, ob die Evaluation wie geplant läuft, ob es Probleme gibt, ob sich Ziele geändert haben und ob der Zeitplan eingehalten wird.
- In einem vierten Schritt erfolgt die Analyse des „Outputs" der Evaluation, indem ein Soll-Ist-Vergleich zwischen dem, was mittels der Evaluation erreicht werden sollte und dem, was erreicht worden ist, erfolgt.
- Nachfolgend muss ermittelt werden, wer die Evaluationsergebnisse nutzt, ob die Ergebnisse überhaupt Beachtung finden und was ggf. unternommen werden kann, damit dies geschieht.
- Im letzten Schritt erfolgt der Abgleich, ob die Evaluation ihre Funktion erfüllt hat und ob der Nutzen den Aufwand rechtfertigt.[1038]

WIDMER verweist darauf, dass im Rahmen von Meta-Evaluationen spezielle Anforderungen an die Bewertungskriterien gestellt werden müssen. Er postuliert als Erfordernisse die *methodologische Offenheit*, die *umfassende Bewertung*, die *weite Verbreitung*, *Anerkennung und Akzeptanz* sowie den *ausreichenden Detaillierungsgrad*. Die methodologische Offenheit soll sicherstellen, dass Bewertungskriterien gewählt werden, die sich auf verschiedenste Ansätze und Designs von Evaluationen anwenden lassen. Zudem müssen die Kriterien in der Lage sein, Evaluationen in ihrer Gesamtheit zu erfassen. Sie dürfen dementsprechend nicht auf Teilaspekte fokussieren. Des Weiteren gilt, dass die Bewertungskriterien einer Meta-Evaluation aufgrund ihrer universellen Übertragbarkeit eine weite Verbreitung und Akzeptanz bei Vertretern verschiedenster Ansätze aufweisen sollten. Zudem gilt, dass verschiedenste Aspekte innerhalb der Evaluation durch die Kriterien erfasst werden können und dass diese differenziert beschrieben werden.[1039]

5.4.6.2 Methodische Gestaltungselemente

In der Literatur lassen sich wenig bis keine Aussagen zur konkreten methodischen Gestaltung von Meta-Evaluationen finden. Grundsätzlich gilt es, hierbei die Daten oder Entscheidungsgrundlagen der Evaluation erster Ordnung zu analysieren. Analysiert werden können in dem Zusammenhang alle Elemente des Evaluationsprozesses.[1040] Die im Folgenden möglichen Evaluationsmethoden beruhen damit auf Plausibilitätsüberlegungen.[1041]

[1038] Vgl. Brinkerhoff, R. O. (1987), S. 233.

[1039] Vgl. Widmer, T. (1996), S. 9 f.

[1040] Vgl. zu den einzelnen Elementen im Überblick Abschnitt 5.5.

[1041] Da Plausibilitätsüberlegungen eine mögliche Vorgehensweise im Rahmen von sachlich-analytischen Forschungsstrategien darstellen (vgl. Kapitel 1.1), erscheint dieses Vorgehen an dieser Stelle gerechtfertigt.

- Mögliche Instrumente zur Analyse von bestehendem Datenmaterial bildet die *Dokumentenanalyse.* Dokumentenanalysen in Bezug auf die Evaluationskonzeption, die Zeit-, Personal- und Budgetplanung können Anhaltspunkte für den Erfolg oder Nicht-Erfolg einer Evaluation bieten. Mittels dieser Analyse können auch Fragebögen oder Interviewleitfaden auf ihre Adäquanz und Richtigkeit in Bezug auf die zugrundeliegende Evaluationsfragestellung überprüft werden.[1042]

- Zudem lassen sich geführte Interviews einer *Inhaltsanalyse* unterziehen, um so Erkenntnisse über die Art und die Qualität der Interpretation der Aussagen gewinnen zu können.[1043]

- Grundsätzlich ist nach M. d. V. auch die *Methode der kritischen Ereignisse* als mögliches Instrument im Rahmen der Evaluation denkbar. Durch die Ermittlung, Dokumentation und anschließende Analyse kritischer Ereignisse im Evaluationsprozess lassen sich Erkenntnisse darüber finden, an welchen Stellen Modifikation im Evaluationsvorgehen vorzunehmen sind.

- Darüber hinaus sind als weitere Methoden auch *Primärerhebungen* mittels *Fragebögen* oder *Interviews* über das Evaluationsvorgehen der Evaluatoren denkbar. Möglich erscheint hier die Befragung der Beteiligten einer Evaluation erster Ordnung zum Vorgehen der Evaluatoren und zur Angemessenheit von Häufigkeit, Form und Inhalt der Informationen.

- Im Hinblick auf die Forderung nach Angemessenheit, Nützlichkeit und Wirtschaftlichkeit[1044] ist die Durchführung einer *Kosten-Nutzen-Analyse* der Evaluation denkbar. Möglich erscheint hier, die Kosten, die im Rahmen der Budgetplanung geplant wurden, dem Nutzen der Evaluation, z. B. gemessen daran, ob und in welchem Umfang die Erkenntnisse der Evaluation genutzt werden oder ob keine Umsetzung der Evaluationsempfehlungen erfolgt (Nutzen = 0), gegenüber zu stellen. Hier ist zu beurteilen, ob die Aufwendungen für die Evaluation in einem angemessenen Verhältnis zur Verwendung der Evaluationsergebnisse stehen.[1045]

- Darüber hinaus besteht die Möglichkeit der *Selbstbewertung* des Konzepts durch den Evaluator. Hier kann reflektiert werden, welche Phasen Probleme oder Fragen aufge-

---

[1042] Vgl. zur allgemeinen Anwendbarkeit von Dokumentenanalysen im Rahmen der Evaluation Abschnitt 5.4.1.2.

[1043] Vgl. zur allgemeinen Anwendbarkeit von Inhaltsanalysen im Rahmen der Evaluation Abschnitt 5.4.1.2.

[1044] Vgl. Abschnitt 5.4.6.1.

[1045] Auch hier gelten die Schwierigkeiten bzgl. der Bestimmung des Nutzens (vgl. Abschnitt 4.3.3.2), vgl. außerdem zu möglichen kritischen Reaktionen auf Evaluationsergebnisse Stockmann, R. (2010), S. 176 ff.

worfen haben, welche Aspekte nicht genügend berücksichtigt wurden und was verändert werden muss. Ähnlich geht auch THIERAU bei der Analyse ihres Evaluationskonzepts vor.[1046]

5.5 Prozessuale Gestaltung

In den vorangegangenen Abschnitten wurden die einzelnen grundlegenden, strukturellen und inhaltlich-methodischen Gestaltungselemente von Evaluationen des Training off-the-job dargelegt. Um eine Evaluation durchführen zu können, bedarf es einer Einbettung der Gestaltungselemente in einen Evaluationsprozess. Vorschläge zum Evaluationsprozess sind im Wesentlichen den handlungsorientierten Evaluationsansätzen zu entnehmen. Als Autoren sind hier WILL/BLICKHAN, TEICHGRÄBER und THIERAU zu nennen.[1047] Anzumerken ist, dass jedoch auch STUFFELBEAM neben dem in Kapitel vier beschriebenen CIPP-Modell[1048] einen Rahmenplan zur Evaluation vorlegt.[1049] Die grundsätzliche Planung und Durchführung einer Evaluation gleicht einem Projektmanagement. Auch hier geht es darum, alle notwendigen Arbeitsschritte zu ermitteln, Entscheidungspunkte festzulegen, den Aufwand einzelner Schritte abzuschätzen und die zu erbringende Leistung einzelner Beteiligter zu antizipieren und zu dokumentieren.[1050]

[1046] Vgl. Thierau, H. (1991), S. 230 ff.

[1047] Vgl. dazu auch Kapitel 4.4.

[1048] Vgl. dazu Kapitel 4.2.2.

[1049] Vgl. Stufflebeam, D. L. (1972), S. 40. Das Rahmenmodell besteht aus folgenden sechs Schritten: 1. Grundlegung der Evaluation, 2. Daten- und Informationssammlung, 3. Daten- und Informationsaufbereitung, 4. Daten- und Informationsanalyse, 5. Berichterstattung, 6. Administration der Evaluation.

[1050] Vgl. Wottawa, H./Thierau, H. (1990), S. 108 ff.

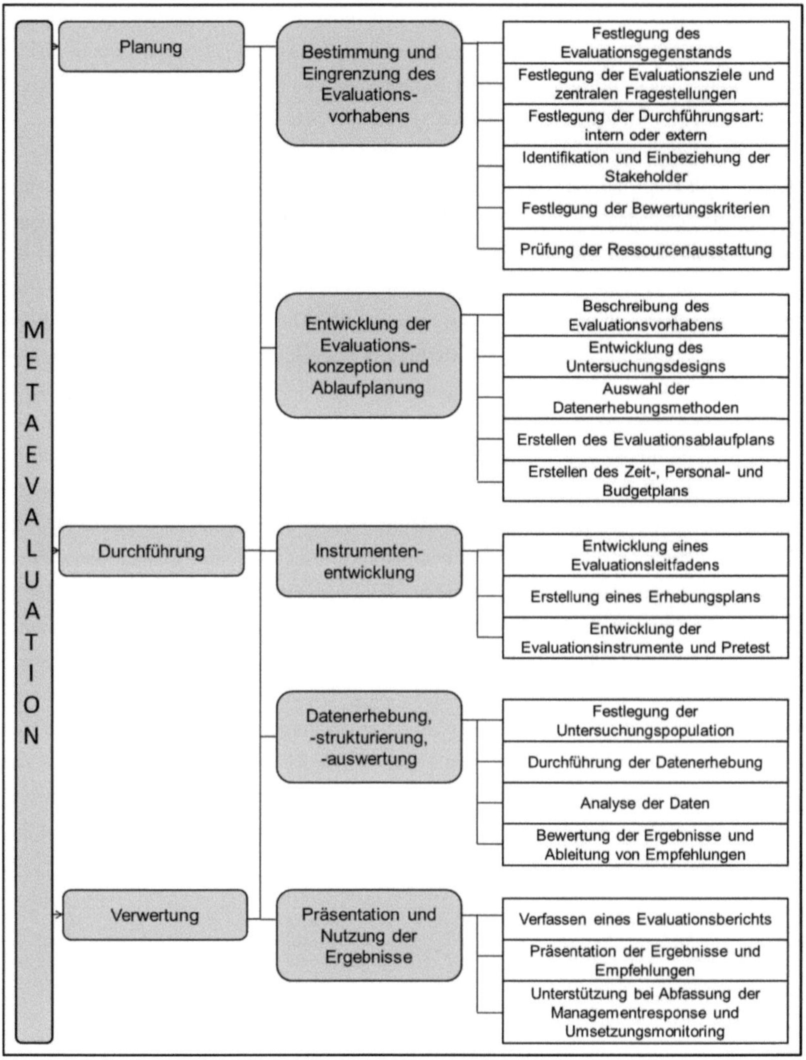

Abbildung 10: Evaluationsprozess.

Quelle: in Anlehnung an Stockmann (2010), S. 160.

Einen prozessualen Vorschlag, welcher sich am allgemeinen Vorgehen bei Forschungsprozessen orientiert, macht STOCKMANN. Er schlägt einen idealtypischen, dreiphasigen Ablauf vor, welcher die Phasen *Planung*, *Durchführung* und *Verwertung* umfasst. Er betont dabei, dass einzelne Phasen nicht immer überschneidungsfrei sind und die Gestaltung des Prozesses auf den jeweiligen Evaluationskontext abgestimmt sein muss.[1051] Auch die Prozessabläufe der anderen Autoren beinhalten, wenn auch in anderer Systematisierung, die oben genannten Phasen, ergänzen aber noch um den Punkt der Meta-Evaluation.[1052] Die Phase soll, wie Abbildung 10 verdeutlicht, im Folgenden dem Prozess von STOCKMANN zugefügt werden.

Wie Abbildung 10 zeigt, beginnt ein idealtypischer Evaluationsprozess mit der Planungsphase. Hier wird zunächst das *Evaluationsvorhaben bestimmt* und *eingegrenzt*. In dem Zusammenhang gilt es, im ersten Schritt den Evaluationsgegenstand zu bestimmen.[1053] So ist hier festzulegen, welches Training genau evaluiert werden soll und welche speziellen Aspekte und situativen Gegebenheiten die Evaluation umfassen soll.[1054] Darüber hinaus müssen die Funktionen und Ziele sowie die genauen Fragestellungen festgelegt werden.[1055] BUSHNELL sieht die Ermittlung der Evaluationsziele als elementar an, da diese den späteren Aufbau entscheidend beeinflussen.[1056] So ist in diesem Zusammenhang festzulegen, wie weit die Evaluation reichen soll, d. h. ob nur ein Teilaspekt des Trainingsprozesses evaluiert werden soll oder ob bspw. Aussagen über dessen gesamte Wirksamkeit getroffen werden sollen.[1057] Darüber hinaus ist zu Beginn der Evaluation festzulegen, ob diese intern oder extern durchgeführt werden sollte.[1058] Um feststellen zu können, wer neben dem Auftraggeber einer Evaluation noch mit in die Planung der Evaluation integriert werden soll, muss eine Analyse der Stakeholder erfolgen.[1059] Die Analyse der Stakeholder kann ebenfalls intern oder durch externe Evaluatoren stattfinden.[1060] Anschließend werden die Bewertungskriterien einer Evaluation festgelegt. Eine wesentliche Aufgabe aller oder der dafür ausgewählten Stakeholder ist die Ziel- und Auftragsklärung der Evaluation. Dabei müssen die Erwartungen an die Evaluation den ressourcenbedingten Umsetzungsmöglichkeiten gegenübergestellt werden, um so Klarheit darüber zu erlangen, was wie in welchem Zeitraum und mit welchen Ressourcen evaluiert werden kann[1061] und wer wann welche Informationen über die Evaluation erhält.[1062] Wesentlich dafür ist die Prüfung der Ressourcenausstattung.[1063]

[1051] Vgl. Stockmann (2010), S. 159 ff.

[1052] Vgl. Thierau, H. (1991), S. 123 f.

[1053] Vgl. dazu genauer Kapitel 5.2.

[1054] Vgl. Stockmann, R. (2010), S. 161.

[1055] Vgl. dazu Kapitel 5.2.

[1056] Vgl. Bushnell, D. (1990), S. 42.

[1057] Vgl. dazu Kapitel 5.2.3 sowie 5.3.3.

[1058] Vgl. dazu Kapitel 5.3.1.2.

[1059] Vgl. Abschnitt 5.3.1.1.

[1060] Vgl. Stockmann, R. (2010), S. 162.

[1061] Vgl. Abschnitt 5.2.3

[1062] Vgl. Abschnitt 5.3.4

[1063] Vgl. Abschnitt 5.2.3

Nachdem der Evaluationsgegenstand eingegrenzt ist, erfolgt die Erstellung einer *Evaluationskonzeption* und der konkreten *Ablaufplanung*. Die Konzeption einer Evaluation umfasst laut STOCKMANN folgende Inhalte:

- Beschreibung des Evaluationsgegenstands
- Funktionen, Ziele und Aufgaben der Evaluation
- Durchführungsart (interne vs. externe Evaluation)
- Auflistung der Stakeholder
- Informationsadressaten
- Evaluationsfragestellungen und Bewertungskriterien
- Evaluationsdesign (Art der Untersuchung)
- Erhebungsmethoden
- Beschreibung des Evaluationsprozesses (Ablaufplan)

Während Punkt eins bis sechs in der vorherigen Planungsstufe enthalten sind, muss im Rahmen der Evaluationskonzeption die Entscheidung für ein bestimmtes Evaluationsdesign und die dafür benötigten Datenerhebungsmethoden getroffen werden. Hier muss überlegt werden, was in welchen Phasen evaluiert werden soll und mittels welcher Methoden die benötigten Daten gewonnen werden sollen. Das Design und die Methoden müssen dabei auf die zu vermittelnde Kompetenz und die Evaluationsfunktion abgestimmt sein.[1064] Das Evaluationskonzept enthält zudem eine Beschreibung des Evaluationsprozesses, wobei hier festzulegen ist, ob der Prozess partizipativ, d. h. unter Einbezug der Stakeholder oder direktiv, d. h. auftraggeberbestimmt durchgeführt werden soll. Bei einem partizipativen Vorgehen müssen Angaben enthalten sein, wie und in welcher Art sich die Beteiligten in den Prozess einbringen können. So ist zu überlegen, ob ein regelmäßig tagender Evaluationsbeirat einberufen wird, ob Workshops stattfinden, in denen bestimmte Evaluationsschritte erarbeitet oder reflektiert werden oder ob bspw. durch die Einrichtung einer Evaluationswebsite alle Evaluationsunterlagen sowie -ergebnisse abrufbar sind.[1065]

Das Evaluationskonzept und die Ablaufplanung sollten darüber hinaus noch um eine Zeit-, Personal- und Budgetplanung ergänzt werden. Hinsichtlich der Zeitplanung besteht die Schwierigkeit in der realistischen Einschätzung des zeitlichen Umfangs einzelner Arbeitsschritte. Dazu kommt, dass einzelne Evaluationsschritte zeitlich parallel stattfinden können, so dass hier darauf geachtet werden muss, dass diese miteinander vereinbar sind und sich nicht gegenseitig behindern. So sollte darauf geachtet werden, dass die Zeitplanung den Vorstellungen der Auftraggeber gerecht wird und zugleich „Pufferzeiten" für unvorhergesehene

[1064] Vgl. dazu Abschnitt 5.4

[1065] Vgl. Stockmann, R. (2010), S. 167 f.

Ereignisse enthält.[1066] Insgesamt lässt sich die Zeitplanung anhand von Balkendiagrammen oder Netzplantechniken darstellen.[1067]

Die Personalplanung umfasst die Aufgaben der einzelnen Beteiligten einer Evaluation. Im Wesentlichen sind hier die Aufgaben der an der Evaluation direkt mitwirkenden Personen zu planen. Darüber hinaus ist jedoch auch festzuhalten, inwiefern (wann und in welchem Umfang) der Auftraggeber und andere Stakeholder in Besprechungen, Workshops, bei Datenbeschaffung und -zusammenstellungen logistische Unterstützung und ggf. als Interviewpartner eingeplant ist.[1068]

Das Evaluationsbudget umfasst im Wesentlichen die Kosten der Evaluation. Anhaltspunkte in der Vorgehensweise können den kostenanalytischen Ansätzen entnommen werden.[1069] Folgende Kostenarten sind in die Budgetplanung aufzunehmen:

- Personalkosten der Evaluatoren
- Ggf. Kosten für Berater
- Materialkosten (Material für die Datenerhebung, technische Ausstattung, Druckkosten, Telefonkosten, Porto)
- Reisekosten und Spesen
- Ggf. Kosten für Subkontrakte (Interviewdienstleister, etc.)
- Gemeinkosten (Miete, Strom, etc.)

Nach der Planung steht die *Durchführung* der Evaluation im Evaluationsprozess an. Im Zentrum der Durchführung stehen der Evaluationsleitfaden, der Erhebungsplan und die Entwicklung der Evaluationsmethoden oder -instrumente.[1070] Anhaltspunkte für die inhaltlich-methodische Umsetzung der Evaluation bietet ausführlich Kapitel 5.4. Nach der Durchführung der Evaluation erfolgt als letzter Prozessschritt die *Verwertung* der Evaluationsergebnisse. Die Nutzung der Evaluationsergebnisse durch die einzelnen Stakeholder hängt dabei entscheidend davon ab, wie es dem Evaluator gelingt, diese zu vermitteln.[1071] Unterschiedliche Methoden, vom Evaluationsbericht über Präsentationen und Abschlussworkshops, stehen hier zur Verfügung.[1072] Nach der Präsentation der Ergebnisse obliegt es den Auftraggebern, über die Nutzung der Evaluationsergebnisse und die Umsetzung der Evaluationsempfehlungen

[1066] Vgl. Stockmann, R. (2010), S. 168.

[1067] Vgl. Wottawa, H./Thierau, H. (1990), S. 113 ff.

[1068] Vgl. Stockmann, R. (2010), S. 168.

[1069] Vgl. Abschnitt 4.3.2.

[1070] Vgl. Stockmann, R. (2010), S. 169 ff.

[1071] Vgl. Stockmann, R. (2010), S. 174.

[1072] Vgl. Abschnitt 5.3.4.

sowie das Umsetzungsmonitoring (Überwachung des Umsetzungsprozesses innerhalb der Unternehmung) zu entscheiden.[1073]

Die *Meta-Evaluation* ist als Evaluation der Evaluation zu sehen und bezieht sich auf alle vorab genannten Phasen. Der Evaluator erhält durch die Reflexion seines Vorgehens eine nachträgliche Lernmöglichkeit.[1074]

5.6 Kritische Reflexion des Entscheidungsrahmens

Wie der Entscheidungsrahmen zeigt, bestehen bei Evaluationen des Training off-the-job verschiedene Gestaltungsmöglichkeiten hinsichtlich des grundlegenden, strukturellen, inhaltlich-methodischen und prozessualen Aufbaus. Die Abbildungen 11 und 12 veranschaulichen noch einmal die einzelnen Elemente und deren verschiedene Ausprägungen oder Teilelemente, die im Entscheidungsrahmen berücksichtigt wurden und welche unterschiedlich gestaltet werden können. Je nach individuellen Gegebenheiten, kann, mit Hilfe der einzelnen Elemente, die Evaluation auf die jeweilige Situation und den Evaluationsanlass einer Unternehmung abgestimmt werden.

Der Entscheidungsrahmen verfolgt den Anspruch, Evaluationsmöglichkeiten für ein Training off-the-job aufzuzeigen, die den gesetzten Anforderungen an ebendiese gerecht werden. Inwiefern sie eingehalten werden, hängt jedoch von der individuellen Ausgestaltung der Evaluation in den Unternehmungen ab. So ist die Einhaltung der methodischen Anforderungen nur dann gegeben, wenn die Evaluation unter Einbezug der Beteiligten verläuft und die Informationsverteilung und die methodische Ausgestaltung der Daten so gestaltet wird, dass eine Glaubwürdigkeit, Konfirmierbarkeit und Nachvollziehbarkeit der Daten gegeben ist. Auch wenn nicht der Anspruch besteht, Kausalitätsbeziehungen durch den Einsatz quantitativer Methoden nachzuweisen, liegen dem Bezugsrahmen dennoch Annahmen über die Interdependenzen zwischen den einzelnen Evaluationsphasen und -inhalten zugrunde.[1075] Eindeutige Aussagen darüber, wie stark der Zusammenhang zwischen einzelnen Inhalten ist, können, wie jeweils in den Ausführungen zur inhaltlichen Gestaltung der Evaluationsphasen angedeutet wurde, jedoch nicht getroffen werden.[1076]

[1073] Vgl. Stockmann, R. (2010), S. 179.

[1074] Vgl. Thierau, H. (1991), S. 123 f.; vgl. zu genaueren Ausführungen auch Abschnitt 5.4.6

[1075] Vgl. Abschnitt 5.1.

[1076] Vgl. dazu die Abschnitte zu den inhaltlichen Gestaltungselementen in den Abschnitten 5.4.2 bis 5.4.5.4.

Kategorie der Gestaltungs-elemente	Elemente	Ausprägungen									
Grundlegende Elemente	Evaluations-gegenstand	WB-Strategie		Inhalt/Kompetenzbezug			Zeitliche Struktur			Häufigkeit des Stattfindens	
		determi-nistisch	katalytisch	F	M	S	Block-veranstaltung	Fragmentierte Veranstaltung		einmal	mehrmals
							ein Tag	mehrere Tage			
	Funktionen der Evaluation	Optimierung					Legitimierung				
	Evaluations-strategie und -fokus	Strategie					Fokus				
		Keine Evaluation	Nur-Reaktion	Basis	Professionell		Maßnahme insgesamt			Teilaspekte	
	Ressourcen und Zugang	Ressourcen						Zugang zu evaluationsrelevanten Bereichen			
		personelle		zeitliche		finanzielle		umfassend		eingeschränkt	
		quantitativ	qualitativ	Evaluator	andere Beteiligte	hoch	gering				

Abbildung 11: Der Entscheidungsrahmen im Überblick - Teil 1.

Legende:
F = Fachkompetenz
M = Methodenkompetenz
S = Sozialkompetenz
WB = Weiterbildung

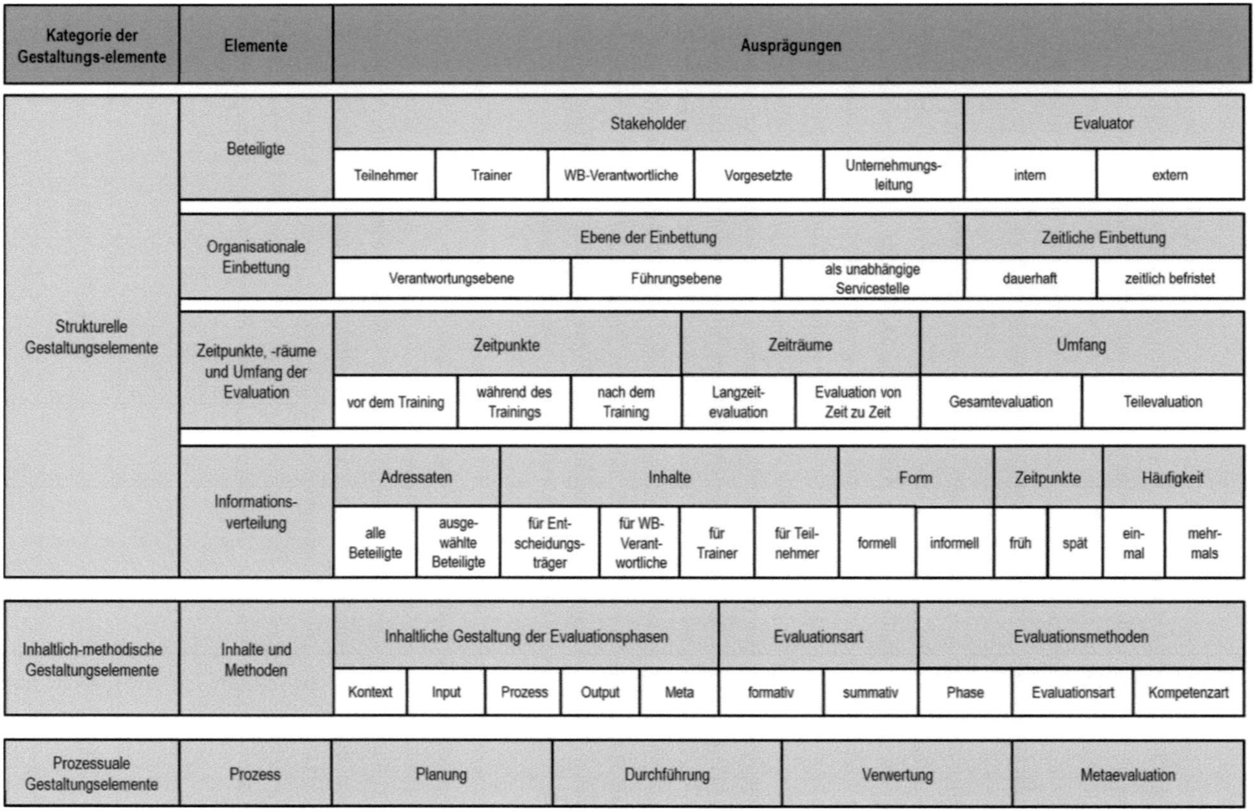

Abbildung 12: Der Entscheidungsrahmen im Überblick - Teil 2.

Die in Kapitel 3.3.3 beschriebenen Kausalitätsprobleme und Zurechnungsprobleme können somit auch hier nicht gelöst werden. MARTIN verweist entsprechend darauf, dass es keiner wissenschaftlichen Untersuchung gelingen wird, „zu den Dingen selbst“ durchzudringen, so dass ohnehin nur über Indikatoren Anhaltspunkte für mögliche Zusammenhänge gewonnen werden können.[1077] Somit scheint auch die Kritik von SCRIVEN berechtigt, welcher infrage stellt, ob dies überhaupt geschehen muss oder ob es nicht ausreicht, intern festzustellen, ob und wie gut ein Training verläuft, ohne dass man erklären kann warum.[1078]

Hinsichtlich der inhaltlichen Anforderungen *Ganzheitlichkeit, Funktionsbezogenheit, Kompetenzbezogenheit, Transferbezogenheit* sowie *Partizipation* der Beteiligten zeigt der Bezugsrahmen verschiedene Möglichkeiten der Ausgestaltung. Diese hängt elementar von den zur Verfügung stehenden Ressourcen ab. Gerade in Bezug auf die Evaluationsmethoden muss darauf geachtet werden, dass diese an die jeweilige Unternehmungskultur angepasst werden, so dass hier auch eine Akzeptanz gegenüber der angewandten Methode besteht. Grundsätzlich sind dabei, unabhängig von der Größe der Unternehmung, alle Methoden denkbar, allerdings ist festzuhalten, dass sich für kleine Unternehmen häufig Methoden anbieten, die einen direkten Informationsaustausch zulassen.[1079] Insgesamt müssen die Evaluationsmethoden auf das jeweilige Ziel der Weiterbildungsmaßnahme abgestimmt sein.[1080] Einschränkend wirkt in Bezug auf den Methodeneinsatz vor allem die Größe des „Evaluationsstabs“.[1081] In Bezug auf die formalen Anforderungen nach Praktikabilität und Wirtschaftlichkeit der Evaluation kann somit von einem indirekten Einfluss der Unternehmensgröße ausgegangen werden.

Dementsprechend besteht innerhalb der im Entscheidungsrahmen aufgezeigten Methoden kein Anspruch auf Vollständigkeit. Sie können somit ergänzt werden. Auch soll nicht generell ausgeschlossen werden, dass Kontrollgruppen-Designs im Rahmen der Evaluation von off-the-job Trainings eingesetzt werden können, sofern die Ressourcensituation in den Unternehmungen dies erlaubt und die Akzeptanz seitens der Beteiligten gegeben ist. In Anlehnung an TEICHGRÄBER kann jedoch konstatiert werden: *„Es bleibt festzuhalten, dass eine anwendungsorientierte ... [Evaluation] nutzerbezogen konzipiert werden muss und von einer Priorität qualitativer, situationsnaher (naturalistischer) Forschungsmethoden auszugehen hat (...).“*[1082]

[1077] Vgl. Martin, A. (2006), S. 30.

[1078] Vgl. Scriven, M. (1999), S. 521 ff.

[1079] Vgl. Bronner, R./Schröder, W. (1983), S. 111 f.

[1080] Vgl. Wittwer, W. (1999), S. 13.

[1081] Vgl. Bronner, R./Schröder, W. (1983), S. 111 f.

[1082] Teichgräber, R. (1987) , S. 166.

Grundsätzlich ist zu beachten, dass eine Bereitschaft zur Anpassung des Evaluationskonzepts und der -methoden bestehen sollte. Die verwendeten Evaluationsmethoden bzw. die Grundsätze für ihre Verwendung sollten bei den ersten Anzeichen von Kritik oder Verunsicherung seitens der Seminarteilnehmer zur Diskussion gestellt werden, um daraufhin beibehalten, modifiziert oder abgeschafft werden zu können.[1083] Ob eine Evaluation entsprechend den Erwartungen verläuft und damit als erfolgreich angesehen werden kann, hängt zudem wesentlich von den individuellen Gegebenheiten in einer Unternehmung ab. So ist ein gutes Betriebsklima, welches einen offenen Austausch von Informationen zwischen Linienbeschäftigten und Stäben erfordert, Grundvoraussetzung für die Analyse und Lösung von Problemen.[1084]

Ferner ist zu berücksichtigen, dass mit der Entwicklung des Entscheidungsrahmens ein betriebswirtschaftlich-utopisches Anliegen verfolgt wurde. Dies impliziert, dass der Entscheidungsrahmen im Wesentlichen als Leitidee gesehen werden kann, welcher sich auf Plausibilitätsüberlegungen stützt und damit rechtliche Normen vernachlässigt.[1085] Bei der Umsetzung der aufgezeigten Elemente ist in der Praxis entsprechend deren Rechtmäßigkeit im Hinblick auf allgemeine oder unternehmungsbezogene Rahmenbedingungen zu überprüfen.

[1083] Vgl. Teichgräber, R. (1987), S. 165.

[1084] Vgl. Bronner, R./Schröder, W. (1983), S. 111 f.

[1085] Vgl. zum utopischen Wissenschaftsziel Stitzel (1985), S. 141 ff.

6 Schlussbetrachtung

6.1 Zusammenfassung und Fazit

Ziel der vorliegenden Arbeit war es, einen Bezugsrahmen für die Evaluation des Training off-the-job zu entwickeln. Dazu wurde eine sachlich-analytische Forschungsstrategie gewählt, innerhalb derer zwei aufeinander aufbauende Bezugsrahmen konzipiert wurden. Innerhalb des Konzeptionsrahmens wurden als erster Schritt die begrifflichen Grundlagen zum Training off-the-job und der Evaluation gelegt. Die Zusammenführung der unterschiedlichen Lerntheorien mit der Präzisierung des Begriffs „Training off-the-job" sowie dem hier zugrunde gelegten Verständnis von Evaluation machte deutlich, dass ein kognitives Lernverständnis als Grundlage herangezogen werden kann. Im Rahmen der Deskription der Realität wurden die einzelnen Funktionen an Evaluationen aufgezeigt und auf zwei wesentliche Funktionen, die Optimierungsfunktion und die Legitimierungsfunktion, reduziert. Darüber hinaus wurden mögliche Restriktionsebenen erläutert. In dem Zusammenhang wurden ressourcenbedingte, personenbedingte und methodische Grenzen aufgezeigt. Insbesondere wurde hier deutlich, dass die Probleme der Wirkungseinflüsse unterschiedlicher Faktoren sowie die Operationalisierung von nicht-monetären Zielgrößen ein bis heute nicht gelöstes Problem darstellen. Aus den Funktionen und Grenzen der Evaluation sowie weiteren Erkenntnissen aus der Theorie und Empirie wurden schließlich Anforderungen an die Evaluation des Training off-the-job abgeleitet, welche als Basis für die Diskussion der bereits in der Literatur vorhandenen Evaluationsansätze dienten. Diese wurden im vierten Kapitel zunächst neu systematisiert, anschließend vorgestellt und nachfolgend auf Basis der Anforderungen diskutiert, so dass Implikationen für den nachfolgenden Entscheidungsrahmen aufgezeigt werden konnten. Dabei wurde deutlich, dass die wesentlichen Erkenntnisse in Bezug auf die Evaluationen des Training off-the-job aus den pragmatischen prozessorientierten Ansätzen sowie aus den handlungsorientierten Ansätzen gewonnen werden können. Die analytischen prozessorientierten Ansätze entsprechen nicht der pragmatisch-naturalistischen Forschungsorientierung dieser Arbeit und sind aus Gründen der Wirtschaftlichkeit und Praktikabilität in der Praxis nicht umsetzbar. Die controllingorientierten Ansätze bieten ebenfalls keine wesentlichen Hinweise für eine pragmatische und ganzheitliche Evaluation, können aber punktuell methodische Ansatzpunkte liefern.

Das Vorgehen mittels eines Konzeptionsrahmens diente dazu, eine Ordnung in die bestehende Forschung zur Evaluation der Personalentwicklung im Allgemeinen und damit auch hinsichtlich des Training off-the-job zu bringen. Einhergehend damit konnten die ersten drei Fragen danach, welche Funktionen Evaluationen aufweisen können, welche Anforderungen an die Evaluation des Training off-the-job gestellt werden können sowie welche Hinweise vorhandene Evaluationsansätze für die Gestaltung der Evaluation des Training off-the-job liefern können, beantwortet werden.

Das fünfte Kapitel widmete sich der Frage, welche Möglichkeiten zur Ausgestaltung von Evaluation sich unter Berücksichtigung der im Forschungsverlauf gewonnenen Erkenntnisse ergeben. Diese Möglichkeiten zeigt der zweite Bezugsrahmen, sprich der Entscheidungsrahmen, auf. Hier wurden die grundlegenden, strukturellen, inhaltlich-methodischen sowie prozessualen Gestaltungsoptionen aufgezeigt. Dies geschah anhand von explanatorischen Aussagen über die einzelnen Beziehungen zwischen den Elementen der Evaluation des Training off-the-job und führte zu praxeologischen Aussagen, welche eine Orientierungshilfe in Bezug auf praktische Handlungsmöglichkeiten bieten. Auf der inhaltlich-methodischen Ebene wurden insbesondere verschiedene Gestaltungsmöglichkeiten innerhalb verschiedener Evaluationsphasen in Bezug auf unterschiedliche Kompetenzen und in Verbindung mit der Entscheidung für eine optimierende oder legitimierende Evaluation aufgezeigt. Der Entscheidungsrahmen wurde abschließend kritisch reflektiert.

Die Ausführungen zum Forschungsanlass zeigten, dass das Interesse an der Evaluation von Personalentwicklungsmaßnahmen insbesondere durch die gestiegene Bedeutung der betrieblichen Weiterbildung in den vergangenen Jahren deutlich gestiegen ist.[1086] In der Praxis wird jedoch vorwiegend das Vier-Ebenen-Modell von KIRKPATRICK als Orientierungshilfe für Evaluationen herangezogen. Der hier entwickelte Bezugsrahmen und insbesondere der Entscheidungsrahmen, zeigen Möglichkeiten auf, eine individuelle, zur Unternehmung passende, wirtschaftliche und praktikable Evaluation des Training off-the-job zu konzipieren. Dabei werden insbesondere unterschiedliche Handlungsmöglichkeiten in Bezug auf die beiden wesentlichen Funktionen von Evaluationen (Optimierung und Legitimierung) sowie innerhalb der einzelnen Evaluationsphasen und darüber hinaus auch in Bezug auf die Erhebung unterschiedlicher Kompetenzen aufgezeigt. Die Arbeit leistet damit einen Beitrag dazu, Handlungsoptionen aufzuzeigen, die eine praktische Übertragung auf den individuellen Kontext ermöglichen, und schließt damit eine bestehende Forschungslücke, indem sie die bisher eher abstrakt formulierten Evaluationsansätze zusammenführt und konkretisiert.

Damit bietet der vorliegende Entscheidungsrahmen Evaluationsinteressierten die Möglichkeit, über die Wahl verschiedener, individuell passender Gestaltungsoptionen, systematische Erkenntnisse über den Verlauf oder auch den Erfolg eines Trainings zu gewinnen, was zu einer Verbesserung der Trainingsqualität beitragen kann.

[1086] Vgl. Oram, M. (1999), S. 18.

6.2 Ausblick

Wenige Erkenntnisse bestehen in der Evaluationsforschung bisher in Bezug auf die Metaevaluation. Die hier getroffenen Aussagen beruhen vorrangig auf Plausibilitätsüberlegungen und Indizien. Hier gilt es weitere Forschungen bezüglich der Erhebungsmethoden anzustellen oder auch konkrete Entscheidungsrahmen speziell für Metaevaluationen zu entwickeln, um hier ebenso konkrete praxeologische Aussagen treffen zu können.

Ebenso wurde deutlich, dass speziell die Methode der kritischen Ereignisse in vielen Phasen der Evaluation einsetzbar ist. Da sich diese Methode auf die wirklich kritischen Elemente innerhalb eines Prozesses konzentriert, ist es denkbar, dass dadurch eine Fokussierung der Evaluation erreicht werden kann, so dass eine ganzheitliche, aber dennoch im Umfang reduzierte Evaluation möglich wäre. Anhaltspunkte für kritische Ereignisse können hier ggf. aus der Transferforschung entnommen werden. So wird innerhalb mehrerer Transfermodelle auf die Bedeutung einzelner Determinanten hingewiesen. Eine interessante Studie diesbezüglich liefert MEIßNER, die im Rahmen einer Delphi-Studie Experten zu den wesentlichen Transferdeterminanten in der Weiterbildung befragt hat.[1087] KNYPHAUSEN-AUFSEß/SMUKALLA/ABT geben zudem im Rahmen eines Transfer-Portfolios eine Übersicht zu zentralen Faktoren, welche sie zudem nach deren Beeinflussbarkeit durch die Unternehmung und den Nutzen für die Unternehmung einteilen.[1088] Eine praktische Erprobung und Überprüfung der Verknüpfung dieser Methoden könnte daher weitergehende interessante Evaluationsmöglichkeiten aufzeigen. Somit wird deutlich, dass die Transfer- und Evaluationsforschung näher zusammen rücken sollten. Während erstere sich auf die wesentlichen Determinanten in Bezug auf Trainings konzentriert, kann zweite einen Beitrag dazu leisten, die transferförderliche Ausgestaltung von bestimmten Faktoren zu unterstützen.

Darüber hinaus beziehen sich die Gestaltungsoptionen des Entscheidungsrahmens in dieser Arbeit lediglich auf off-the-job Trainings, die vor dem Hintergrund eines kognitiven Lernverständnisses konzipiert sind. Zunehmens werden jedoch auch konstruktivistische Ansätze des Lernens im Rahmen der Weiterbildung diskutiert. Erkenntnisse zu Ausgestaltung und zur Evaluation liegen jedoch nur vereinzelt vor,[1089] so dass hier konzeptionelle theoretische Überlegungen ebenso notwendig erscheinen, wie die empirische Erprobung unterschiedlicher Vorgehensweisen.

[1087] Vgl. Meißner, A. (2012).

[1088] Vgl. Knyphausen-Aufseß, D. zu/Smukalla, M./Abt, M. (2009), S. 298 ff.

[1089] Vgl. Schaper (1997), vgl. Sonntag, K.-H./Stegmeier, R./Müller, B. et. al (2000).

Literaturverzeichnis

Ackermann, K. (2000): Balanced Scorecard für Personalmanagement und Personalführung. Praxisansätze und Diskussion. Wiesbaden 2000.

Alliger, G. M./Janak, E. A. (1989): Kirkpatrick's levels of training criteria: thirty years later. In: Personnel Psychology, 42 (1989) 1, S. 331-342.

Alliger, G. M./Tannenbaum, S. I./Bennett, W., et al. (1997): A meta-analysis of relations among training criteria. In: Personnel Psychology, 50 (1997) 2, S. 341-358.

Amsel, A. (1989): Behaviorism, neobehaviorism, and cognitivism in learning theory. Historical and contemporary perspectives. Hillsdale, New Jersey 1989.

Arnold, R. (1996): Von der Erfolgskontrolle zur entwicklungsorientierten Evaluierung. In: Münch, J. (Hrsg.): Ökonomie betrieblicher Bildungsarbeit. (Ausbildung, Fortbildung, Personalentwicklung) Berlin 1996, S. 251-267.

Arnold, R. (1999): Evaluierung und Qualitätssicherung in der Weiterbildung. In: Wittwer, W. (Hrsg.): Transfersicherung in der beruflichen Weiterbildung. (Beiträge zur Bildungsplanung und Bildungsökonomie) Frankfurt am Main 1999, S. 85-100.

Arnold, R. (2004): Lernen und Lerntheorien. In: Gaugler, E./Oechsler, W. A./Weber, W. (Hrsg.): Handwörterbuch des Personalwesens. 3., überarb. u. erg. Aufl., Stuttgart 2004, Sp. 1093-1103.

Arnold, R./Krämer-Stürzl, A. (1995): Neue Tendenzen in der Weiterbildung. Illustriert am Beispiel der betrieblichen Weiterbildung. In: GdWZ, 6 (1995) 3, S. 134-139.

Aschendorf, M. (1997): Auf Heller und Pfennig. In: Wirtschaft und Weiterbildung, o. Jg. (1997) 1, S. 41-43.

Atteslander, P. (2008): Methoden der empirischen Sozialforschung. 12., durchges. Aufl., Berlin 2008.

Backhausen, W./Thommen, J.-P. (2006): Coaching. Durch systemisches Denken zu innovativer Personalentwicklung. 3., akt. und erw. Aufl., Wiesbaden 2006.

Baldwin, T. T./Ford, J. K. (1988): Transfer of Training - A review and directions for future research. In: Personnel Psychology, 41 (1988) 1, S. 63-105.

Baldwin, T. T./Magjuka, R. J./Loher, B. T. (1991): The perils of participation. Effects of Choice of Training on Trainee Motivation and Learning. In: Personnel Psychology, 44 (1991) 1, S. 51-65.

Bales, R. F. (1950): Interaction process analysis. A method for the study of small groups. Chicago 1950.

Balzereit, B. (1980): Personalentwicklung und Personalsteuerung. Eine Untersuchung der funktionalen Beziehungen zwischen Personalentwicklung, Organisation und Führung in Betriebswirtschaften. Paderborn 1980.

Bandura, A./Verres, R. (1979): Sozial-kognitive Lerntheorie. Stuttgart 1979.

Bandura, A./Walters, R. H. (1963): Social learning and personality development. New York 1963.

Bank, V. (1997): Controlling in der betrieblichen Weiterbildung. Über die freiwillige Selbstbeschränkung auf ein zweckrationales Management quasi-deterministischer Strukturen. Köln 1997.

Bardeleben von, R./Böll G./Kühn, H. (1986): Strukturen betrieblicher Weiterbildung. Ergebnisse einer empirischen Kostenuntersuchung. (Berichte zur beruflichen Bildung, H. 83, Bundesinstitut für Berufsbildung) Berlin, Bonn 1986.

Barnard, Y. F./Veldhuis, G. J./van Rooij, J. C. G. M. (2001): Evaluation in Practice. Identifying factors for improving transfer of training in technical domains. In: Studies in Educational Evaluations, 27 (2001) 27, S. 269-290.

Bates, R. (2004): A critical analysis of evaluation practice. The Kirkpatrick model and the principles of benefice. In: Evaluation and Program Planning, 26 (2004) 27, S. 341-147.

Baumgart, F. (2007): Entwicklungs- und Lerntheorien. Erläuterungen - Texte - Arbeitsaufgaben. Nachdr. der 2., durchges. Aufl., Bad Heilbrunn 2007.

Beck, R./Schwarz, G. (2004): Personalentwicklung. 2., erw. und überarb. Aufl., Augsburg 2004.

Becker, F. G. (1991): Potentialbeurteilung - eine kafkaeske Komödie!? In: Zeitschrift für Personalforschung, 5 (1991) 1, S. 63-77.

Becker, F. G. (1996): Personalentwicklung. In: Kern, W./Schröder, H./Weber, J. (Hrsg.): Handwörterbuch der Produktionswirtschaft. Stuttgart 1996, Sp. 1371-1381.

Becker, F. G. (2003): Grundlagen betrieblicher Leistungsbeurteilungen. Leistungsverständnis und -prinzip, Beurteilungsproblematik und Verfahrensprobleme. Stuttgart 2003.

Becker, F. G. (2005): Den Return of Development messen. Möglichkeit und Grenzen der Evaluation. In: Personalführung, 38 (2005) 4, S. 48-53.

Becker, F. G. (2006): Evaluations- und Transferproblematik der Personalentwicklung in der Praxis. In: Betriebswirtschaftliche Blätter, o. Jg. (2006) 3, S. 169-173.

Becker, F. G./Friske, V./Meurer, C., et al. (2010): Einsatz des Problemorientierten Lernens in der betriebswirtschaftlichen Hochschullehre. In: WiSt, 39 (2010) 8, 366–371.

Becker, F. G./Günther, S. (1999): Evaluation der betrieblichen Personalentwicklung. In: Grundlagen der Weiterbildung, 10 (1999) 6, S. 272-275.

Becker, F. G./Meißner, A./Werning, E. (2008): Evaluation externer Weiterbildung. Mehr als nur "Happy Sheets"? In: Personalführung, 41 (2008) 12, S. 64-71.

Becker, F. G./Werning, E. (2011): Grundlagen der Unternehmungsführung. Einführung in die Managementlehre. Berlin 2011.

Becker, G. S. (1970): Investitionen in Humankapital. Eine theoretische Analyse. In: Hüfner, K. (Hrsg.): Bildungsinvestitionen und Wirtschaftswachstum. Ausgewählte Beiträge zur Bildungsökonomie, Stuttgart 1970, S. 131-196.

Becker, M. (1995): Bildungscontrolling. Möglichkeiten und Grenzen aus wissenschaftstheoretischer und bildungspraktischer Sicht. In: Landsberg, G. von/Weiß, R. (Hrsg.): Bildungs-Controlling. Möglichkeiten und Grenzen aus wissenschaftstheoretischer und bildungspraktischer Sicht. 2., überarb. Aufl., Stuttgart 1995, S. 57-80.

Becker, M. (2002): Personalentwicklung. Bildung, Förderung und Organisationsentwicklung in Theorie und Praxis. 3., überarb. und erw. Aufl., Stuttgart 2002.

Becker, M. (2003): Die neue Rolle der Personalentwicklung. In: Personal, 55 (2003) 2, S. 14-17.

Becker, M. (2005): Systematische Personalentwicklung. Planung, Steuerung und Kontrolle im Funktionszyklus. Stuttgart 2005.

Berger, M. (1974): The Management Obsolence Inventory. In: Training and development journal, 28 (1974) June, S. 38-39.

Bethke, F. S. (2003): Kompendium. Controlling, Evaluation und Reporting von Weiterbildung und Personalentwicklung. Konstanz 2003.

Bergmann, G. (1989): Evaluation und Transfer-Unterstützung des verhaltensorientierten Management-Trainings in betrieblichen Organisationsfamilien. In: Höfling, S./ Butollo, W. (Hrsg.): Psychologie für Menschenwürde und Lebensqualität. Aktuelle Herausforderung und Chancen für die Zukunft. (Bericht über den 15. Kongreß für Angewandte Psychologie) München 1989, S. 290-303.

Bergmann, G. (2003): Bildungscontrolling - Transfer - Evaluation. In: Hofmann, L. M./Regnet, E. (Hrsg.): Innovative Weitebildungskonzepte. Trends, Inhalte und Methoden der Personalentwicklung in Unternehmen. 3., vollst. überarb. u. erw. Aufl., (Psychologie für das Personalmanagement) Göttingen 2003, S. 267-279.

Bernatzeder, P./Bergmann G. (1997): Qualität in der Weiterbildung sichern - aber wie? In: Harvard Business Manager, 19 (1997) 2, S. 107-117.

Berthel, J./Becker, F. G. (2010): Personal-Management. Grundzüge für Konzeptionen betrieblicher Personalarbeit. 9., vollst. überarb. Aufl., Stuttgart 2010.

Beywl, W. (1999): Evaluatives Denken im betrieblichen Bildungsmanagement. In: Evaluation der betrieblichen Bildung, o. Jg. (1999) o. H., S. 17-34.

Beywl, W./Schobert, B./Speer, S. (2003): Evaluation nutzbringend gestalten. Der integrative Ansatz von Univation, dem Institut für Evaluation und wissenschaftliche Weiterbildung aus Köln. In: Zeitschrift für Evaluation, 2 (2003) 1, S. 119-129.

Beywl, W. (2000): Zur Weiterentwicklung der Evaluationsmethodologie. Grundlegung, Konzeption und Anwendung eines Modells der responsiven Evaluation. Reprint der Ausg. von 1988, Frankfurt am Main 2000.

Beywl, W./Schobert, B. (2000): Evaluation - Controlling - Qualitätsmanagement in der betrieblichen Weiterbildung. Kommentierte Auswahlbibliographie. 3., akt. und überarb. Aufl., Bielefeld 2000.

Beywl, W./Widmer, T. (2006): Die Übertragbarkeit der Evaluationsstandards auf unterschiedliche Anwendungsfelder. In: Joint Committee on Standards for Educational Evaluation; Sanders, J. R. (Hrsg.): Handbuch der Evaluationsstandards. 3., erw. und akt. Aufl., Wiesbaden 2006, S. 247-261.

Bischof, J./Speckbacher, G. (2001): Personalmanagement und Balanced Scorecard - theoretischer Anspruch und praktische Realität. Eine empirische Untersuchung. In: Grötzinger, M./Uepping, H. (Hrsg.): Balanced Scorecard im Human Resource Management. Strategie - Einsatzmöglichkeiten - Praxisbeispiele. Neuwied, Kiel 2001, S. 3-20.

Bloom, B. S. (1969): Some theoretical issues relating to educational evaluation. In: Tyler, R. W. (Hrsg.): Educational Evaluation. New Roles, New Means, Chicago 1969.

Borkenau, P./Friedel, A./Wolfradt, U. (2011): Standardisierte Persönlichkeitsfragebögen. In: Hornke, L. (Hrsg.): Persönlichkeitsdiagnostik. Göttingen 2011, S. 1-72.

Bortz, J./Döring, N. (2009): Forschungsmethoden und Evaluation. Für Human- und Sozialwissenschaftler. 4., überarb. Aufl., Heidelberg 2009.

Brackhane, R. (1986): Berufliche Weiterbildung. In: Sarges, W. (Hrsg.): Psychologie für die Erwachsenenbildung - Weiterbildung. Göttingen 1986, S. 108-119.

Brandl, J./Welpe, I. (2006): Ursachen der Ablehnung von Human Capital Management seitens der Unternehmensführung. Eine Analyse aus Perspektive interpretativer Ansätze der Accountingforschung. In: DBW, 66 (2006) 5, S. 542-560.

Brandt, J. (1992): Controlling. München 1992.

Brethower, K. S./Rummler, G. A. (1979): Evaluating Training. In: Training and development journal, 33 (1979) May, S. 14-22.

Brinkerhoff, R. O. (1987): Achieving results from training. How to evaluate human resource development to strengthen programs and increase impact. San Francisco 1987.

Brinkerhoff, R. O./Dressler, D. (2002): Using Evaluation to build Organizational Performance and Leadership Capability. A Strategy and a Method. In: Performance Improvement, 41 (2002) 6, S. 14-21.

Bronfenbrenner, U. (1978): Ansätze zu einer experimentellen Ökologie menschlicher Entwicklung. In: Oerter, R. (Hrsg.): Entwicklung als lebenslanger Prozeß. Hamburg 1978, S. 33-65.

Bronner, R. (1983): Erfolgsermittlung in der Weiterbildung. In: Weber, W. (Hrsg.): Betriebliche Aus- und Weiterbildung. Paderborn 1983, S. 191-205.

Bronner, R./Hische, V. (1995): Zur Entwicklung eines Evaluationsinstrumentariums. In: Landsberg, G. von/Weiß, R. (Hrsg.): Bildungs-Controlling. 2., überarb. Aufl., Stuttgart 1995, S. 47-55.

Bronner, R./Schröder, W. (1983): Weiterbildungserfolg. Modelle und Beispiele systematischer Erfolgssteuerung. München 1983.

Bushnell, D. (1990): Input, Process, Outcome. A model for Evaluating Training. In: Training and development journal, 44 (1990) March, S. 41-43.

Clement, R. W. (1982): Testing the hierarchy theory of training evaluation. An expended role for trainee reactions. In: Public personnel management, 11 (1982) o. H., S. 176-184.

Coenenberg, A. G. (1995): Einheitlichkeit und Dringlichkeit von internem und externem Rechnungswesen. Die Anforderungen der internen Steuerung. In: Der Betrieb, 48 (1995) 42, Sp. 2077-2083.

Conradi, W. (1983): Personalentwicklung. Stuttgart 1983.

Cronbach, L. J. (1972): Evaluation zur Verbesserung von Curricula. In: Wulf, C. (Hrsg.): Evaluation. Leck/Schleswig 1972, S. 41-59.

Dahms, W./Gerl, H. (1991): Evaluation und Transfer in der betrieblichen Weiterbildung. In: Arnold, R. (Hrsg.): Taschenbuch der betrieblichen Bildungsarbeit. Hohengehren 1991, S. 234-245.

Deutsche Gesellschaft für Evaluation (2002): Standards für Evaluation. 2., durchges. Aufl., Köln 2002.

Diedrich, A. (1988): Effizienz betrieblicher Weiterbildung. Betriebliche Weiterbildung als einzelwirtschaftliches Entscheidungsproblem. Diss.-Schrift Köln 1988.

Dieterle, W. K. M. (1983): Betriebliche Weiterbildung. Problemfelder und Konzeptionen. Göttingen 1983.

Diggory, J. C. (1966): Self-Evaluation. Concepts and Studies. New York, London, Syndey 1966.

Drucker, P. F. (1971): Die ideale Führungskraft. Düsseldorf 1971.

Drumm, H. J. (2005): Personalwirtschaft. 5., überarb. u. erw. Aufl., Berlin, Heidelberg 2005.

Dubs, R. (1990): Lernprozesse in Unternehmungen beschleunigen. Zur Transferproblematik in Unternehmungen. In: Die Unternehmung, 44 (1990) 3, S. 154-163.

Duden (1974): Fremdwörterbuch. 3., völlig neu bearb. u. erw. Aufl., Band 5, Mannheim, Wien, Zürich 1974.

Duffy, T. M./Jonassen, D. (1992): Constructivism. New implications for instructional technology. In: Duffy, T. M./Jonassen, D. (Hrsg.): Constructivism and the Technology of Instruction. Erlbaum, Hillsdale 1992, S. 1-16.

Dunnette, M. (1963): A note on the criterion. In: Journal of Applied Psychology, 48 (1963) 47, S. 251-254.

Easterby-Smith, M. (1986): Evaluation of management education, training and development. Aldershot 1986.

Ebert, G. (1995): Kostenrechnerische Steuerung des Bildungsbereichs. In: Landsberg, G. von/ Weiß, R. (Hrsg.): Bildungs-Controlling. 2., überarb. Aufl., Stuttgart 1995, S. 147-154.

Eder, K./Kailer, N. (1995): Von der Schulung zur strategisch orientierten Personalentwicklung durch systematisches Bildungscontrolling. In: Feuchthofen, J./Severing, E. (Hrsg.): Qualitätsmanagement in Weiterbildung, Neuwied 1995, S. 269-281.

Eichenberger, P. (1992): Betriebliche Bildungsarbeit. Return on Investment und Erfolgscontrolling. Wiesbaden 1992.

Esser, H. (1986): Über die Teilnahme an Befragungen. In: ZUMA-Nachrichten, o. Jg. (1986) 18, S. 38-47.

Facteau, J. D./Dobbins, G. H. et al. (1995): The influence of general perceptions of the training environment on pretraining motivation and perceived training transfer. In: Journal of Management, 21 (1995) 1, S. 1-25.

Faulstich, P. (1998): Strategien der betrieblichen Weiterbildung. Kompetenz und Organisation. München 1998.

Faulstich, P. (2003): Weiterbildung. In: Cortina, K. S./Baumert, J./Lechinsky, A. et al. (Hrsg.): Das Bildungswesen in der Bundesrepublik Deutschland. Vollst. überarb. und erw. Neuausgabe, Reinbek bei Hamburg 2003, S. 625-660.

Fehlau, E. G. (1998): Im Rahmen des Meßbaren? In: ManagerSeminare, 9 (1998) 31, S. 76-83.

Figge, H./Kern M. (1982): Konzeptionen der Personalentwicklung. Anspruch, Wirklichkeit und Perspektiven. Frankfurt a. M., Bern 1982.

Fitz-Ens, J. (1994): Yes. You can weigh training's value. In: Training, 31 (1994) 7, S. 54-58.

Fitz-Ens, J./Phillips, J. J. (2003): A new vision for Human Resources. Defining the Human Resources Function by its Results. Menlo Park 2003.

Flanagan, J. C. (1954): The Critical Incident Technique. In: Psychological Bulletin, 51 (1954) 4, S. 327-358.

Flick, U. (2006): Qualitative Evaluationsforschung zwischen Methodik und Pragmatik. Einleitung und Überblick. In: Flick, U. (Hrsg.): Qualitative Evaluationsforschung. Reinbek bei Hamburg 2006, S. 9-31.

Förderreuther, R. (1997): Qualitätsmanagement und Erfolgskontrolle von Bildungsmaßnahmen. In: Personal, 49 (1997) 11, S. 556-570.

Frankenreiter, J. J. (1996): Möglichkeiten und Grenzen der indirekten prozeßbezogenen Erfolgsbeurteilung von betrieblichen Weiterbildungsmaßnahmen. Ergebnisse einer empirischen Untersuchung. Darmstadt 1996.

Froschauer, U./Lueger, M. (2006): Qualitative Prozessevaluierung in Unternehmen. In: Flick, U. (Hrsg.): Qualitative Evaluationsforschung. Reinbek bei Hamburg 2006, S. 319-338.

Galvin, J. C. (1983): What can trainers learn from educators about evaluating management training? In: Training and development journal, 37 (1983) August, S. 52-57.

Gebert, D./Steinkamp, T. (1990): Innovativität und Produktivität durch betriebliche Weiterbildung. Eine empirische Analyse in mittelständischen Unternehmen. Stuttgart 1990.

Gerlich, P. (1999): Controlling von Bildung, Evaluation oder Bildungs-Controlling? Überblick, Anwendung und Implikationen einer Aufwand-Nutzen-Betrachtung von Bildung unter besonderer Berücksichtigung wirtschafts- und sozialpsychologischer Aspekte am Beispiel akademischer Nachwuchskräfte in Banken. München 1999.

Gerstenmaier, J./Mandl, H. (1995): Wissenserwerb unter konstruktivistischer Perspektive. In: Zeitschrift für Pädagogik, 41 (1995) 6, S. 867-888.

Gmür, M. (2005): Der Beitrag des Personalmanagements zum Unternehmenserfolg. Eine Metaanalyse nach 20 Jahren Erfolgsfaktorenforschung. In: Zeitschrift für Personalforschung, 19 (2005) 3, S. 221-251.

Gnefkow, T. (2008): Lerntransfer in der betrieblichen Weiterbildung. Determinanten für den Erfolg externer betrieblicher Weiterbildung im Lern- und Funktionsfeld aus Teilnehmerperspektive. Saarbrücken 2008.

Gogoll, W. D./Gräber H.-J. (1981): Führungstraining und Bewertung der Transferergebnisse. Heidelberg 1981.

Göhlich, M./Wulf, C./Zirfas, J. (2007): Pädagogische Zugänge zum Lernen - eine Einleitung. In: Göhlich, M./Zirfas, J./Wulf, C. (Hrsg.): Pädagogische Theorien des Lernens. Weinheim 2007, S. 7-19.

Goldstein I. L./Ford, J. K. (2002): Training in organizations. 4. Aufl., Belmond, California, 2002.

Gorbach, S./Weiskopf, R. (1993): Personal-Entwicklung. Von der Disziplin des Handelns zur Disziplin des Seins. In: Laske, S./Gorbach, S. (Hrsg.): Spannungsfeld Personalentwicklung. Konzeptionen, Analysen, Perspektiven. Wiesbaden 1993, S. 171-192.

Götz, K. (1993): Zur Evaluierung beruflicher Weiterbildung. Band 1. Theoretische Grundlagen. Habil.-Schrift Klagenfurt 1993.

Götze, U. (2008): Investitionsrechnung. Modelle und Analysen zur Beurteilung von Investitionsvorhaben. 6., durchges. u. akt. Aufl., Berlin, Heidelberg 2008.

Grewe, W./Wentura, D. (1997): Wissenschaftliche Beobachtung. Eine Einführung. Weinheim 1997.

Grochla, E. (1978): Einführung in die Organisationstheorie. Stuttgart 1978.

Groening, Y. (2004): Trainingsmethoden. In: Gaugler, E./Oechsler, W. A./Weber, W. (Hrsg.): Handwörterbuch des Personalwesens. 3., überarb. u. erg. Aufl., Stuttgart 2004, Sp. 1920-1930.

Gronwald, S. (1998): Von allen Seiten. In: Manager Magazin, 28 (1998) 12, S. 309-310.

Guba, E. G. (1978): Toward a methodology of naturalistic inquiry in educational evaluation. Los Angeles 1978.

Gülpen, B. (1996): Evaluation betrieblicher Verhaltenstrainings unter besonderer Berücksichtigung des Nutzens. München 1996.

Günther, S. (2001): Evaluation von Personalentwicklung on-the-job. Konzeptionelle Grundlagen einer integrativen Gestaltung. Diss.-Schrift Bielefeld 2001.

Häder, M. (2010): Empirische Sozialforschung. 2., überarbeitete Auflage, Wiesbaden 2010.

Hamblin, A. C. (1974): Evaluation and control of training. Maidenhead, Berkshire 1974.

Handelsgesetzbuch (2012): Deutsches Handelsgesetzbuch. Version 11.04.2012. Online im Internet: Handelsgesetzbuch Online. *URL*: http://www.handelsgesetzbuch.de [Stand: 11.04.2012; Abruf: 15.05.2012].

Häring, K. (2003): Evaluation der Weiterbildung von Führungskräften. Anspruch und Realität des Effektivitätscontrolling in deutschen Unternehmen. Wiesbaden 2003.

Heeg, F. J./Jäger, C. (1995): Konzeption und Einführung einer Bildungscontrolling-Systematik. In: Landsberg, G. von/Weiß, R. (Hrsg.): Bildungs-Controlling. 2., überarb. Aufl., Stuttgart 1995, S. 341-361.

Heeg, F. J./Münch, J. (1993): Handbuch Personal- und Organisationsentwicklung. Stuttgart 1993.

Heinze, B. (1986): Lernen und Lerntheorien. In: Sarges, W. (Hrsg.): Psychologie für die Erwachsenenbildung - Weiterbildung. Göttingen 1986, S. 350-354.

Heller, K./Nickel, H./Neubauer, W. (1978): Verhalten und Lernen. 2., unveränd. Aufl., Stuttgart 1978.

Hicks, W. D./Klimoski, R. J. (1987): Entry into training programs and its effects on training outcomes. A field experiment. In: Academy of Management Journal, 30 (1987) 3, S. 542-552.

Hilgard, E. R./Bower, G. H. (1971): Theorien des Lernens I. 2. Aufl., Stuttgart 1971.

Hill, W./Fehlbaum, R./Ulrich, P. (1974): Organisationslehre. Ziele, Instrumente und Bedingungen der Organisation sozialer Systeme. Bern 1974.

Höfer, C. E. (1997): Betriebswirtschaftliche Bewertung von Qualifizierungsinvestitionen. Auswirkungen auf die langfristigen Unternehmensziele. Wiesbaden 1997.

Holling, H./Liepmann D. (2004): Personalentwicklung. In: Schuler, H. (Hrsg.): Lehrbuch Organisationspsychologie. Bern 2004, S. 345-384.

Hölterhoff, H./Jeserich, W./Becker, M. L. (1986): Aufgaben und Organisation der betrieblichen Weiterbildung. München 1986.

Holton, E. F. (1996): The Flawed Four-Level Evaluation Model. In: Human Resource Development Quarterly, 7 (1996) 1, S. 5-15.

Hummel, T. R. (1999): Erfolgreiches Bildungscontrolling. Praxis und Perspektiven. Heidelberg 1999.

Immenroth, T. (2000): Bildungscontrolling im Rahmen der Personalentwicklung. Begriffe, Ansätze, Ziele, Aufgaben, Instrumente, Funktionen, Modelle. Braunschweig 2000.

Inderst, F. X. (1995): Die Evaluierung der Personalförderung. Eine betriebs-personalökonomische Analyse. Frankfurt am Main, Berlin, Bern et al. 1995.

Institut der deutschen Wirtschaft Köln (2009): Betriebliche Weiterbildung. Die 27-Milliarden-Euro-Investition. Pressemitteilung Nr. 5 v. 26. Januar 2009 des Instituts der deutschen Wirtschaft Köln. Online im Internet: IW Online. *URL:* www.iwkoeln.de/de/presse/pressemitteilungen/beitrag/55294 [Stand: 25.01.2009, Abruf: 20.03.2012].

Jahnke, H. (2006): Interne Unternehmensrechnung und Controlling. In: Becker, F. G. (Hrsg.): Einführung in die Betriebswirtschaftslehre. (BWL im Bachelor-Studiengang) Heidelberg 2006, S. 71-100.

Kailer, N. (2004): Fort- und Weiterbildung. In: Gaugler, E./Oechsler, W. A./Weber, W. (Hrsg.): Handwörterbuch des Personalwesens. 3., überarb. u. erg. Aufl., Stuttgart 2004, S. 768-777.

Kanning, U. P. (2011): Diagnostik von Einstellungen, Interessen und Werthaltungen. In: Hornke, L. (Hrsg.): Persönlichkeitsdiagnostik. Göttingen 2011, S. 468-512.

Kaplan, R. S./Norton, D. P. (1996): Using the balanced scorecard as a strategic management system. In: Harvard Business Review, 74 (1996) Januar /Februar, S. 75-85.

Kaplan, R. S./Norton, D. P. (1997): Balanced Scorecard. Strategien erfolgreich umsetzen. Stuttgart 1997.

Kauss, U./Gris, R. (2008): Tausendmal ist nix passiert. In: Personalmagazin, o. Jg. (2008) 10, S. 10-11.

Kelle, U. (2006): Qualitative Evaluationsforschung und das Kausalitätsparadigma. In: Flick, U. (Hrsg.): Qualitative Evaluationsforschung. Reinbek bei Hamburg 2006, S. 117-134.

Kelly, H. B. (1982): A primer on transfer of training In: Training and development journal, 36 (1982) November 1982, S. 102-106.

Kirkpatrick, D. L. (1959a): Techniques for evaluating training programs. Part 1 - Reaction. In: Journal of the American Society of Training Directors, 13 (1959) 11, S. 3-9.

Kirkpatrick, D. L. (1959b): Techniques for evaluating training programs. Part 2 – Learning. In: Journal of the American Society of Training Directors, 13 (1959) 12, S. 21-26.

Kirkpatrick, D. L. (1960a): Techniques for evaluating training programs. Part 3 - Behaviour. In: Journal of the American Society of Training Directors, 14 (1960) 1, S. 13-18.

Kirkpatrick, D. L. (1960b): Techniques for evaluating training programs. Part 4 - Results. In: Journal of the American Society of Training Directors, 14 (1960) 2, S. 28-32.

Kirkpatrick, D. L. (1987): Evaluation. In: Craig, R.t L. (Hrsg.): The ASTD Training and Development Handbook. 3. Aufl., Boston, Burr Ridge, Dubuque et al. 1987, S. 294-312.

Kirkpatrick, D. L. (1996): Evaluation. In: Craig, R. L. (Hrsg.): The ASTD training and development handbook. 4. ed., (The ASTD trainer's sourcebook series) New York 1996, S. 295-312.

Kirkpatrick, D. L./Kirkpatrick, J. D. (2008): Evaluating training programs. The four levels. 3. ed., San Francisco 2008.

Kirsch, W. (1981): Bezugsrahmen, Modelle und explorative empirische Forschung. In: Kirsch, W. (Hrsg.): Wissenschaftliche Unternehmensführung oder Freiheit vor der Wissenschaft? Studien zu den Grundlagen der Führungslehre. München 1981, S. 751-772.

Kloock, J./Sieben, G./Schildbach, T. (1999): Kosten- und Leistungsrechnung. 8., akt. und erw. Aufl., Düsseldorf 1999.

Klusen, N. (1975): Innerbetriebliche Weiterbildung. Methoden und Lösungsformen in der industriellen Praxis. Berlin 1975.

Knyphausen-Aufseß, D. zu/Smukalla, M./Abt, M. (2009): Towards a New Training Transfer Portfolio: A Review of Training-related Studies in the Last Decade. In: Zeitschrift für Personalforschung, 23 (2009) 4, S. 288-311.

Kosub, B. (2000): Fortbildungscontrolling als Instrument der Wertsteigerung. In: Personalführung, 33 (2000) 11, S. 24-30.

Kraiger, K./Ford, J. K./Salas, E. (1993): Application of Cognitive, Skill-Based, and Affective Theories of Learning Outcomes to New Methods of Training Evaluation In: Journal of Applied Psychology, 78 (1993) 2, S. 311-328.

Krause, D. E./Gebert, D. (2006): Effekte von interpersonalen Konflikten und Widerstand von Führungskräften auf die Implementierung von Verfahrensinnovationen. In: Zeitschrift für Personalforschung, 20 (2006) 2, S. 102-120.

Krauß, A. (2001): Die Bedingungen für Selbstreflexion und Selbstevaluation am Arbeitsplatz schaffen. Eine Führungsaufgabe. In: Loebe, H./Severing, E. (Hrsg.): Zukunft der betrieblichen Bildung. Eine Führungsaufgabe. (Wirtschaft und Weiterbildung) Bielefeld 2001, S. 84-92.

Kromrey, H. (2006): Empirische Sozialforschung. Modelle und Methoden der standardisierten Datenerhebung und Datenauswertung. 11., überarb. Aufl., Stuttgart 2006.

Kubicek, H. (1975): Empirische Organisationsforschung. Konzeption und Methodik. Stuttgart 1975.

Küpper, H.-U. (2008): Controlling. Konzeption, Aufgaben, Instrumente. 5., überarb. Aufl., Stuttgart 2008.

Landsberg, G. v./Weiß, R. (1995): Was uns bewegt. In: Landsberg, G. von/Weiß, R. (Hrsg.): Bildungs-Controlling. 2., überarb. Aufl., Stuttgart 1995, S. 3-4.

Landsberg, G. v. (1990): Bildungscontrolling ist Controllerbildung. In: Siegwart, H./Malik, F./Mahari, J. I. et al. (Hrsg.): Management Controlling. Basel 1990, S. 275-284.

Leach, J. (1979): Organization needs analysis. A new methodology. In: Training and development journal, 33 (1979) September, S. 66-69.

Lenske, W./Wexley, K. N./Baldwin, T. T. (2009): Umfang, Kosten und Trends der betrieblichen Weiterbildung. Ergebnisse der IW-Weiterbildungserhebung 2008. Online im Internet: IW Online. *URL*: http:///www.iwkoeln.de/Studien/IWTrends/tabid/148/articleid/23596/Default.aspx [Stand: 01.03.2009; Abruf: 02.02.2012].

Li, J./Wang, G. (2003): Measuring HPT Interventions. The Dilemma, Challenges and Solutions. In: Performance Improvement, 41 (2003) 10, S. 17-23.

Liebermann, S./Hoffmann, S. (2008): The impact of practical relevance on training transfer: Evidence from a service quality training program for German bank clerks. In: International Journal of Training and Development, 12 (2008) 2, 74–86.

Lischetzke, T./Eid, M. (2011): Diagnostik affektiver Zustände. In: Hornke, L. (Hrsg.): Persönlichkeitsdiagnostik. Göttingen 2011, S. 411-467.

Macharzina, M./Wolf, J. (2005): Unternehmungsführung. Das internationale Managementwissen. Konzepte, Methoden, Praxis. 5., grundl. überarb. Aufl., Wiesbaden 2005.

Mag, W. (1998): Einführung in die betriebliche Personalplanung. 2., völlig neubearb. Aufl., München 1998.

Manstetten, R. (1995): Lernerfolgskontrolle. In: Landsberg, G. von/Weiß, R. (Hrsg.): Bildungs-Controlling. 2., überarb. Aufl., Stuttgart 1995.

Marcus, B./Schuler, H. (2006): Leistungsbeurteilung. In: Schuler, H. (Hrsg.): Lehrbuch der Personalpsychologie. 2., überarb. und erw. Aufl., Göttingen 2006, S. 433-470.

Martens, J.-U. (1987): Empirische Erprobung "objektiver Lehrsysteme". In: Will, H./Winteler, A./Krapp, A. (Hrsg.): Evaluation in der beruflichen Aus- und Weiterbildung. (Schriftenreihe moderne Berufsbildung) Heidelberg 1987, S. 89-108.

Martin, A. (2001): Personal. Theorie, Politik, Gestaltung. Stuttgart, Berlin, Köln 2001.

Martin, A. (2006): Die Beurteilung der Personalarbeit. Informationen mit beschränkter Einsicht. In: Zeitschrift für Personalforschung, 20 (2006) 1, S. 22-41.

Mayrhofer, W. (1999): Personalentwicklung. In: Kasper, H. (Hrsg.): Personalmanagement, Führung, Organisation. 2. Aufl., Wien 1999, S. 451-492.

Mayring, P. (2002): Einführung in die qualitative Sozialforschung. Eine Anleitung zu qualitativem Denken. 5., überarb. und neu ausgest. Aufl., Weinheim 2002.

Meier, H. (1991): Personalentwicklung. Konzept, Leitfaden und Checklisten für Klein- und Mittelbetriebe. Wiesbaden 1991.

Meirich, A. J. (2002): Bildungscontrolling. Mehr als nur ein Zahlenspiel. In: Personalwirtschaft 29 (2002) 4, S. 54-58.

Meißner, A./Becker, F. G. (2007): Competition for Talents. In: WiSt, 36 (2007) 8, S. 394-399.

Meißner, A. (2012): Lerntransfer in der betrieblichen Weiterbildung. Theoretische und empirische Exploration der Lerntransferdeterminanten im Rahmen des Training off-the-job. noch unveröffentlichte Diss.-Schrift, Bielefeld 2012.

Mentzel, W. (2005): Personalentwicklung. Erfolgreich motivieren, fördern und weiterbilden. 2., überarb. u. erw. Aufl., München 2005.

Metz, F. (1995): Konzeptionelle Grundlagen, empirische Erhebungen und Ansätze zur Umsetzung des Personal-Controlling in die Praxis. Frankfurt am Main 1995.

Meyer, P. (1974): Die Erfolgskontrolle betrieblicher Ausbildungsinvestitionen. Winterthur 1974.

Meyer, W. (2010a): Evaluationsumfeld. In: Stockmann, R./Meyer, W. (Hrsg.): Evaluation. (UTB Sozialwissenschaften) Opladen 2010, S. 235-260.

Meyer, W. (2010b): Informationssammlung und –bewertung. In: Stockmann, R./Meyer, W. (Hrsg.): Evaluation. (UTB Sozialwissenschaften) Opladen 2010, S. 191-234.

Mudra, P. (2004): Personalentwicklung. Integrative Gestaltung betrieblicher Lern- und Veränderungsprozesse. München 2004.

Mühlbradt, T./Schat, H.-D. (2005): Unterschiedlich gut vorbereitet. In: Personal, 57 (2005) 11, S. 14-15.

Münch, J. (1995): Personalentwicklung als Mittel und Aufgabe moderner Unternehmensführung. Bielefeld 1995.

Münch, J./Müller, H. J. (1988): Evaluation der betrieblichen Weiterbildung als Aufgabe und Problem. In: Dürr, W./Liepmann, D./Merkens, H. (Hrsg.): Personalentwicklung und Weiterbildung in der Unternehmenskultur. (Schriftenreihe Wirtschaftsdidaktik, Berufsbildung und Konsumentenerziehung) Baltmannsweiler 1988, S. 17-61.

Neubauer, K. (2002): Zur Wettbewerbsfähigkeit der Personalentwicklungsfunktion. Eine empirische Analyse des aktuellen Funktionswandels der Personalentwicklung. Frankfurt am Main, Berlin, et al. 2002.

Neuberger, O. (1998): Ein starkes Stück. In: Manager Magazin, 28 (1998) 12, S. 310-313.

Neuberger, O. (1994): Personalentwicklung. 2., durchges. Aufl., Stuttgart 1994.

Niehoff, K./Werth, M./Deller, J. (2006): Was ist Personalentwicklung wert? Trainingsevaluation in Theorie und Praxis. Saarbrücken 2006.

Noe, R./Schmidt, N. (1986): The influence of trainee attitudes on training effectiveness. Test of a model. In: Personnel Psychology, 39 (1986) 3, S. 497-523.

Noelle-Neumann, E./Petersen, T. (1998): Alle, nicht jeder. Einführung in die Methoden der Demoskopie. München 1998.

Nork, M. E. (1989): Management-Training. Evaluation, Probleme, Lösungsansätze. München 1989.

Oechsler, W. A. (1997): Personal und Arbeit. Einführung in die Personalwirtschaft unter Einbeziehung des Arbeitsrechts. 6., völlig überarb. und erw. Aufl., München 1997.

Olbrich, E. (1986): Kompetenz. In: Sarges, W.(Hrsg.): Psychologie für die Erwachsenenbildung - Weiterbildung. Göttingen 1986.

Oram, M. (1999): Evaluation der Weiterbildung - notwendig aber nicht durchführbar? In: Wittwer, W. (Hrsg.): Transfersicherung in der beruflichen Weiterbildung. (Beiträge zur Bildungsplanung und Bildungsökonomie) Frankfurt am Main 1999, S. 17-38.

Orth, B. (1974): Einführung in die Theorie des Messens. Stuttgart 1974.

Patton, M. Q. (1980): Qualitative Evaluation Methods. Berverly Hills, London 1980.

Pawlow, I. P. (1926): Die höchste Nerventätigkeit (des Verhalten) von Tieren. New York 1926.

Petersen, T. (2000): Weiterbildungs-Controlling. In: Wisu. Das Wirtschaftsstudium. Zeitschrift für Ausbildung, Examen und Berufseinstieg, 29 (2000) 11, Sp. 1477-1479.

Phillips, J. J. (1996a): Measuring the results of training. In: Craig, R.t L. (Hrsg.): The ASTD training and development handbook. 4. ed. (The ASTD trainer's sourcebook series) New York 1996, S. 313-341.

Phillips, J. J. (1996b): The search for best practice. In: Training and development, 50 (1996) 2, S. 42-27.

Phillips, J. J. (2003): Return on Investment in Training and Performance Improvement Programs. 2. Aufl., New York 2003.

Phillips, J. J./Phillips, P. P./Stone, R. D. (2001): The Human Resources Scorecard. Measuring the Return on Investment. Boston 2001.

Phillips, J. J./Schirmer, F. C. (2008): Return on Investment in der Personalentwicklung. Der 5-Stufen-Evaluationsprozess. 2. Aufl., Heidelberg 2008.

Poggensee, K. (2011): Investitionsrechnung. Grundlagen, Aufgaben, Lösungen. 2., überarb. Aufl., Wiesbaden 2011.

Prell, S. (1986): Evaluation. In: Sarges, W. (Hrsg.): Psychologie für die Erwachsenenbildung - Weiterbildung. Göttingen 1986, S. 208-213.

Prenzel, M./Mandl, H. (1993): Lerntransfer aus einer konstruktivistischen Perspektive. In: Montada, L. (Hrsg.): Bericht über den 38. Kongress der Deutschen Gesellschaft für Psychologie in Trier 1992. Göttingen 1993, S. 701-709.

Pullig, K. (1980): Personalwirtschaft. München 1980.

Quinones, M. A./Tonidandel, S. (2003): Conducting training evaluation. In: Edwards J. E./ Scott, J. C./Raju N. S. (Hrsg.): The human resources program-evaluation handbook. Thousand Oaks 2003, S. 225-243.

Rank, B./Thiermann, T. (1998): Maßnahmen zur Sicherung des Praxistransfers. In: Rank, B./ Wakenhut, R. (Hrsg.): Sicherung des Praxistransfers im Führungskräftetraining. München u. Mehring 1998, S. 31-77.

Rank, B./Wakenhut, R. (1998): Ein Bedingungsmodell des Praxistranfers. In: Rank, B./Wakenhut, R. (Hrsg.): Sicherung des Praxistransfers im Führungskräftetraining. München u. Mehring 1998, S. 11-29.

Regnet, E./Hofmann, L. M. (2003): Mit Weiterbildung die Wettbewerbsfähigkeit steigern. In: Hofmann, L. M./Regnet, E. (Hrsg.): Innovative Weiterbildungskonzepte. 3., vollst. überarb. u. erw. Aufl., Göttingen 2003, S. 13- 25.

Rehrl, M./Harteis, C./Gruber, H. (2006): Potenzialanalyse in der Personalentwicklung. Ein kritischer Diskurs. In: Zeitschrift für Personalforschung, 20 (2006) 2, S. 185-192.

Remdisch, S./Utsch, A. (2004): Evaluation als Beitrag zur Entwicklung von Qualität. Evaluationsverfahren und ihre Methoden im Kontext der Personal- und Organisationsentwicklung. In: Personalführung, 37 (2004) 3, S. 18-23.

Remer, A. (1978): Personalmanagement. Mitarbeiterorientierte Organisation und Führung von Unternehmungen. Berlin 1978.

Ridder, H. G. (2007): Personalwirtschaftslehre. 2., überarb. Aufl., Stuttgart 2007.

Riedel, M. (1992): Evaluationsmanagement betrieblicher Weiterbildung. Am Beispiel der Fachausbildung für Zeitoffiziere. München 1992.

Rosenstiel, L. v. (2003): Betriebliche Personalentwicklung - ein "blinder Fleck" für die Evaluation? In: Zeitschrift für Evaluation, 2 (2003) 1, S. 151-176.

Rossi, P. H./Freeman, H. E./Hofmann, G. (1988): Programm-Evaluation. Einführung in die Methoden angewandter Sozialforschung. Stuttgart 1988.

Rother, G. (1996): Personalentwicklung und strategisches Management. Eine systemtheoretische Analyse. Wiesbaden 1996.

Rouiller, J. Z./Goldstein, I. L. (1993): The relationship between organizational transfer climate and positive transfer of training. In: Human Resource Development Quarterly, o. Jg. (1993) 4, S. 377-390.

Royer, J. M. (1979): Theories of the Transfer of Learning. In: Educational Psychologist, 14 (1979) 14, S. 53-69.

Rüdenauer, M. R. A. (2000): Der strategische Faktor für den Unternehmenserfolg. In: Grundlagen der Weiterbildung, 11 (2000) 6, S. 299-302.

Rühle, A. (1998): Die Beurteilung strategischer Personalinvestitionen. Duisburg 1998.

Rummler, G. A. (1976): The performance audit. In: Craig, R. L. (Hrsg.): Training and development handbook. 2. ed., New York 1976, S. 1-16.

Ruppel, M. K. (2006): Vorstandsorganisation. Eine Betrachtung aus gruppenpsychologischer Perspektive. Lohmar, Köln 2006.

Ruprecht, H. (1974): Theorien des Lernens in erziehungswissenschaftlicher Sicht. München 1974.

Rutman, L. (1977): Planning an evaluation study. In: Rutman, L. (Hrsg.): Evaluation Research Methods. Berverly Hills, London 1977, S. 13-38.

Salas, E./Cannon-Bowers, J. A. (2001): The Science of Training. A Decade of Progress. In: Annual Review of Psychology, 54 (2001) o. H., S. 471-499.

Sanders, J. R. (2006): Aspekte der Entwicklung und Verbreitung der Evaluationsstandards. In: Sanders, J. R./Beywl, W. (Hrsg.): Handbuch der Evaluationsstandards. 3., erw. und akt. Aufl., Wiesbaden 2006, S. 241-245.

Scaduto, A./Lindsay, D./Chiaburu, D. S. (2008): Leader influences on training effectiveness: Motivation and outcome expectation processes. In: International Journal of Training and Development, 12 (2008) 3, S. 158-170.

Schanz, G. (2000): Personalwirtschaftslehre. Lebendige Arbeit in verhaltenswissenschaftlicher Perspektive. 3. Aufl., München 2000.

Schaper, N. (1997): Gestaltung beruflichen Lernens im Kontext moderner Arbeitsstrukturen. Ein Vergleich handlungstheoretischer und konstruktivistischer Ansätze. In: Mandel, H. (Hrsg.): Bericht über den 40. Kongreß der Deutschen Gesellschaft für Psychologie in München 1996. Göttingen 1997, S. 213-218.

Scheitler, C. (2005): Soziale Kompetenzen als strategischer Erfolgsfaktor für Führungskräfte. Frankfurt am Main 2005.

Scherm, E. (1992): Personalwirtschaftliche Kennzahlen - Eine Sackgasse des Personalcontrollings? In: Personal, 44 (1992) 11, S. 522-525.

Schermer, F. J. (1991): Lernen und Gedächtnis. Stuttgart 1991.

Schindler, K. (1979): Wirkung und Erfolg der Weiterbildung. Zu Fragen der Effizienzmessung. Köln 1979.

Schmukle, S. C./Egloff, B. (2011): Indirekte Verfahren zur Erfassung von Persönlichkeit. ("Objektive Persönlichkeitstests"). In: Hornke, L. (Hrsg.): Persönlichkeitsdiagnostik. Göttingen 2011, S. 73-120.

Schnell, R. (1997): Nonresponse in Bevölkerungsumfragen. Ausmaß, Entwicklung und Ursachen. Opladen 1997.

Schuler, H. (1978): Leistungsbeurteilungen in Organisationen. In: Mayer, A.(Hrsg.): Organisationspsychologie. Stuttgart 1978, S. 137-169.

Schuler, H. (2006): Gegenstandbereich und Aufgaben der Personalpsychologie. In: Schuler, H. (Hrsg.): Lehrbuch der Personalpsychologie. 2., überarb. und erw. Aufl. Göttingen 2006, S. 3-14.

Schulte, C. (1995): Kennzahlengestütztes Weiterbildungs-Controlling als Voraussetzung für den Weiterbildungserfolg. In: Landsberg, G. von/Weiß, R. (Hrsg.): Bildungs-Controlling. 2. überarb. Aufl., Stuttgart 1995, S. 265-281.

Schulte, C. (1989): Personal-Controlling mit Kennzahlen. München 1989.

Schwuchow, K. (1992): Weiterbildungsmanagement. Planung, Durchführung und Kontrolle der externen Führungskräfteweiterbildung. Stuttgart 1992.

Scriven, M. (1972): Die Methodologie der Evaluation. In: Wulf, C. (Hrsg.): Evaluation. Leck/Schleswig 1972, S. 60-91.

Scriven, M. (1980): The logic of evaluation. Port Reyes, California 1980.

Scriven, M. (1986): New Frontiers in Evaluation. In: Evaluation Practice, o. Jg. (1986) 1, S. 7-44.

Scriven, M. (1999): The fine line between Evaluation and Explanation. In: Research on social work practice, 9 (1999) 4, S. 521-524.

Seiler, T. B. (1986): Kognitive Komplexität. In: Sarges, W. (Hrsg.): Psychologie für die Erwachsenenbildung - Weiterbildung. Göttingen 1986, S. 282-289.

Skinner, B. F. (1978): Was ist Behaviorismus? Reinbeck 1978.

Snyder, R. A./Raben, C. S./Farr J. J. (1980): A model for systematic evaluation of human resource developement programs. In: The Academy of Management review, o. Jg. (1980) 5, S. 431-444.

Solga, M. (2005): Management des Lerntransfers. In: Ryschka, J./Solga, M./Mattenklott, A. (Hrsg.): Praxishandbuch Personalentwicklung. Instrumente, Konzepte, Beispiele. Wiesbaden 2005, S. 269-291.

Solga, M./Ryschka, J./Mattenklott, A. (2005): Personalentwicklung. Gegenstand, Prozessmodell, Erfolgsfaktoren. In: Ryschka, J./Solga, M./Mattenklott, A. (Hrsg.): Praxishandbuch Personalentwicklung. Instrumente, Konzepte, Beispiele. Wiesbaden 2005, S. 19-33.

Sonntag, K.-H. (2002): Personalentwicklung und Training. Stand der psychologischen Forschung und Gestaltung. In: Zeitschrift für Personalpsychologie, 1 (2002) 2, S. 59-80.

Sonntag, K.-H./Schäfer-Rauser, U. (1993): Selbsteinschätzung beruflicher Kompetenzen bei der Evaluation von Bildungsmaßnahmen. In: Zeitschrift für Arbeits- und Organisationspsychologie, 37 (1993) 4, S. 163-169.

Sonntag, K.-H./Schaper, N. (2006a): Förderung beruflicher Handlungskompetenz. In: Sonntag, K.-H. (Hrsg.): Personalentwicklung in Organisationen. 3., überarb. u. erw. Aufl., Göttingen, Bern, Wien et al. 2006, S. 270-311.

Sonntag, K.-H./Schaper, N. (2006b): Wissensorientierte Verfahren der Personalentwicklung. In: Schuler, H. (Hrsg.): Lehrbuch der Personalpsychologie. 2., überarb. und erw. Aufl., Göttingen 2006, S. 255-280.

Sonntag, K.H./Stegmaier, R./Müller, B. et. al. (2000): Leitfaden zur Implementation arbeitsintegrierter Lernumgebungen. Bielefeld 2000.

Staehle, W. H./Conrad, P./Sydow, J. (1999): Management. Eine verhaltenswissenschaftliche Perspektive. 8. Aufl., München 1999.

Statistisches Bundesamt (2008): Berufliche Weiterbildung in Unternehmen. Dritte europäische Erhebung über die berufliche Weiterbildung in Unternehmen (CVTS3). Online im Internet: destatis Online. *URL:* www.destatis.de/jetspeed/portal/cms/Sites/destatis/ Intenet/DE/content/Publikationen/Fachveröffentlichungen/BildungForschungKultur/Weiterbildung/WeiterbildungUnternehmen5215201079004,property=file.pdf [Stand: 21.03.2012; Abruf: 21.03.2012].

Staudenmayer, P./Jäger, R. S. (1984): Testdokumentation. Dokumentation der Testbibliothek des Deutschen Instituts für Internationale Pädagogische Forschung. 2., veränd. und erw. Aufl., Göttingen 1984.

Staudt, E./Kailer, N./Kriegesmann, B. et al. (1997): Kompetenz und Innovation. Eine Bestandsaufnahme jenseits von Personalentwicklung und Wissensmanagement. Bochum 1997.

Steinhaus, S. D./Witt, L. A. (2003): Criteria for Human Resources Program Evaluation. In: Edwards J. E./Scott, J. C./Raju N. S. (Hrsg.): The human resources program-evaluation handbook. Thousand Oaks 2003, S. 49-68.

Steinmann, H./Schreyögg, G. (2005): Management. Grundlagen der Unternehmensführung. Konzepte, Funktionen, Fallstudien. 6., vollst. überarb. Aufl., Wiesbaden 2005.

Stiefel, R. T. (1974): Grundfragen der Evaluierung in der Management-Schulung. Frankfurt am Main 1974.

Stiefel, R. T./Flöther, E. (1976): Die Praxis betrieblicher Weiterbildungsveranstaltungen. Köln 1976.

Stitzel, M. (1987): Der gleitende Übergang in den Ruhestand. Interdisziplinäre Analyse einer alternativen Pensionierungsform. Frankfurt, New York 1987.

Stock-Homburg, R. (2010): Personalmanagement. Theorien, Konzepte, Instrumente. 2. Aufl., Wiesbaden 2010.

Stockmann, R. (2010): Evaluationsprozess. In: Stockmann, R./Meyer, W. (Hrsg.): Evaluation. (UTB Sozialwissenschaften) Opladen 2010, S. 159-190.

Stoel, D. (2003): The Evaluation Heavyweight Match. In: Training and development, 57 (2003) 1, S. 46-48.

Stolla, C./Schotkowsky, R. (2008): Systemische Evaluation. Ein Beitrag zur effektiven Steuerung von Veränderungsprozessen. In: Organisationentwicklung, 27 (2008) 1, S. 42-51.

Stufflebeam, D. L. (1972): Evaluation als Entscheidungshilfe. In: Wulf, C. (Hrsg.): Evaluation. Leck/Schleswig 1972, S. 113-145.

Stufflebeam, D. L. (1974): Meta-Evaluation. (Based on Daniel L. Stufflebeam: "Towards a Technology for Evaluation Evaluation." Speech presented at the AERA Annual Convention, Chicago, Illinois, 1974.) Kalamazoo, Michigan 1974.

Stufflebeam, D. L. (2003): The CIPP Model for Evaluation. Online im Internet: Western Michigan University. *URL*: http://www.wmich.edu/evalctr/pubs/CIPP-ModelOregon10-03.pdf, [Stand: 02.10.2003, Abruf: 27.07.2009].

Stufflebeam, D. L./Shinkfield, A. J. (1988): Systematic evaluation. A self-instructional guide to theory and practice. Boston 1988.

Tannenbaum, S. I./Mathieu, J. E./Salas, E. et al. (1991): Meeting trainees' expectations. The influence of development of commitment, self-efficiacy, and motivation. In: Journal of Applied Psychology, 76 (1991) 6, S. 759-769.

Tannenbaum, S. I./Woods, S. B. (1992): Determining a Strategy for Evaluating Training. Operation with Organizational Constraints. In: Human Resource Planning, 15 (1992) 15, 63–81.

Teichgräber, R. (1987): Handlungsorientierte Evaluation eines Kommunikationstrainings in der beruflichen Bildung. In: Will, H./Winteler, A./Krapp, A. (Hrsg.): Evaluation in der beruflichen Aus- und Weiterbildung. (Schriftenreihe moderne Berufsbildung) Heidelberg 1987, S. 147-168.

Thierau, H. (1991): Analyse und empirische Überprüfung wissenschaftlicher Evaluationskonzepte in der betrieblichen Weiterbildung. Dargestellt am Beispiel der Schulung von Führungskräften. Diss.-Schrift Bochum 1991.

Thierau-Brunner, H./Wottawa, H./Stangel-Meseke, M. (2006): Evaluation von Personalentwicklungsmaßnahmen. In: Sonntag, K.-H. (Hrsg.): Personalentwicklung in Organisationen. 3., überarb. u. erw. Aufl., Göttingen, Bern, Wien et al. 2006, S. 329-354.

Thom, N. (1987): Personalentwicklung als Instrument der Unternehmungsführung. Konzeptionelle Grundlagen und empirische Studien. Stuttgart 1987.

Thom, N. (1992): Personalentwicklung. Ein Überblick aus betriebswirtschaftlicher Sicht. Arbeitsbericht Nr. 1, Bern 1992.

Thom, N. (2004): Evaluation der betrieblichen Bildungsarbeit. In: Gaugler, E./Oechsler, W. A./Weber, W. (Hrsg.): Handwörterbuch des Personalwesens. 3., überarb. u. erg. Aufl. Stuttgart 2004, Sp. 733-742.

Thom, N./Blunck, T. (1995): Strategisches Weiterbildungs-Controlling. In: Landsberg, G. von/Weiß, R. (Hrsg.): Bildungs-Controlling. 2., überarb. Aufl., Stuttgart 1995, S. 35-46.

Thorndike, E. L. (1911): Animal intelligence. Experimental studies. New York 1911.

Thorndike, E. L./Woodworth, R. S. (1901): The influence of improvement in one mental function upon the efficiency of other functions (I.). In: Psychological Review, 8 (1901) 3, S. 247-261.

Tracey, J. B./Tannenbaum, S. I./Kavanagh, M. J. (1995): Applying Trained Skills on the job: The importance of the work environment. In: Journal of Applied Psychology, 80 (1995) 2, S. 239-252.

van Buer, J. (1984): "Quantitative" oder "qualitative" Unterrichtsbeobachtung? Eine falsche Alternative. In: Unterrichtswissenschaften. Zeitschrift für Lernforschung, 12 (1984) 3, S. 252-267.

van Velsor, E./Musselwhite, W. C. (1986): The timing of training, learning and transfer. In: Training and development journal, 40 (1986) August, S. 58-59.

Vandenput, M. A. E. (1973): The transfer of training. Some organisational variables. In: Journal of European Training, 2 (1973) 2, S. 251-263.

Viol, P. (2002): Von Mitarbeitern, Maßzahlen und Mäusen. In: Management und Training, o. Jg. (2002) 2, S. 46-47.

Warr, P./Bird, M./Rackham, N. (1971): Evaluation of Management Training. A practical framework, with cases, for evaluating training needs and results. London 1971.

Warr, P./Bunce, D. (1995): Trainee characteristics and the outcomes of open learning. In: Personnel Psychology, 48 (1995) o. H., S. 347-375.

Weber, K. (2004): Evaluationen im Kontext der Wissenschaft. In: Beywl, W. (Hrsg.): Evaluation im Kontext. (Arbeitsbericht /Universität Bern, Koordinationsstelle für Weiterbildung) Bern 2004, S. 7-13.

Wehner, E. G./Durchholz, E. (1980): Persönlichkeits- und Einstellungstests. Stuttgart 1980.

Weinert, A. B. (1987): Lehrbuch der Organisationspsychologie. Menschliches Verhalten in Organisationen. 2., erw. Aufl., München, Weinheim 1987.

Weingärtner, M. (1995): Betriebliche Weiterbildung und Weiterbildungsberatung in mittelständischen Unternehmen. Bergisch Gladbach 1995.

Weiss, C. H. (1974): Evaluierungsforschung. Methoden zur Einschätzung von sozialen Reformprogrammen. Opladen 1974.

Weiß, R. (1996): Arten, Strukturen und Entwicklungen der Weiterbildungskosten. In: Münch, J. (Hrsg.): Ökonomie betrieblicher Bildungsarbeit. (Ausbildung, Fortbildung, Personalentwicklung) Berlin 1996, S. 138-158.

Weiß, R. (2003): Betriebliche Weiterbildung 2001. Ergebnisse einer IW-Erhebung. Online im Internet: IW Online. *URL:* http://www.iwkoeln.de/default.aspx?p=trend&i=1020&pn=15&n=n1020&m=pub&f=0&ber=Information, [Erstellt: 14.02.2003, Abruf: 23.07.2007].

Werner, D. (2006): Trends und Kosten der betrieblichen Weiterbildung. Ergebnisse der IW-Weiterbildungserhebung 2005. Online im Internet: IW Online. *URL:* http://www.iwkoeln.de/tabid/1882/default.aspx, [Stand: 01.08.2008; Abruf: 22.08.2008].

Werner, H. (2000): Die Balanced Scorecard: Hintergründe, Ziele, kritische Würdigung. In: WiSt, 29 (2000) 8, S. 455-457.

Widmer, T. (1996): Meta-Evaluation. Kriterien zur Bewertung von Evaluationen. Bern 1996.

Wildenmann, B. (2000): Die Persönlichkeit des Managers. Göttingen 2000.

Wilkening, O. S. (1986): Bildungs-Controlling. In: Personalwirtschaft, 13 (1986) 11, S. 453-459.

Will, H./Blickhan, C. (1987): Evaluation als Intervention. In: Will, H./Winteler, A./Krapp, A. (Hrsg.): Evaluation in der beruflichen Aus- und Weiterbildung. (Schriftenreihe moderne Berufsbildung) Heidelberg 1987, S. 43-60.

Will, H./Winteler, A./Krapp, A. (1987): Von der Erfolgskontrolle zur Evaluation. In: Will, H./ Winteler, A./Krapp, A. (Hrsg.): Evaluation in der beruflichen Aus- und Weiterbildung. (Schriftenreihe moderne Berufsbildung) Heidelberg 1987, S. 11-42.

Wittkowski, J. (2011a): Formdeuteverfahren. In: Hornke, L. (Hrsg.): Persönlichkeitsdiagnostik. Göttingen 2011, S. 241-298.

Wittkowski, J. (2011b): Projektive Verfahren. In: Hornke, L. (Hrsg.): Persönlichkeitsdiagnostik. Göttingen 2011, S. 299-410.

Wittwer, W. (1999): Evaluation als Selbstläufer. Eine Provokation. In: Wittwer, W. (Hrsg.): Transfersicherung in der beruflichen Weiterbildung. Eine Provokation. (Beiträge zur Bildungsplanung und Bildungsökonomie) Frankfurt am Main 1999, S. 9-15.

Wöhe, G./Döring, U. (2000): Einführung in die allgemeine Betriebswirtschaftslehre. 20., neubearb. Aufl., München 2000.

Wörterbuch Englisch-Deutsch, Deutsch-Englisch (1987). Bearb. Neuausg., München 1987.

Wolf, J. (2011): Organisation, Management, Unternehmensführung. Theorien, Praxisbeispiele und Kritik. 4., vollst. überarb. und erw. Aufl., Wiesbaden 2011.

Worthen, B. R./Sanders, J. R. (1973): Educational Evaluation. Theory and Practice. Belmond, California 1973.

Wottawa, H./Hof, G. (1987): Individualmodelle zur Erfassung handlungsrelevanter kognitiver Strukturen als Hilfsmittel zur Verbesserung von Weiterbildungsmaßnahmen. In: Will, H./Winteler, A./Krapp, A. (Hrsg.): Evaluation in der beruflichen Aus- und Weiterbildung. (Schriftenreihe moderne Berufsbildung) Heidelberg 1987, S. 109-127.

Wottawa, H./Thierau, H. (1990): Lehrbuch Evaluation. Bern 1990.

Wulf, C. (1972): Curriculumevaluation. In: Wulf, C. (Hrsg.): Evaluation. Leck/Schleswig 1972, S. 15-37.

Wunderer, R. (2007): Führung und Zusammenarbeit. Eine unternehmerische Führungslehre. 7., überarb. Aufl., Köln 2007.

Wunderer, R./Bruch, H. (2000): Umsetzungskompetenz. Diagnose und Förderung in Theorie und Unternehmenspraxis. München 2000.

Wunderer, R./Dick, P. (2001): Führung und Zusammenarbeit. Eine unternehmerische Führungslehre. 4., vollständig überarb. Aufl., Neuwied 2001.

Wunderer, R./Sailer, M. (1987): Personal-Controlling. Eine vernachlässigte Aufgabe des Unternehmenscontrolling. In: Personalwirtschaft, 14 (1987) 8, S. 321-327.

Zempel, J./Moser, K. (2005): Feedback als Moderator der Validität von Selbstbeurteilungen. In: Zeitschrift für Personalpsychologie, 4 (2005) 1, S. 19-27.

Zuschlag, B. (1987): Widerstände gegen Evaluationsmaßnahmen. In: Will, H./Winteler, A./ Krapp, A. (Hrsg.): Evaluation in der beruflichen Aus- und Weiterbildung. (Schriftenreihe moderne Berufsbildung) Heidelberg 1987, S. 75-88.

PERSONAL, ORGANISATION UND ARBEITSBEZIEHUNGEN

Herausgegeben von Prof. Dr. Fred G. Becker, Bielefeld, und Prof. Dr. Walter A. Oechsler, Mannheim

Band 50
Christopher Paul
Personalrisikomanagement aus ressourcentheoretischer Perspektive
Lohmar – Köln 2011 • 316 S. • € 62,- (D) • ISBN 978-3-8441-0032-7

Band 51
Heidrun Kleefeld
Demografischer Wandel und Innovationsfähigkeit in der IT-Branche – Anforderungen an ein strategisches Human Resource Management
Lohmar – Köln 2011 • 344 S. • € 63,- (D) • ISBN 978-3-8441-0045-7

Band 52
Yves Ostrowski
Differentielles Mitarbeiterbindungsmanagement – Entwicklung eines Entscheidungsrahmens
Lohmar – Köln 2012 • 328 S. • € 62,- (D) • ISBN 978-3-8441-0166-9

Band 53
Astrid Meißner
Lerntransfer in der betrieblichen Weiterbildung – Theoretische und empirische Exploration der Lerntransferdeterminanten im Rahmen des Training off-the-job
Lohmar – Köln 2012 • 400 S. • € 66,- (D) • ISBN 978-3-8441-0168-3

Band 54
Ellena Werning
Evaluation des Training off-the-job – Entwicklung eines Bezugsrahmens vor dem Hintergrund eines kognitiven Lernverständnisses
Lohmar – Köln 2013 • 276 S. • € 58,- (D) • ISBN 978-3-8441-0217-8